多媒体技术应用丛书

中文版
After Effects
实用教程
案例视频版

唯美世界 编著

中国水利水电出版社
www.waterpub.com.cn
·北京·

内 容 提 要

After Effects简称AE，是Adobe公司推出的一款图形视频特效软件，广泛应用于影视后期制作和平面设计领域。

本书主要介绍中文版After Effects的相关知识，Chapter 01~Chapter 04主要介绍After Effects 2024的入门、基础操作、图层、蒙版的相关知识；Chapter 05~Chapter 08主要介绍常用的视频效果、调色效果、过渡效果、关键帧动画的相关知识；Chapter 09~Chapter 12主要介绍抠像、文字效果、渲染、跟踪与稳定的相关知识。

本书特别配备了丰富的教学视频，手把手地指导读者学习After Effects。本书采用"实例讲解""综合实例演练""课后练习巩固""随堂测试检验"的多元化教学模式。这样的编写方式能让读者通过练习和测试来加深理解和记忆。

本书赠送的各类学习资源有：
- 149分钟视频讲解
- After Effects PPT课件
- After Effects常用快捷键索引
- 《色彩速查宝典》电子书
- 《构图宝典》电子书
- 本书案例素材

本书是一本专为从事影视特效设计、广告设计、新媒体设计等工作的人士编写的After Effects入门教程，适合各大院校学生使用，也适合视频爱好者使用。本书基于After Effects 2024版本编写，建议读者下载并安装相同版本的软件使用。

图书在版编目（CIP）数据

中文版After Effects实用教程：案例视频版 / 唯美世界编著. -- 北京：中国水利水电出版社，2025.5.
ISBN 978-7-5226-3181-3

Ⅰ. TP391.413

中国国家版本馆CIP数据核字第2025W0N299号

书　　名	中文版After Effects 实用教程（案例视频版） ZHONGWENBAN After Effects SHIYONG JIAOCHENG (ANLI SHIPINBAN)
作　　者	唯美世界　编著
出版发行	中国水利水电出版社 （北京市海淀区玉渊潭南路1号D座　100038） 网址：www.waterpub.com.cn E-mail：zhiboshangshu@163.com 电话：（010）62572966-2205/2266/2201（营销中心）
经　　售	北京科水图书销售有限公司 电话：（010）68545874、63202643 全国各地新华书店和相关出版物销售网点
排　　版	北京智博尚书文化传媒有限公司
印　　刷	北京富博印刷有限公司
规　　格	170mm×240mm　16开本　17.75印张　454千字
版　　次	2025年5月第1版　2025年5月第1次印刷
印　　数	0001—3000册
定　　价	89.80元

凡购买我社图书，如有缺页、倒页、脱页的，本社营销中心负责调换

版权所有·侵权必究

前　言

欢迎进入After Effects的世界，本书旨在帮助读者掌握目前使用最广泛的视觉效果和动画制作软件——After Effects。作为电影、电视和短视频制作者的强大助手，After Effects为初学者和资深专业人士提供了丰富的功能，以实现他们的创意构想。

Adobe After Effects（简称"AE"）软件是Adobe公司研发的一款图形视频处理软件。After Effects以其直观的用户界面、强大的动画工具、众多的特效插件和预设而广受赞誉。从简单的动画制作到复杂的视觉效果，After Effects为创作者的创意展现提供了无限可能。但要充分利用这款软件，掌握其庞大的功能集是至关重要的。

本书特色

1. 由浅入深，循序渐进

本书从After Effects 2024的基础操作、图层与蒙版讲起，逐步深入讲解常用视频效果、调色技巧、过渡动画、关键帧技术，最后涵盖高级应用如抠像、文字特效、多格式渲染、跟踪与稳定等核心技能。本书立足初学者视角，语言通俗易懂，逻辑清晰。书中模块丰富，包括实例、课后练习、随堂测试等，操作步骤清晰、版式新颖，读者在阅读时一目了然，从而快速掌握书中内容。

2. 语音视频，讲解详尽

书中的实例都录制了带语音讲解的视频，时长共有149分钟，重现书中重点知识和操作技巧。读者可以结合本书观看视频演示，也可以独立观看视频演示，像看电影一样，让学习更加轻松。

3. 实例典型，轻松易学

通过实例学习是最好的学习方式。本书结合所选内容精选各种实用案例，透彻详尽地讲述了影视后期处理、动画制作过程中所需的各类技巧，读者可以轻松地掌握相关知识。

4. 应用实践，随时练习

书中还有"实例""综合实例""课后练习""随堂测试"等模块，读者可以通过实践来熟悉、巩固所学的知识，为进一步学习After Effects做好充分准备。

资源获取

为了让读者朋友更好地精通After Effects，本书赠送以下资源：
- 149分钟视频讲解
- After Effects PPT课件
- After Effects常用快捷键索引
- 《色彩速查宝典》电子书

- 《构图宝典》电子书
- 本书案例素材

以上资源获取及联系方式：

（1）读者使用手机微信的"扫一扫"功能扫描下面的二维码，或者在微信公众号中搜索"设计指北"，关注后输入AE31813并发送到公众号后台，即可获取本书资源的下载链接，将该链接复制到计算机浏览器的地址栏中，根据提示进行下载。

（2）读者可加入本书的QQ学习交流群838662467（群满后，会创建新群，请注意加群时的提示，并根据提示加入相应的群），与广大读者进行在线交流学习。

特别提醒

本书不附带光盘，以上所有资源均需通过"资源获取"中介绍的方式下载后使用。

本书根据After Effects 2024版本编写，请读者自行下载并安装相同版本的软件使用。使用过低的版本可能会出现文件无法打开或错误等情况。读者可以通过以下方式获取After Effects 2024简体中文版。

（1）登录Adobe官方网站查询。

（2）可到网上咨询、搜索购买方式。

关于作者

本书由唯美世界组织编写，曹茂鹏、瞿颖健承担主要编写工作，参与本书编写和资料整理的还有杨力、瞿学严、杨宗香、曹元钢、张玉华、孙晓军等人，在此一并表示感谢。

编　者

目 录

Chapter 01　After Effects 入门 ······················· 1

1.1　After Effects 第一课 ···················· 2
1.1.1　After Effects 是什么 ················· 2
1.1.2　初次邂逅 After Effects：领略视频特效处理的非凡魅力 ········ 2
1.1.3　学会了 After Effects，我能做什么 ········· 3

1.2　开启你的 After Effects 之旅 ············· 5

1.3　与 After Effects 相关的理论 ············· 7
1.3.1　常见的电视制式 ············· 7
1.3.2　帧 ····················· 7
1.3.3　分辨率 ················· 8
1.3.4　像素长宽比 ············· 9

Chapter 02　After Effects 的基础操作 ················· 10

2.1　认识 After Effects 工作界面 ············· 11

2.2　菜单栏 ······························ 12
实例 1：新建合成 ················· 12
实例 2：保存和另存文件 ············· 13
实例 3：整理工程（文件） ··········· 14
实例 4：替换素材 ················· 15

2.3　工具栏 ······························ 17

2.4　项目面板 ··························· 17
实例 1：新建一个社交媒体合成 ········ 18
实例 2：新建文件夹整理素材 ·········· 19

2.5　合成面板 ··························· 21

2.6　时间轴面板 ························· 22
实例：修改和查看素材参数 ············ 22

2.7　效果和预设面板 ····················· 23

2.8　效果控件面板 ······················· 24

2.9　其他常用面板 ······················· 24
2.9.1　信息面板 ················· 25

		2.9.2	音频面板 ··	25
		2.9.3	预览面板 ··	25
		2.9.4	图层面板 ··	25
	2.10	随堂测试 ···		27

Chapter 03　图层 ·· 28

	3.1	了解图层 ···		29
		3.1.1	什么是图层 ································	29
		3.1.2	常用的图层类型 ··························	29
	3.2	图层的基本操作 ··		29
		3.2.1	选择图层 ····································	29
		3.2.2	调整图层时长 ······························	30
		3.2.3	重命名图层 ································	30
		3.2.4	调整图层顺序 ······························	30
		3.2.5	图层的复制、粘贴 ······················	30
		3.2.6	删除图层 ····································	30
		3.2.7	隐藏和显示图层 ··························	30
		3.2.8	锁定图层 ····································	31
		3.2.9	图层的预合成 ······························	31
		3.2.10	图层的拆分 ······························	31
	3.3	图层的混合模式 ··		31
		实例：使用图层混合模式制作多重曝光效果 ········		32
	3.4	图层样式 ···		34
		3.4.1	投影 ··	34
		3.4.2	内阴影 ······································	34
		3.4.3	外发光 ······································	34
		3.4.4	内发光 ······································	35
		3.4.5	斜面和浮雕 ································	35
		3.4.6	光泽 ··	35
		3.4.7	颜色叠加 ····································	35
		3.4.8	渐变叠加 ····································	35
		3.4.9	描边 ··	35
	3.5	文本图层 ···		36
	3.6	纯色图层 ···		37
		3.6.1	制作背景图层 ······························	37
		3.6.2	更改纯色颜色 ······························	37

3.7　灯光图层 ································· 38
3.8　摄像机图层 ····························· 40
3.9　空对象图层 ····························· 40
3.10　形状图层 ································ 41
　　3.10.1　创建形状图层 ················ 42
　　3.10.2　形状工具组 ···················· 42
　　综合实例：使用形状图层制作多彩背景效果 ···· 44
　　3.10.3　钢笔工具 ······················ 49
3.11　课后练习：利用调整图层，对图像进行色彩调校 ···· 52
3.12　随堂测试 ································ 54

Chapter 04　创建及编辑蒙版 ·········· 55

4.1　认识蒙版 ································· 56
　　4.1.1　蒙版的原理 ······················ 56
　　4.1.2　常用的蒙版工具 ··············· 56
4.2　形状工具组 ······························ 56
　　4.2.1　矩形工具 ·························· 56
　　4.2.2　圆角矩形工具 ··················· 59
　　4.2.3　椭圆工具 ·························· 60
　　4.2.4　多边形工具 ······················ 60
　　4.2.5　星形工具 ·························· 61
4.3　钢笔工具组 ······························ 61
　　4.3.1　钢笔工具 ·························· 61
　　4.3.2　添加"顶点"工具 ············· 62
　　4.3.3　删除"顶点"工具 ············· 63
　　4.3.4　转换"顶点"工具 ············· 63
　　4.3.5　蒙版羽化工具 ··················· 64
4.4　画笔工具和橡皮擦工具 ············ 65
　　4.4.1　画笔工具 ·························· 65
　　实例：使用蒙版工具创建渐变背景效果 ······ 66
　　综合实例1：制作图标消失动画效果 ··········· 69
　　综合实例2：制作变色展示动画效果 ··········· 75
　　4.4.2　橡皮擦工具 ······················ 78
4.5　课后练习：制作Vlog片头文字 ··· 79
4.6　随堂测试 ································· 81

Chapter 05　常用视频效果　　83

- 5.1　添加效果　84
- 5.2　3D 通道　85
- 5.3　表达式控制　86
- 5.4　风格化　86
- 5.5　过时　90
- 5.6　模糊和锐化　92
- 5.7　模拟　94
- 5.8　扭曲　97
- 5.9　生成　102
- 5.10　时间　106
- 5.11　实用工具　107
- 5.12　透视　108
- 5.13　文本　110
- 5.14　音频　110
- 5.15　杂色和颗粒　110
- 5.16　遮罩　112
  - 实例 1：四色渐变　113
  - 实例 2：立体瓷砖画效果　115
  - 实例 3：绘画效果　117
  - 实例 4：塑料玩具效果　118
  - 综合实例 1：将碎片变为完整图标动画　119
  - 综合实例 2：变速发光效果　122
  - 综合实例 3：制作短视频常用热门特效转场　124
- 5.17　课后练习：制作电流变换动画效果　127
- 5.18　随堂测试　132

Chapter 06　常用调色效果　　134

- 6.1　认识调色　135
- 6.2　通道类效果　137
  - 6.2.1　最小 / 最大　137
  - 6.2.2　复合运算　137
  - 6.2.3　通道合成器　137
  - 6.2.4　CC Composite（CC 合成）　137

- 6.2.5 转换通道 ·· 137
  - 6.2.6 反转 ·· 138
  - 6.2.7 固态层合成 ··· 138
  - 6.2.8 混合 ·· 138
  - 6.2.9 移除颜色遮罩 ·· 138
  - 6.2.10 算术 ··· 138
  - 6.2.11 计算 ··· 138
  - 6.2.12 设置通道 ·· 139
  - 6.2.13 设置遮罩 ·· 139
- 6.3 颜色校正类效果 ··· 139
  - 6.3.1 三色调 ··· 139
  - 6.3.2 通道混合器 ··· 139
  - 6.3.3 阴影/高光 ·· 140
  - 6.3.4 CC Color Neutralizer（CC 色彩中和）············· 140
  - 6.3.5 CC Color Offset（CC 色彩偏移）···················· 140
  - 6.3.6 CC Kernel（CC 内核）·································· 140
  - 6.3.7 CC Toner（CC 碳粉）·································· 140
  - 6.3.8 照片滤镜 ·· 140
  - 6.3.9 Lumetri 颜色 ·· 141
  - 6.3.10 PS 任意映射 ·· 141
  - 6.3.11 灰度系数/基值/增益 ······································· 141
  - 6.3.12 色调 ··· 141
  - 6.3.13 色调均化 ·· 141
  - 6.3.14 色阶 ··· 141
  - 6.3.15 色阶（单独控件）·· 141
  - 6.3.16 色光 ··· 142
  - 6.3.17 色相/饱和度 ·· 142
  - 6.3.18 广播颜色 ·· 142
  - 6.3.19 亮度和对比度 ·· 142
  - 6.3.20 保留颜色 ·· 142
  - 6.3.21 可选颜色 ·· 142
  - 6.3.22 曝光度 ·· 143
  - 6.3.23 曲线 ··· 143
  - 6.3.24 更改为颜色 ·· 143
  - 6.3.25 更改颜色 ·· 143
  - 6.3.26 自然饱和度 ·· 143
  - 6.3.27 自动色阶 ·· 143

6.3.28	自动对比度	144
6.3.29	自动颜色	144
6.3.30	颜色稳定器	144
6.3.31	颜色平衡	144
6.3.32	颜色平衡（HLS）	144
6.3.33	颜色链接	144
6.3.34	黑色和白色	145
实例 1：只保留画面中的红色		145
实例 2：黄色花朵变红色		146
综合实例 1：清新颜色		147
综合实例 2：美食调色		149
综合实例 3：悬疑调色		150

6.4 课后练习：制作老照片效果 ········· 152
6.5 随堂测试 ········· 154

Chapter 07　常用过渡效果 ········· 156

7.1 什么是过渡 ········· 157
　　实例：使用过渡效果制作美食转场动画 ········· 157

7.2 过渡类效果 ········· 159

7.2.1	渐变擦除	160
7.2.2	卡片擦除	160
7.2.3	CC Glass Wipe（CC 玻璃擦除）	160
7.2.4	CC Grid Wipe（CC 网格擦除）	160
7.2.5	CC Image Wipe（CC 图像擦除）	160
7.2.6	CC Jaws（CC 锯齿）	161
7.2.7	CC Light Wipe（CC 光线擦除）	161
7.2.8	CC Line Sweep（CC 行扫描）	161
7.2.9	CC Radial Scale Wipe（CC 径向缩放擦除）	161
7.2.10	CC Scale Wipe（CC 缩放擦除）	161
7.2.11	CC Twister（CC 扭曲）	162
7.2.12	CC WarpoMatic（CC 变形过渡）	162
7.2.13	光圈擦除	162
7.2.14	块溶解	162
7.2.15	百叶窗	162
7.2.16	径向擦除	163
7.2.17	线性擦除	163

- 7.3 课后练习：制作百叶窗过渡效果 ··· 164
- 7.4 随堂测试 ··· 166

Chapter 08 关键帧动画 ··· 167

- 8.1 了解关键帧动画 ··· 168
  - 8.1.1 什么是关键帧 ··· 168
  - 8.1.2 时间轴面板中与动画相关的操作和工具 ··· 168
- 8.2 关键帧的基本操作 ··· 170
  - 8.2.1 移动关键帧 ··· 170
  - 8.2.2 复制关键帧 ··· 171
  - 8.2.3 删除关键帧 ··· 171
  - 实例：创建关键帧动画 ··· 172
- 8.3 编辑关键帧 ··· 173
  - 8.3.1 编辑值 ··· 173
  - 8.3.2 转到关键帧时间 ··· 174
  - 8.3.3 选择相同关键帧 ··· 174
  - 8.3.4 选择前面的关键帧 ··· 174
  - 8.3.5 选择跟随关键帧 ··· 175
  - 8.3.6 切换定格关键帧 ··· 175
  - 8.3.7 关键帧插值 ··· 175
  - 8.3.8 漂浮穿梭时间 ··· 177
  - 8.3.9 关键帧速度 ··· 177
  - 8.3.10 关键帧辅助 ··· 177
  - 实例：动画预设 ··· 179
- 8.4 表达式 ··· 180
  - 8.4.1 什么是表达式 ··· 180
  - 8.4.2 为什么要使用表达式 ··· 180
  - 8.4.3 表达式工具 ··· 181
  - 8.4.4 添加表达式 ··· 183
  - 综合实例1：趣味展示动画 ··· 184
  - 综合实例2：片头文字动画 ··· 188
- 8.5 课后练习：制作旅行滑动蒙版动画 ··· 191
- 8.6 随堂测试 ··· 194

Chapter 09 抠像 ··· 195

- 9.1 抠像概述 ··· 196

- 9.1.1 什么是抠像 ············ 196
- 9.1.2 为什么要抠像 ············ 196
- 9.2 抠像类效果 ············ 197
  - 9.2.1 Keylight (1.2) ············ 197
  - 9.2.2 Advanced Spill Suppressor（高级溢出抑制器）············ 198
  - 9.2.3 CC Simple Wire Removal（CC 简单金属丝移除）············ 198
  - 9.2.4 Key Cleaner（抠像清除器）············ 199
  - 9.2.5 内部 / 外部键 ············ 199
  - 9.2.6 差值遮罩 ············ 200
  - 9.2.7 提取 ············ 200
  - 9.2.8 线性颜色键 ············ 201
  - 9.2.9 颜色范围 ············ 201
  - 9.2.10 颜色差值键 ············ 202
  - 综合实例：使用 Keylight(1.2) 效果合成宠物照片 ············ 202
- 9.3 课后练习：制作 AI 智能屏幕效果 ············ 204
- 9.4 随堂测试 ············ 213

Chapter 10　常用文字效果 ············ 214

- 10.1 创建文字 ············ 215
  - 10.1.1 利用文本图层创建文字 ············ 215
  - 10.1.2 使用文字工具创建文字 ············ 215
  - 实例 1：创建横排文字 ············ 215
  - 实例 2：创建直排文字 ············ 217
  - 实例 3：创建段落文字 ············ 218
- 10.2 设置文字参数 ············ 219
  - 10.2.1 字符面板 ············ 219
  - 10.2.2 【段落】面板 ············ 221
  - 实例：制作可爱的路径文字效果 ············ 222
- 10.3 添加文字属性 ············ 224
  - 综合实例 1：制作文字翻转出现动画 ············ 226
  - 综合实例 2：使用 3D 文字属性调整文本效果 ············ 228
  - 综合实例 3：使用文字预设制作趣味动画 ············ 229
- 10.4 常用的文字质感 ············ 231
  - 综合实例 1：粉笔字效果 ············ 233
  - 综合实例 2：卡通文字填充动画 ············ 235
- 10.5 课后练习：制作中国风片头文字效果 ············ 238

10.6　随堂测试 ··· 240

Chapter 11　渲染不同格式的作品 ··· 241

11.1　初识渲染　242
- 11.1.1　什么是渲染　242
- 11.1.2　为什么要渲染　242
- 11.1.3　After Effects 中可以渲染的格式　242

11.2　渲染队列　243
- 11.2.1　添加到渲染队列　243
- 11.2.2　渲染设置　244
- 11.2.3　输出模块　245

11.3　使用 Adobe Media Encoder 渲染和导出　245
- 11.3.1　什么是 Adobe Media Encoder　245
- 11.3.2　直接将合成添加到 Adobe Media Encoder　247
- 11.3.3　从渲染队列将合成添加到 Adobe Media Encoder　248
- 实例 1：渲染一张 JPG 格式的静帧图片　249
- 实例 2：渲染 AVI 格式的视频　251
- 实例 3：渲染小尺寸的视频　252
- 实例 4：设置渲染自定义时间范围　254
- 综合实例 1：在 Adobe Media Encoder 中渲染质量好、体积小的视频　256
- 综合实例 2：在 Adobe Media Encoder 中渲染 MPG 格式的视频　258

11.4　课后练习：输出抖音短视频　259

11.5　随堂测试　261

Chapter 12　跟踪与稳定 ··· 262

12.1　初识跟踪与稳定　263
- 12.1.1　什么是跟踪　263
- 12.1.2　什么是稳定　263

12.2　跟踪器面板　263

12.3　跟踪运动　264

12.4　稳定运动　264

12.5　跟踪摄像机　264
- 综合实例：字幕跟着蜗牛走　265

12.6　课后练习：跟踪替换手机内容　267

12.7　随堂测试　270

After Effects 入门

Chapter 01

📣 学时安排

总学时：2 学时。
理论学时：1 学时。
实践学时：1 学时。

📣 教学内容概述

本章主要讲解在正式学习 After Effects 之前的必备基础知识，包括 After Effects 的概念、After Effects 的应用领域、如何安装 After Effects、与 After Effects 相关的理论等。

📣 教学目标

- 初步认识 After Effects。
- 学会安装 After Effects。
- 学习与 After Effects 相关的理论。

1.1　After Effects第一课

正式开始学习After Effects之前，你肯定有好多问题想问。比如：After Effects是什么？能做什么？对我有用吗？我能用After Effects做什么？学After Effects难吗？怎么学？这些问题将在本节中解决。

1.1.1　After Effects是什么

人们常说的Ae，也就是After Effects，本书所使用软件的全称是Adobe After Effects 2024，是由Adobe公司开发和发行的视频特效处理软件。

为了更好地理解Adobe After Effects 2024，我们可以把这三个词分开解释。"Adobe"就是After Effects、Photoshop等软件所属公司的名称。"After Effects"是软件名称，常被缩写为"Ae"。"2024"是这款After Effects的版本号。

随着技术的不断发展，After Effects的技术团队也在不断地对软件功能进行优化，After Effects经历了许多次版本的更新。After Effects的不同版本拥有数量众多的用户群，每个版本的升级都会有性能的提升和功能上的改进，但是在日常工作中并不一定要使用最新版本。新版本虽然可能会有功能上的更新，但是对设备的要求也会有所提升，在软件的运行过程中就可能会消耗更多的资源。所以，有时候我们在使用新版本（比如After Effects 2024）的时候可能会感觉软件运行起来特别"卡"，操作反应非常慢，非常影响工作效率。这时就要考虑是否是因为计算机配置较低，无法更好地满足After Effects的运行要求。可以尝试使用低版本After Effects。如果"卡"的问题得以缓解，那么就安心地使用这个版本吧！虽然是较早期的版本，但是功能也是非常强大的，与最新版本之间并没有特别大的差别，几乎不会影响日常工作中的使用。

1.1.2　初次邂逅After Effects：领略视频特效处理的非凡魅力

前面提到了After Effects是一款视频特效处理软件，那么什么是视频特效呢？简单来说，视频特效就是指围绕视频进行的各种各样的编辑修改过程，如为视频添加特效、为视频调色、为视频人像抠像等。比如为人物脸部美白、把灰蒙蒙的风景视频变得鲜艳明丽、为人物瘦身、视频抠像合成，处理前后对比效果图如图1-1～图1-4所示。

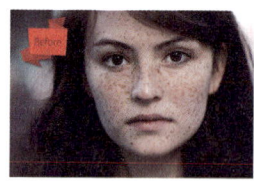

图1-1　　　　　　　　　　　　　　图1-2

其实After Effects视频特效处理功能的强大远不限于此，对于影视从业人员来说，After Effects绝对是集万千功能于一身的"特效玩家"。拍摄的视频太普通，需要合成飘动的树叶，没问题！广告视频素材不够精彩，没问题！有了After Effects，再加上你熟练地操作，这些问题统统搞定！处理前后对比效果如图1-5和图1-6所示。

图 1-3　　　　　　　　　　　　　　图 1-4

图 1-5　　　　　　　　　　　　　　图 1-6

充满创意的你肯定会有很多想法。想要和大明星"合影"，想要去火星"旅行"，想生活在童话世界里，想美到没朋友，想变身机械侠，想飞上天……统统没问题！在After Effects的世界中，除非你的"功夫"不到位，否则没有实现不了的想法！利用After Effects实现想法的效果示例如图1-7和图1-8所示。

图 1-7　　　　　　　　　　　　　　图 1-8

当然，After Effects可不只是用来"玩"的，在各种动态效果设计领域里也少不了After Effects的身影。它是设计师的必备利器。

1.1.3　学会了After Effects，我能做什么

学会了After Effects，我能做什么？这应该是每一位学习After Effects的朋友最关心的问题。After Effects的功能非常强大，适合很多设计行业领域。熟练掌握After Effects，可以为我们打开更多设计大门，从而在未来就业时有更多选择。目前，After Effects热点应用领域主要为电视栏目包装、影视片头和片尾、宣传片、影视特效合成、广告设计、MG动画、UI动效、自媒体、短视频、Vlog等。

1. 电视栏目包装

说到After Effects，很多人首先会想到"电视栏目包装"这个词语，这是因为After Effects非常适合用来制作电视栏目包装。电视栏目包装是对电视节目、栏目、频道、电视台整体形象进行的一种特色化、个性化的包装宣传。其目的是突出节目、栏目、频道的特色；增强观众对节目、栏目、频道的识别能力；提升节目、栏目、频道的品牌地位；使整个节目、栏目、频道保持统一的风格；为观众展示更精美的视觉体验。

2. 影视片头和片尾

每部电影、电视剧、微视频等作品都会有片头及片尾，为了给观众更好的视觉体验，通常都会添加极具特点的片头、片尾动画效果。其目的是既能有好的视觉体验，又能展示该作品的特色镜头、特色剧情、风格等。除了After Effects之外，也可以学习Premiere软件，两者搭配可制作更多视频效果。

3. 宣传片

After Effects在婚礼宣传片（如婚礼纪录片）、企业宣传片（如企业品牌形象展示）、活动宣传片（如世界杯宣传）等宣传片制作中发挥着巨大作用。

4. 影视特效合成

After Effects中最强大的功能就是特效。在大部分特效类电影或非特效类电影中都会有"造假"的镜头，这是因为很多镜头在现实拍摄中不易实现，例如爆破、蜘蛛侠在高楼之间跳跃、火海等，而在After Effects中则比较容易实现。拍摄完成后，发现拍摄的画面有瑕疵需要调整也可以使用After Effects。后期特效、抠像、后期合成、配乐、调色等都是影视作品制作中重要的环节，这些在After Effects中都可以实现。

5. 广告设计

广告设计的目的是宣传商品、活动等内容。新颖的构图、炫酷的动画、舒适的色彩搭配、虚幻的特效是广告的重要组成部分。网络平台越来越多地以视频作为广告形式。如淘宝、京东、今日头条等平台中有大量的视频广告，使得产品的介绍变得更容易、更具吸引力。

6. MG动画

MG动画的英文全称为Motion Graphics，直接翻译为动态图形或者图形动画，是近几年比较流行的动画风格。动态图形可以解释为会动的图形设计，是影像艺术的一种。而如今MG动画已经发展成为一种潮流的动画风格，扁平化、点线面、抽象简洁设计是它最大的特点。

7. UI动效

UI动效主要是针对手机、平板电脑等移动端设备上运行的App的动画效果设计。随着硬件设备性能的提升，UI动效已经不再是视觉设计中的奢侈品。UI动效可以解决很多实际问题，可以提升用户的产品体验，加深用户对产品的理解，使动画过渡更流畅舒适，增加用户的使用乐趣，增强人机互动感。

8. 自媒体、短视频、Vlog

随着移动互联网的不断发展，移动端出现越来越多的视频社交App，例如抖音、快手、微博等，这些App容纳了海量的自媒体、短视频、Vlog等内容。这些内容除了视频本身录制、剪辑之外，也需要进行简单包装，比如创建文字动画、添加动画元素、设置转场、增加效果等。

1.2 开启你的 After Effects 之旅

带着一颗坚定的要学好 After Effects 的心，接下来我们就要开始美妙的 After Effects 学习之旅！我们应先了解如何安装 After Effects，不同版本的安装方式略有不同，这里介绍的是 After Effects 2024 的安装方式。想要安装其他版本的 After Effects，可以在网络上搜索操作步骤，非常简单。在安装了 After Effects 2024 之后应先熟悉 After Effects 2024 的操作界面，为后面的学习做准备。

（1）打开 Adobe 的官方网站，在打开的网页里向下滚动，单击下方的【下载和安装】链接，如图 1-9 所示。继续在打开的网页里找到 Creative Cloud 应用程序并单击【开始使用】链接，如图 1-10 所示。

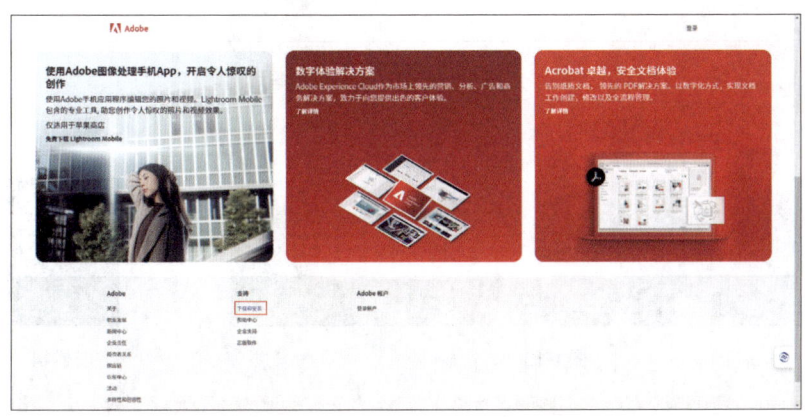

图 1-9

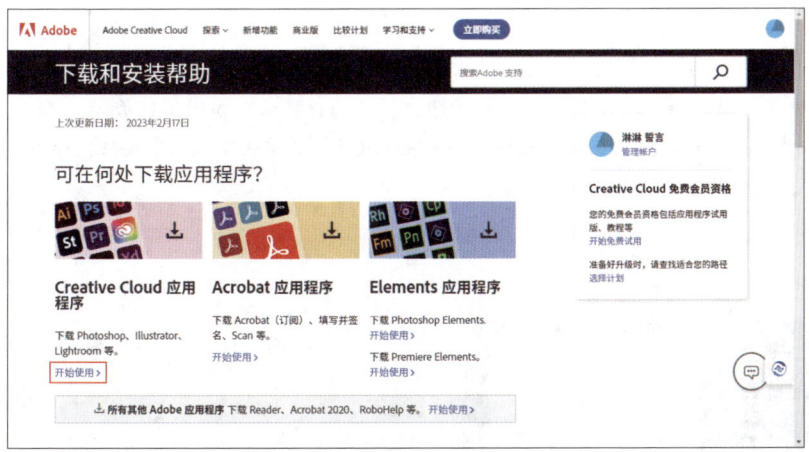

图 1-10

（2）弹出安装 Creative Cloud 的窗口，如图 1-11 所示，按照提示进行下载即可。下载完成后，桌面出现安装程序，如图 1-12 所示。

图1-11

图1-12

（3）双击安装程序进行安装，如图1-13所示。安装成功后，桌面显示该程序快捷方式，如图1-14所示。

图1-13

图1-14

▶ 提示：试用与购买

在没有付费购买软件之前，我们可以免费试用一小段时间，如果需要长期使用，则需要购买。

（4）启动Adobe Creative Cloud后，需要进行登录，如果没有Adobe ID，可以单击顶部的【创建账户】链接，按照提示创建一个新的账户，并进行登录，如图1-15所示。登录后即可打开Creative Cloud Desktop，在其中找到需要安装的软件，并单击【试用】按钮，如图1-16所示。稍后软件会被自动安装到当前计算机中。

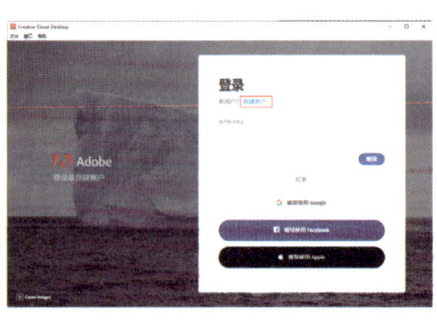
图1-15

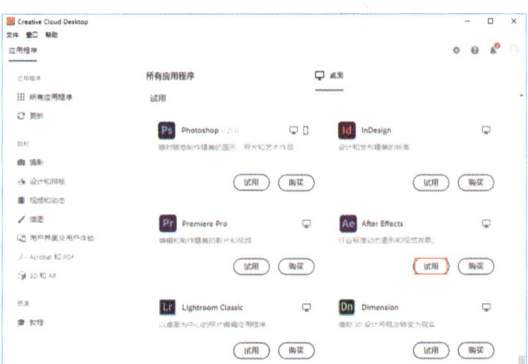
图1-16

1.3　与After Effects相关的理论

在正式学习After Effects的操作之前，我们应该对相关的理论有简单的了解，对作品规格、标准有清晰的认识。本节主要讲解常见的电视制式、帧速率、分辨率、像素长宽比。

1.3.1　常见的电视制式

电视信号的标准也称为电视的制式。目前各国的电视制式不尽相同，制式的区分主要在于其帧频（场频）的不同、分解率的不同、信号带宽以及载频的不同、色彩空间的转换关系不同等。

当前主要使用的电视制式有NTSC制、PAL制、SECAM制三种，中国的大部分地区都使用PAL制。

1. NTSC制

正交平衡调幅制的英文全称为National Television Systems Committee，简称NTSC制。它是1952年由美国国家电视标准委员会制定的彩色电视广播标准，它采用正交平衡调幅的技术方式。美国、加拿大等大部分西半球国家，以及日本、韩国、菲律宾等均采用这种制式。这种制式的帧速率为29.97帧/秒，每帧525行262线，标准分辨率为720px×480px。

2. PAL制

正交平衡调幅逐行倒相制的英文全称为Phase-Alternative Line，简称PAL制。它是联邦德国在1962年制定的彩色电视广播标准。它采用逐行倒相正交平衡调幅的技术方式，克服了NTSC制相位敏感造成色彩失真的缺点。中国、英国、新加坡、澳大利亚、新西兰等国家采用这种制式。这种制式的帧速率为25帧/秒，每帧625行312线，标准分辨率为720px×576px。

3. SECAM制

行轮换调频制的英文全称为Sequential Coleur Avec Memoire，简称SECAM制。它是顺序传送彩色信号与存储恢复彩色信号制，是由法国在1956年提出、1966年制定的一种彩色电视制式。它也克服了NTSC制色彩失真的缺点，同时采用时间分隔法来传送两个色差信号。采用这种制式的有法国、苏联和东欧一些国家。这种制式的帧速率为25帧/秒，每帧625行312线，标准分辨率为720px×576px。

1.3.2　帧

帧速率（Frames Per Second，FPS）是指画面每秒传输帧数，通俗来讲就是指动画或视频的画面数。例如我们说的"30帧/秒"是指每秒钟有30张画面，那么帧速率为30帧/秒的视频在播放时会比帧速率为15帧/秒的视频要流畅很多。

"电影是每秒24格的真理。"这是电影早期的技术标准。而如今随着技术的不断发展，越来越多的电影在挑战更高的帧速率，给观众带来更丰富的视觉体验。

1.3.3 分辨率

人们常说的4K、2K、1920、1080、720等，这些数字说的就是作品的分辨率。

分辨率是指用于度量图像内数据量多少的一个参数。例如分辨率为720px×576px，是指在横向和纵向上的有效像素分别为720px和576px，因此在很小的屏幕上播放该作品时会清晰，而在很大的屏幕上播放该作品时由于作品本身像素不够，自然也就模糊了。

在数字技术领域，通常采用二进制运算，而且用构成图像的像素来描述数字图像的大小。当像素数量巨大时，通常以K来表示。2的10次方即1024，因此，1K=2^10=1024，2K=2^11=2048，4K=2^12=4096。

打开After Effects后，单击【新建合成】按钮，如图1-17所示。新建合成时有很多分辨率的预设类型可选择，如图1-18所示。

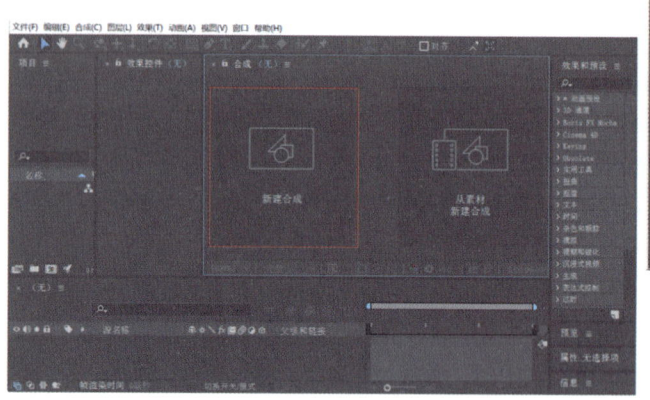
图1-17

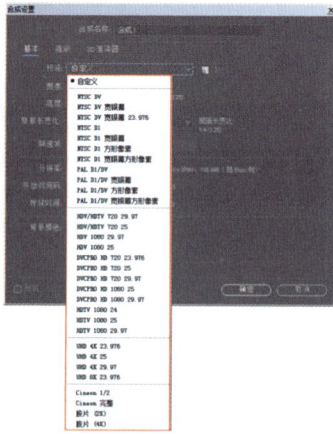
图1-18

当设置宽度、高度数值后，例如设置【宽度】为720px、【高度】为480px，在后方会自动显示【画面长宽比为3:2（1.50）】，如图1-19所示。图1-20所示为720px×480px的画面比例。需要注意，此处的画面长宽比是指在After Effects中新建合成整体的宽度和高度的比例。

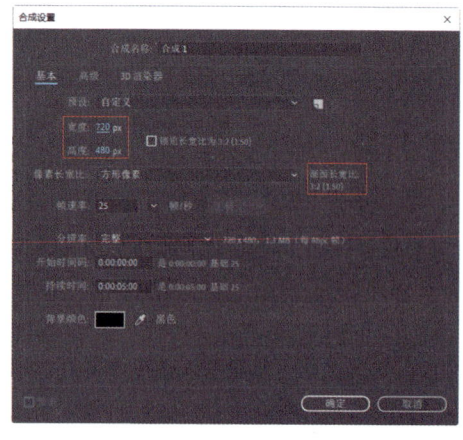
图1-19

图1-20

1.3.4 像素长宽比

与上面讲解的画面长宽比不同,像素长宽比是指在放大作品到极限看到的每一个像素的宽度和高度的比例。由于电视等设备本身的像素长宽比不是1:1,因此若在电视等设备播放作品时就需要修改像素长宽比的数值。图1-21所示为将【像素长宽比】设置为【方形像素】和设置为【D1/DV PAL 宽银屏(1.46)】时的对比效果。因此,选择哪种像素长宽比类型取决于我们要将该作品在哪种设备上播放。

方形像素　　　　　　　　D1/DV PAL 宽银屏(1.46)

图1-21

计算机上播放的作品的像素长宽比通常为1.0,而在电视、电影院等设备播放时像素长宽比通常大于1.0。图1-22所示为After Effects中的像素长宽比类型。

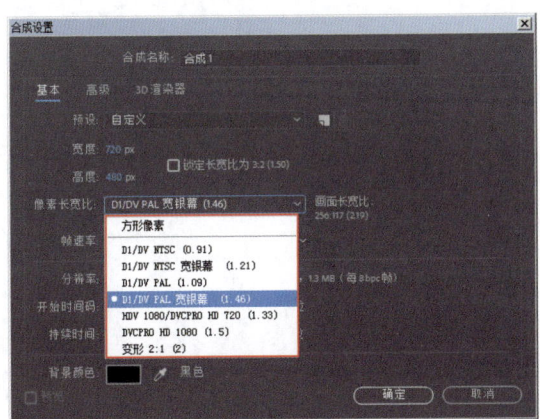

图1-22

After Effects 的基础操作

Chapter 02

📢 学时安排

总学时：4 学时。
理论学时：1 学时。
实践学时：3 学时。

📢 教学内容概述

本章主要讲解一些基础的 After Effects 操作。通过对本章的学习，我们能够了解 After Effects 的工作界面、菜单栏、工具栏、各种面板。并且通过对本章实例的学习，我们会掌握很多常用的技术。本章是全书的基础，读者需要认真学习，加深理解。

📢 教学目标

- 认识和了解 After Effects 工作界面。
- 熟悉和了解 After Effects 菜单栏。
- 掌握 After Effects 界面中各个面板的作用。

2.1 认识After Effects工作界面

After Effects的工作界面主要由标题栏、菜单栏、【效果控件】面板、【项目】面板、【合成】面板、【时间轴】面板及多个控制面板组成，如图2-1所示。在After Effects界面中，单击选中某一面板时，被选中面板边缘会显示出蓝色选框。

图2-1

- 标题栏：用于显示软件版本、文件名称等基本信息。
- 菜单栏：按照程序功能分组排列，共9个菜单栏类型，包括文件、编辑、合成、图层、效果、动画、视图、窗口、帮助。
- 【效果控件】面板：主要用于设置效果的参数。
- 【项目】面板：用于存放、导入及管理素材。
- 【合成】面板：用于预览【时间轴】面板中图层合成的效果。
- 【时间轴】面板：用于组接、编辑视频、音频，修改素材参数，创建动画等，多数的编辑工作都需要在【时间轴】面板中完成。
- 【效果和预设】面板：用于为素材添加各种视频、音频、预设效果。
- 【信息】面板：显示选中素材的相关信息值。
- 【音频】面板：显示混合声道输出音量大小的面板。
- 【库】面板：存储数据的合集。
- 【对齐】面板：用于设置图层对齐方式和图层分布方式。
- 【字符】面板：用于设置文本的相关属性。
- 【段落】面板：用于设置段落文本的相关属性。
- 【跟踪器】面板：用于跟踪摄像机、跟踪运动、变形稳定器、稳定运动。
- 【画笔】面板：用于设置画笔相关属性。

在菜单栏中执行【窗口】/【工作区】命令,可将全部工作界面类型显示出来,包括【标准】

【小屏幕】【所有面板】【学习】【效果】【浮动面板】【简约】【动画】【基本图形】【审阅】【库】【文本】【绘画】【运动跟踪】【颜色】【默认】等。不同的工作区类型适用于不同的操作。图2-2所示为所有工作界面类型。

例如在菜单栏中执行【窗口】/【工作区】命令，选择【效果】，此时工作界面为【效果】模式。【合成】面板、【效果控件】面板以及【效果和预设】面板为主要工作区，适用于动画制作，如图2-3所示。

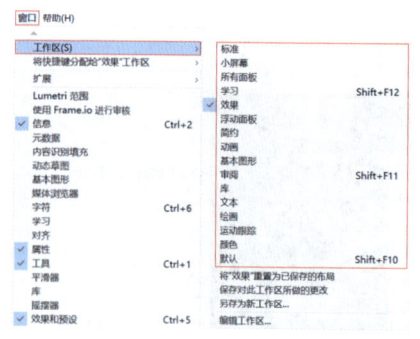

图2-2

图2-3

2.2　菜　单　栏

在After Effects中，各菜单栏具体功能如下。图2-4为菜单栏的具体类型。

图2-4

- 【文件】菜单：主要用于执行打开、关闭、保存项目以及导入素材操作。
- 【编辑】菜单：主要用于剪切、复制、粘贴、拆分图层、撤销以及首选项等操作。
- 【合成】菜单：主要用于新建合成和合成相关参数设置等操作。
- 【图层】菜单：主要包括新建图层、混合模式、图层样式以及与图层相关的属性设置等操作。
- 【效果】菜单：主要用于为图层添加各种效果滤镜等操作。
- 【动画】菜单：主要用于设置关键帧、添加表达式等与动画相关的参数设置操作。
- 【视图】菜单：主要用于【合成】面板中的查看和显示等操作。
- 【窗口】菜单：主要用于开启和关闭各种面板。
- 【帮助】菜单：主要用于提供After Effects的相关帮助信息。

实例1：新建合成

扫一扫，看视频

文件路径：Chapter 02　After Effects的基础操作→实例1：新建合成

本实例是After Effects最基本、最主要的操作之一，需要熟练掌握。

（1）打开After Effects软件，在【项目】面板中的空白位置处右击并执行【新建合成】命令，如图2-5所示。

（2）在弹出的【合成设置】对话框中设置【合成名称】为【合成1】,【预设】为【HD·1920×1080·25fps】,【像素长宽比】为【方形像素】,【持续时间】为5秒,单击【确定】按钮,如图2-6所示。此时的工作界面如图2-7所示。

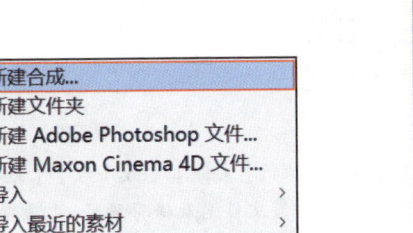

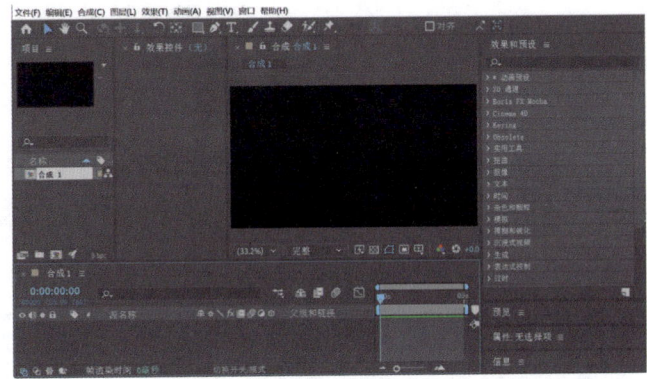

图2-5　　　　　　　　　　　图2-6

图2-7

> ▶ 技巧提示：如果创建合成后，想修改合成参数，怎么改呢？
>
> 　　此时可以选择【项目】面板中的【合成】菜单,然后按快捷键Ctrl+K,即可打开【合成设置】对话框,此时即可进行修改。

实例2：保存和另存文件

　　文件路径：Chapter 02　After Effects的基础操作→实例2：保存和另存文件

　　保存是使用设计软件创作作品时最重要、最容易忽略的操作,建议经常保存和另存文件,及时备份当前源文件。

扫一扫，看视频

（1）打开本书配套文件【01.aep】,如图2-8所示。此时可对该文件进行调整。

（2）调整完成后,在菜单栏中执行【文件】/【保存】命令,或使用快捷键Ctrl+S,如图2-9所示。此时软件即可自动保存当前所操作的步骤,覆盖之前的保存。

13

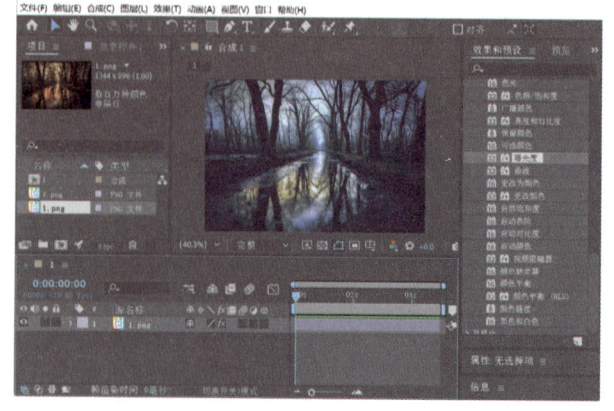
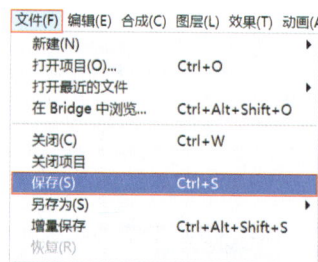

图2-8　　　　　　　　　　　　　　　图2-9

（3）若想改变文件名称或文件的保存路径，在菜单栏中执行【文件】/【另存为】/【另存为...】命令，如图2-10所示。此时在弹出的【另存为】对话框中设置文件名及保存路径，接着单击【保存】按钮，即可完成文件的另存，如图2-11所示。

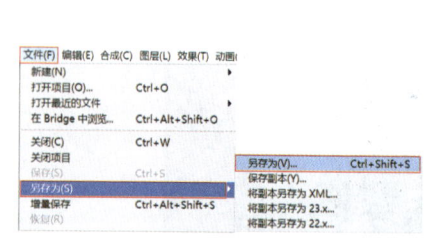

图2-10　　　　　　　　　　　　　　　图2-11

实例3：整理工程（文件）

扫一扫，看视频

文件路径：Chapter 02　After Effects的基础操作→实例3：整理工程（文件）
【收集文件】命令可以将文件用到的素材整理到一个文件夹中，方便管理。
（1）打开本书配套文件【02.aep】，如图2-12所示。

图2-12

（2）在【项目】面板中执行【文件】/【整理工程（文件）】/【收集文件...】命令,如图 2-13 所示。此时会弹出【收集文件】对话框,在对话框中设置【收集源文件】为【全部】,勾选【完成时在资源管理器中显示收集的项目】,然后单击【收集】按钮,如图 2-14 所示。

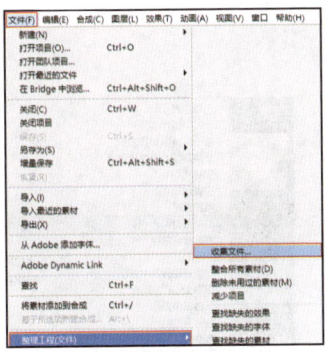

图 2-13 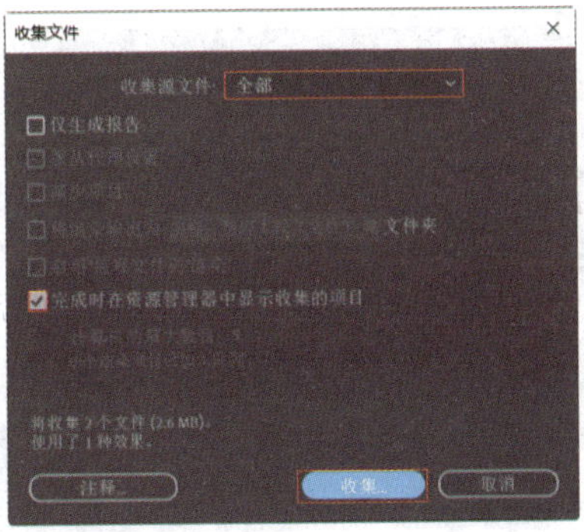　　　　　　　　　图 2-14

（3）此时会弹出【将文件收集到文件夹中】对话框,在对话框中设置文件路径及名称,然后单击【保存】按钮,如图 2-15 所示。此时打开文件路径的位置,即可查看这个文件夹,如图 2-16 所示。

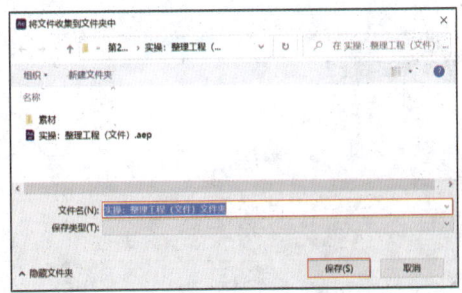
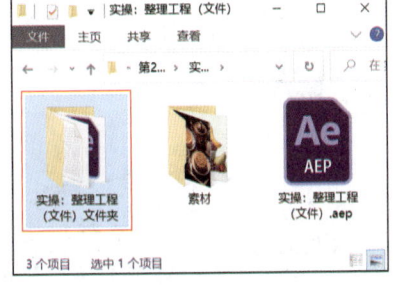

图 2-15　　　　　　　　　图 2-16

实例 4：替换素材

文件路径：Chapter 02　After Effects 的基础操作→实例 4：替换素材

（1）执行【文件】/【导入】/【文件...】命令,如图 2-17 所示。此时在弹出的对话框中选择图片素材,并单击【导入】按钮,如图 2-18 所示。

扫一扫,看视频

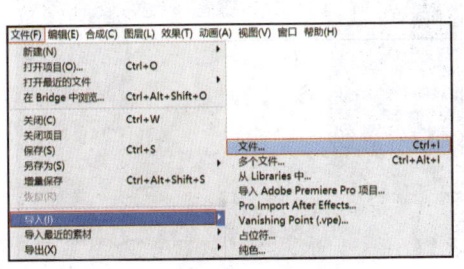
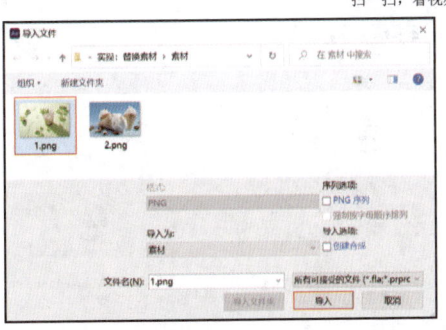

图 2-17　　　　　　　　　图 2-18

（2）将导入【项目】面板中的图片素材拖曳到【时间轴】面板中，如图2-19所示。

（3）在【项目】面板中右击并选择【1.png】素材，在弹出的快捷菜单中执行【替换素材】/【文件…】命令，如图2-20所示。

图2-19

图2-20

（4）此时会弹出【替换素材文件（1.png）】对话框，在对话框中选择【2.png】素材文件，单击【导入】按钮，如图2-21所示。此时工作界面中【1.png】被替换为【2.png】素材文件，如图2-22所示。

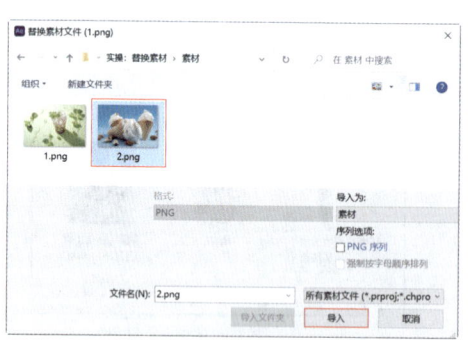
图2-21

图2-22

▶ 技巧提示：为什么执行了上文的操作，却无法替换素材？

有时候在替换素材时，我们会首先选择需要进行替换的素材文件，如若忘记取消勾选【PNG 序列】，直接单击【导入】按钮，如图2-23所示，此时【项目】面板中这两个素材会同时存在，导致无法完成素材的替换，如图2-24所示。因此需要取消勾选【PNG 序列】。

图2-23

图2-24

2.3 工具栏

工具栏中包含十余种工具，如图2-25所示。其中右下角有黑色小三角形的表示有隐藏/扩展工具，按住鼠标不放即可访问扩展工具。

- 选取工具：用于选取素材，或在【合成】面板和【图层】面板中选取或者移动对象。
- 手形工具：可在【合成】面板或【图层】面板中按住鼠标左键拖动素材，可改变视图显示位置。
- 缩放工具：可放大或缩小（按住Alt键可以缩小）画面。

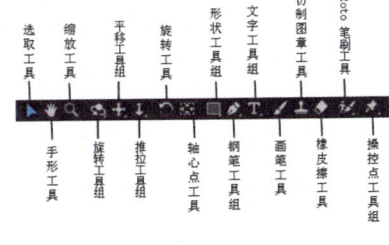

图2-25

- 旋转工具组：用于在三维空间中进行旋转摄影机的操作。
- 平移工具组：用于在三维空间中进行上下左右平移摄影机的操作。
- 推拉工具组：用于在三维空间中进行纵深推拉摄影机的操作。
- 旋转工具：用于在【合成】面板和【图层】面板中对素材进行旋转操作。
- 轴心点工具：可改变对象的轴心点位置。
- 形状工具组：可在画面中建立矩形形状或矩形蒙版。在扩展项中还包含圆角矩形工具、椭圆工具、多边形工具、星形工具。
- 钢笔工具组：用于为素材添加路径或蒙版。在扩展项中包含添加"顶点"工具，用于增加锚点；删除"顶点"工具，用于删除路径上的锚点；转换"顶点"工具，用于改变锚点类型；蒙版羽化工具，可在蒙版中进行羽化操作。
- 横排文字工具组：可以创建横向文字。在扩展项中包含直排文字工具，用于竖排文字的创建，与横排文字工具用法相同。
- 画笔工具：双击【时间轴】面板中的素材，进入【图层】面板，即可使用该工具绘制。
- 仿制图章工具：双击【时间轴】面板中的素材，进入【图层】面板，将光标移动到某一位置按住Alt键，单击即可吸取该位置的颜色，然后按住鼠标左键即可绘制。
- 橡皮擦工具：双击【时间轴】面板中的素材，进入【图层】面板，可擦除画面多余的像素。
- Roto笔刷工具：能够帮助用户在正常时间片段中独立出移动的前景元素。在扩展项中包含调整边缘工具。
- 操控点工具组：用来设置控制点的位置。在其扩展项中包括操控控制点工具、操控叠加工具、操控扑粉工具。

2.4 项目面板

在【项目】面板中可以进行新建合成、新建文件夹等操作，也可以显示或存放项目中的素材或合成，如图2-26所示。

- 【项目】面板的上方为素材的信息栏，分别有名称、类型、大小、持续时间、文件路径等，依次从左到右进行显示。
- 【菜单】按钮：位于【项目】面板的左上方，单击该按钮可以打开【项目】面板的相关菜单，对【项目】面板进行相关操作。
- 搜索栏：在【项目】面板中可进行素材或合成的查找搜索，适用于素材或合成较多的情况。

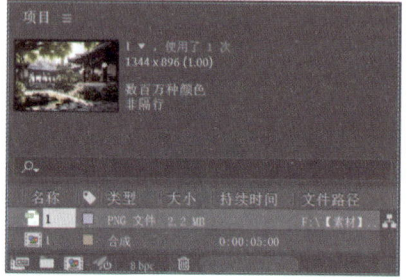

图2-26

- 【解释素材】按钮：选择素材，单击该按钮，可设置素材的Alpha、帧速率等参数。
- 【新建文件夹】按钮：单击该按钮可以在【项目】面板中新建一个文件夹，方便素材管理。
- 【新建合成】按钮：单击该按钮可以在【项目】面板中新建一个合成。
- 【删除所选项目】按钮：选择【项目】面板中的层，单击该按钮即可进行删除操作。

实例1：新建一个社交媒体合成

扫一扫，看视频

文件路径：Chapter 02　After Effects 的基础操作→实例1：新建一个社交媒体合成

（1）在【项目】面板中，右击并选择【新建合成】，在弹出的【合成设置】对话框中设置【合成名称】为【合成1】，【预设】为【社交媒体横向HD·1920×1080·30fps】，单击【确定】按钮，如图2-27所示。

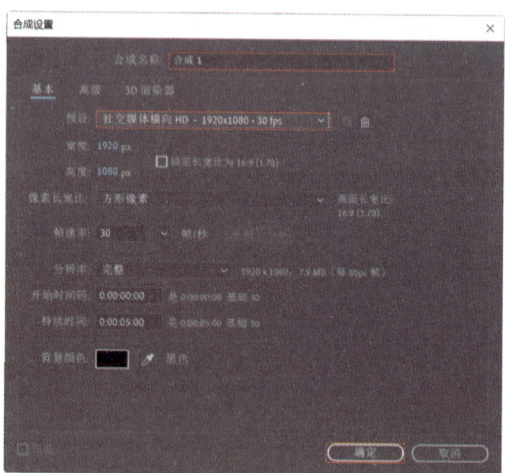

图2-27

（2）执行【文件】/【导入】/【文件...】命令，如图2-28所示。此时在弹出的对话框中选择【1.png】素材文件，并单击【导入】按钮，如图2-29所示。

（3）将导入【项目】面板中的【1.png】素材文件拖曳到【时间轴】面板中，如图2-30所示。

（4）在【时间轴】面板中打开【1.png】下方的【变换】，设置【缩放】为【132.0，132.0%】，如图2-31所示。此时画面效果如图2-32所示。

18

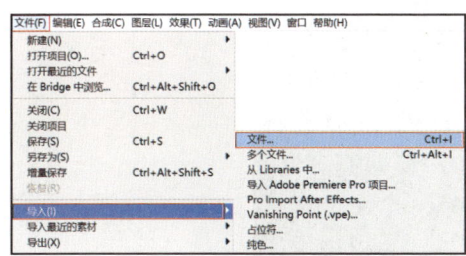
图2-28

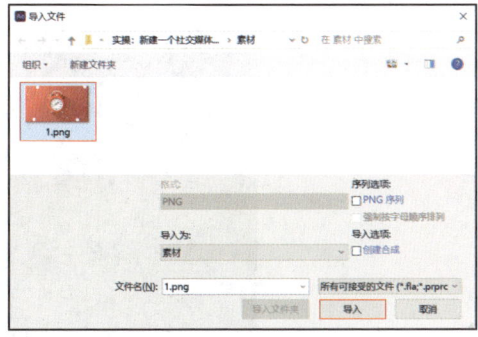
图2-29

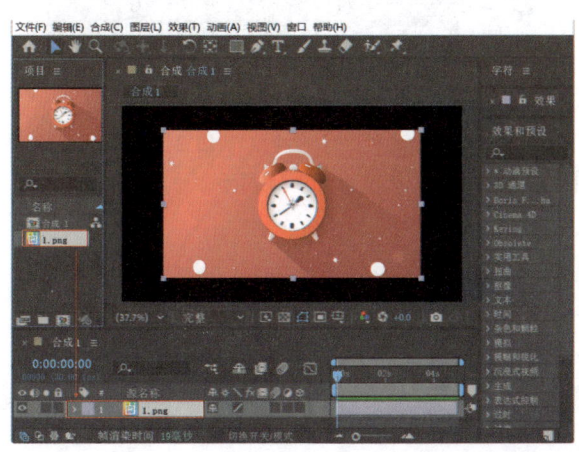
图2-30

图2-31

图2-32

实例2：新建文件夹整理素材

文件路径：Chapter 02　After Effects 的基础操作→实例2：新建文件夹整理素材

（1）在【项目】面板中，右击并选择【新建合成】，在弹出的【合成设置】对话框中设置【合成名称】为【1】，【预设】为【自定义】，【宽度】为1344px，【高度】为896px，【像素长宽比】为【方形像素】，【帧速率】为25帧/秒，【持续时间】为2秒，单击【确定】按钮，如图2-33所示。

扫一扫，看视频

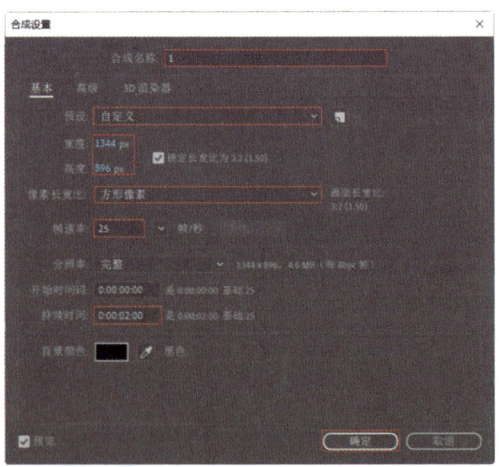

图 2-33

（2）执行【文件】/【导入】/【文件...】命令，如图 2-34 所示。此时在弹出的对话框中选择全部素材文件，并单击【导入】按钮，如图 2-35 所示。

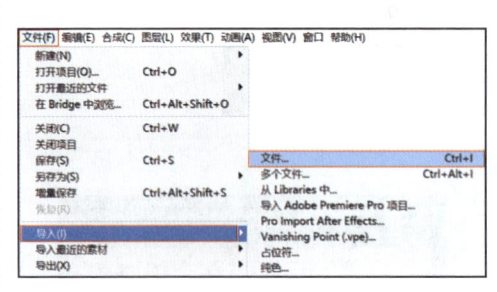

图 2-34

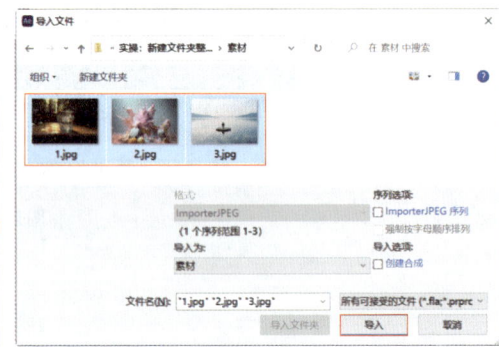

图 2-35

（3）在【项目】面板底部单击【新建文件夹】按钮，并将文件夹重命名为【素材】，如图 2-36 所示。然后按住 Ctrl 键的同时单击并选择【01.jpg】【02.jpg】【03.jpg】素材文件，将其拖曳到【素材】文件夹中，如图 2-37 所示。

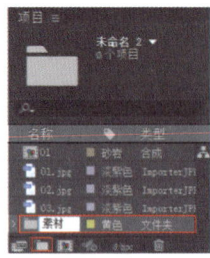

图 2-36

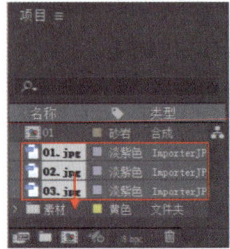

图 2-37

（4）在【项目】面板中选择素材文件夹，按住鼠标左键将其拖曳到【时间轴】面板中，如图 2-38 所示。释放鼠标左键后，文件夹中的素材即可出现在【时间轴】面板中，如图 2-39 所示。

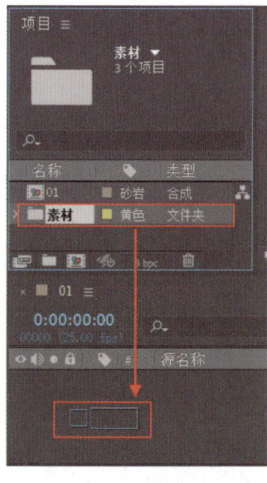

图 2-38

图 2-39

2.5 合成面板

【合成】面板用于显示当前合成的画面效果。图2-40所示为After Effects的【合成】面板。

- ■菜单：单击此按钮，可弹出一个快捷菜单，可对合成面板进行关闭面板、浮动面板、面板组设置、合成设置等相关操作。

- (71%) 放大率弹出式菜单：可以显示文件的放大倍率。

- 完整 分辨率/向下采样系数弹出式菜单：可以显示画面的分辨率，设置较小的分辨率可使播放更流畅。

图 2-40

- 快速预览：单击此按钮可在弹出的对话框中进行设置。
- 切换透明网格：可以将背景以透明网格的形式进行呈现。
- 切换蒙版和路径形状可见性：可以用于显示蒙版或形状路径。
- 目标区域：可以显示出目标区域。
- 选择网格和参考线选项：这是选择网格和参考线选项。
- 显示通道和色彩管理设置：显示红绿蓝或Alpha通道等。
- 设置曝光度：可以重新设置图像的曝光。
- +0.0 调整曝光度：可以调节图像曝光度。
- 拍摄快照：可以捕获界面快照。
- 显示快照：可以显示最后的快照。
- 0:00:00:00 预览时间：可以设置时间线跳转时刻。

21

2.6 时间轴面板

【时间轴】面板中可进行新建不同类型的图层、创建关键帧动画等操作。图2-41所示为After Effects的【时间轴】面板。

图2-41

- ≡菜单：单击此按钮可以选择菜单。
- 时间码：时间线停留的当前时间，单击此按钮可进行编辑。
- 合成微型流程图：快速管理和编辑复杂的合成结构，提高工作效率。
- 消隐：用于隐藏设置了"消隐"开关的所有图层。
- 帧混合：用于打开或关闭全部对应图层中的帧混合。
- 运动模糊：用于打开或关闭全部对应图层中的运动模糊。
- 图表编辑器：用于对关键帧进行调整。
- 折叠变化/连续栅格化：对于合成图层，它是折叠变换；对于矢量图层，它是连续栅格化。
- 质量和采样：用于设置作品质量，其中包括三种级别。若找不到该按钮，可单击  。
- fx效果：取消该选项即可显示未添加效果的画面，选择则显示添加效果的画面。
- 调整图层：针对【时间轴】面板中的调整图层使用，用于关闭或开启调整图层中添加的效果。
- 3D图层：用于启用和关闭3D图层功能，在创建三维素材图层、灯光图层、摄影机图层时需要开启。

实例：修改和查看素材参数

扫一扫，看视频

文件路径：Chapter 02 After Effects的基础操作→实例：修改和查看素材参数

（1）在【项目】面板中，右击并选择【新建合成】，此时弹出【合成设置】对话框，设置文件名为【合成1】，【预设】为【HD·1920×1080·25fps】，【像素长宽比】为【方形像素】，【持续时间】为5秒，单击【确定】按钮，如图2-42所示。

（2）执行【文件】/【导入】/【文件...】命令或使用快捷键Ctrl+I导入素材，如图2-43所示。此时在弹出的对话框中选择【1.png】素材文件，并单击【导入】按钮，如图2-44所示。

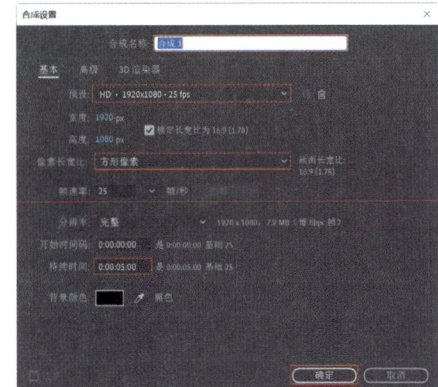

图2-42

22

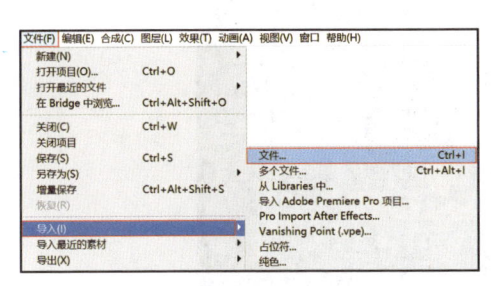

图 2-43 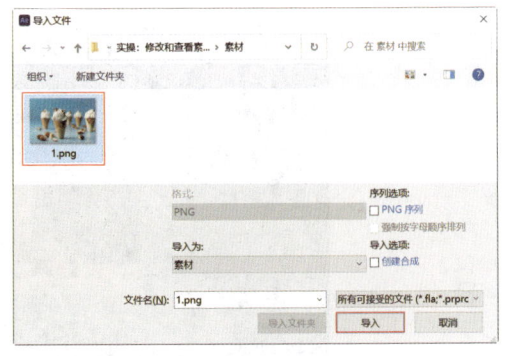　　　　　　　　　　　　　　　　　图 2-44

（3）将【项目】面板中的【1.png】素材文件拖曳到【时间轴】面板中，如图 2-45 所示。此时【合成】面板效果如图 2-46 所示。

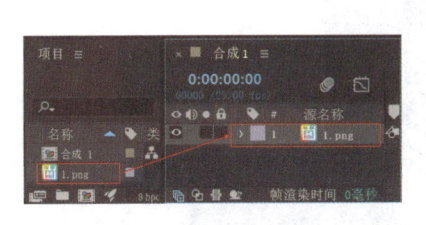

图 2-45 　　　　　　　　　　　　　　　　　图 2-46

（4）在【时间轴】面板中打开【1.png】下方的【变换】，此时可以调整【变换】属性下方参数，以【缩放】为例调整画面大小，设置【缩放】为【145.0, 145.0%】，如图 2-47 所示。此时【合成】面板中的图片展现得更加完整，如图 2-48 所示。

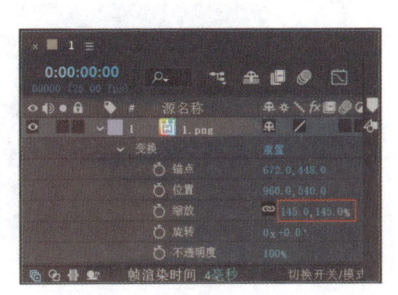

图 2-47 　　　　　　　　　　　　　　　　　图 2-48

2.7　效果和预设面板

After Effects 中的【效果和预设】面板包含了很多常用的视频效果、音频效果、过渡效果、抠像效果、调色效果等。可找到需要的效果，并拖动到【时间轴】面板中的图层上，为该图层添加效果，如图 2-49 所示。调整效果参数，此时画面会发生变化，如图 2-50 所示。

图 2-49

图 2-50

2.8 效果控件面板

【效果控件】面板是管理和调整视频图层上效果的直观工具。它展示了所有添加到选定图层的效果及其参数，便于进行微调、复制、粘贴、删除和重新排序，以创造丰富多样的视频特效。图2-51所示为After Effects的【效果控件】面板。

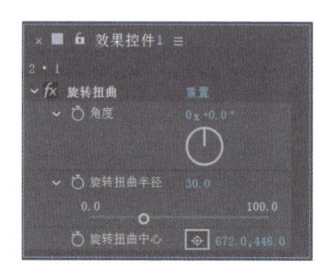

图 2-51

2.9 其他常用面板

在After Effects中还有一些面板在操作时会用到，如【窗口】面板、【信息】面板、【音频】面板、【预览】面板、【图层】面板等。由于工作界面布局大小有限，不可能将所有面板都完整地显示在工作界面中。因此我们需要显示出某个面板时，可以在菜单栏中执行【窗口】命令，勾选需要的面板即可，如图2-52所示。

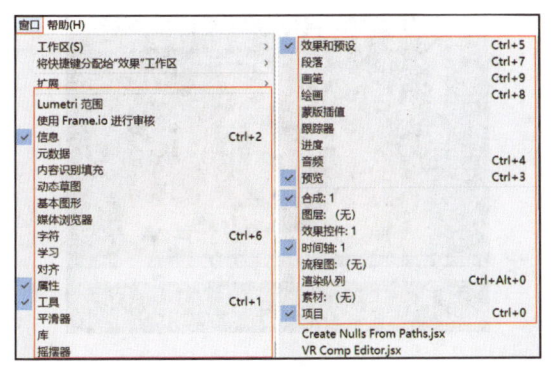

图 2-52

2.9.1 信息面板

After Effects中的【信息】面板可显示所操作文件的颜色信息，如图2-53所示。

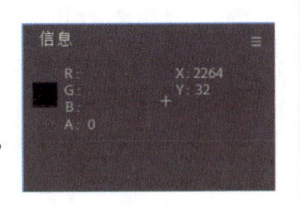

图 2-53

2.9.2 音频面板

After Effects中的【音频】面板用于调整音频的音效，如图2-54所示。

2.9.3 预览面板

After Effects中的【预览】面板，用于控制预览，包括播放、暂停、上一帧、下一帧、在回放前缓存等，如图2-55所示。

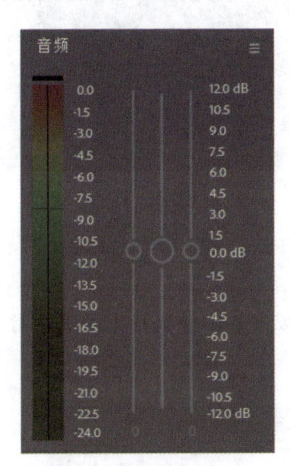

图 2-54

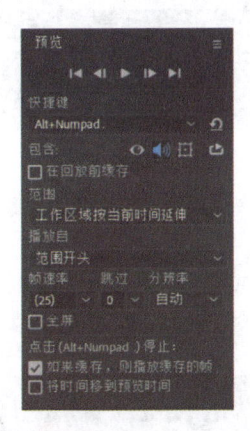

图 2-55

2.9.4 图层面板

【图层】面板与【合成】面板相似，都可以预览效果。但是【合成】面板是预览作品整体效果，而【图层】面板则是只预览当前图层的效果。双击【时间轴】面板上的图层，即可进入【图层】面板，如图2-56所示。

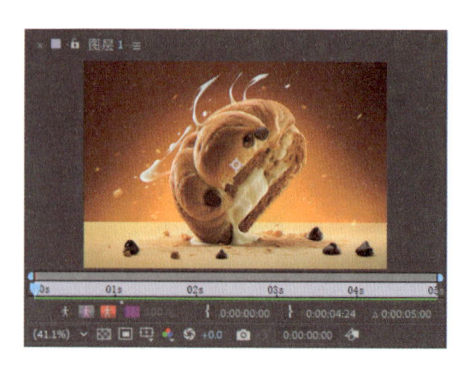

图2-56

▶ **技巧提示：当工程文件路径位置被移动时，如何在After Effects中打开该工程文件？**

当制作完成的工程文件被移动位置后，再次打开时通常会在After Effects界面中弹出一个项目文件不存在的窗口，导致此文件无法打开，如图2-57所示。

此时可以将该工程文件复制到计算机的桌面位置，再次双击该文件即可打开。但是打开后可能会弹出一个窗口，提示文件丢失，此时需要单击【确定】按钮，如图2-58所示。

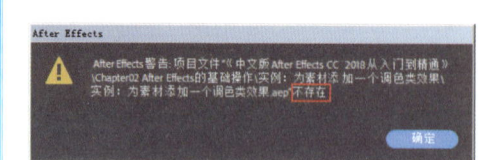

图2-57 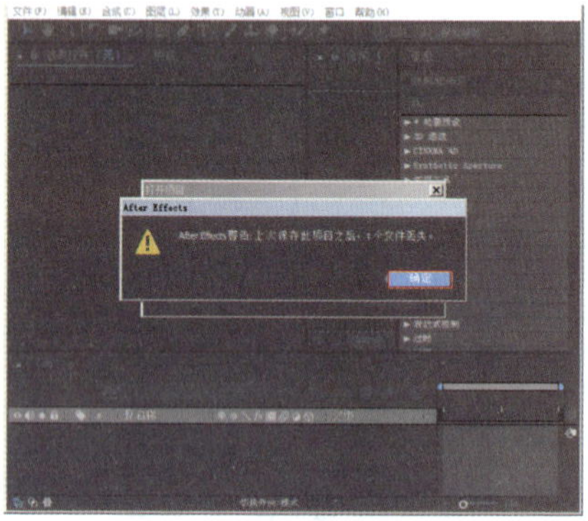　　　　　　　　　　　　图2-58

此时会发现由于文件移动位置导致素材找不到原来的路径，而以彩条方式显示，如图2-59所示。

那么就需要将素材的路径重新指定。在【项目】面板中右击并执行【解释素材】/【文件...】命令，如图2-60所示。

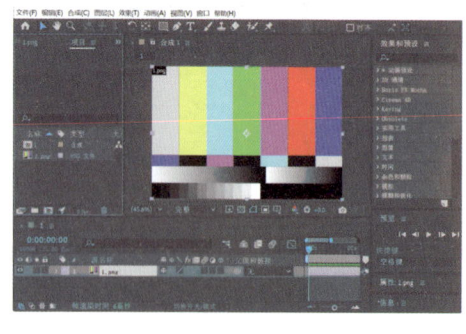

图2-59 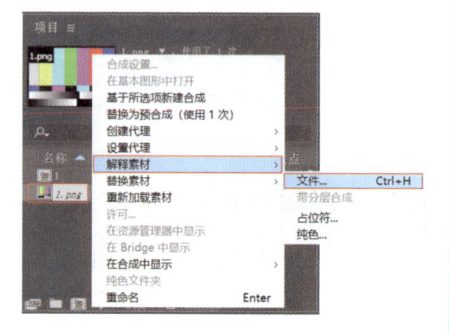　　　　　　　　　　　　图2-60

此时将路径指定到该素材所在的位置，然后选中该素材，最后单击【导入】按钮，如图2-61所示。最终文件的效果显示正确了，如图2-62所示。

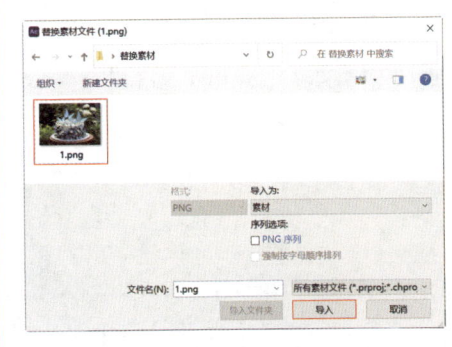

图 2-61　　　　　　　　　　　　　图 2-62

2.10　随堂测试

1. 知识考查

（1）掌握导入多种格式素材的技能，以及新建合成的基本操作。
（2）对素材的基本操作及编辑。

2. 实战演练

新建合成并导入视频素材。

3. 项目实操

以"加速"为主题制作一个视频。
要求：
（1）选择适合的视频素材。
（2）为视频制作加速效果。

图层

Chapter 03

📢 学时安排

总学时：4 学时。
理论学时：1 学时。
实践学时：3 学时。

📢 教学内容概述

图层是 After Effects 的基础概念，它们就像堆叠的透明纸张，每个图层上可以包含不同的图像、视频、文本或效果。理解和管理图层对于创建复杂动画和合成效果至关重要。本章将介绍如何创建、复制、排列图层，并创建不同的图层类型。

📢 教学目标

- 认识图层。
- 掌握图层的基本操作。
- 掌握图层混合模式、图层样式。
- 掌握不同图层的创建和使用。

3.1 了解图层

在合成作品时将一层层的素材按照顺序叠放在一起，组合起来就形成了画面的最终效果。在After Effects中，不同类型的图层具有不同的作用。例如文本图层可以为作品添加文字，形状图层可以绘制各种形状。

3.1.1 什么是图层

在After Effects中图层是最基础的操作对象，是学习After Effects的基础。导入素材、添加效果、设置参数、创建关键帧动画等对图层的操作，都可以在【时间轴】面板中完成，如图3-1所示。

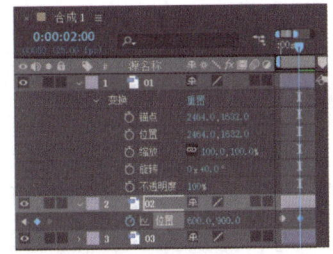

图3-1

3.1.2 常用的图层类型

在After Effects中，常用的图层类型主要包括【文本】【纯色】【灯光】【摄像机】【空对象】【形状图层】【调整图层】和【内容识别填充图层】。在【时间轴】面板中右击，或在菜单栏中执行【新建】命令即可看到这些类型，如图3-2所示。

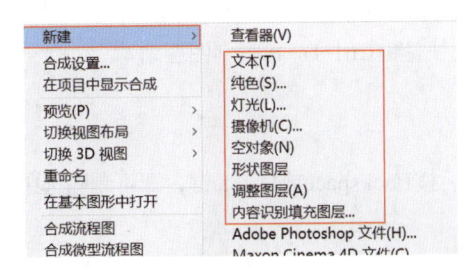

图3-2

3.2 图层的基本操作

After Effects中的图层基本操作与Photoshop相似，包括对图层的选择、调整时长、重命名、顺序更改、复制、粘贴、删除、隐藏、显示、锁定、预合成、拆分等。

3.2.1 选择图层

在【时间轴】面板中单击要选择的图层，或者在键盘右侧的数字键盘上按图层对应的数字键即可选中相应的图层。按数字键盘上的3键，那么选中的是图层3的素材（见图3-3）。

除此之外，可以将鼠标指针定位在空白区域，按住鼠标左键向上拖曳即可框选多个图层。也可以在按住Ctrl键的同时，依次单击相应图层即可加选图层。还可以在按住Shift键的同时，依次单击起始图层和结束图层，即可选中这两个图层和首尾图层之间的所有图层。

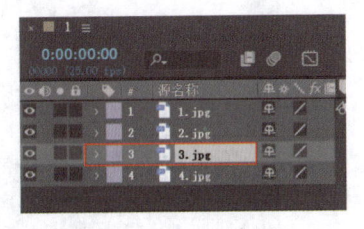

图3-3

3.2.2 调整图层时长

将鼠标指针放在图层的起始或结束位置，并按住鼠标左键，向左或向右拖动，即可改变图层时长。

3.2.3 重命名图层

在【时间轴】面板中单击需要重命名的图层，然后按Enter键，即可输入新名称。

3.2.4 调整图层顺序

选中图层，并将鼠标指针定位在该图层上，然后按住鼠标左键并拖曳至某图层上方或下方，即可调整图层显示顺序，不同的图层顺序会产生不同的画面效果。

3.2.5 图层的复制、粘贴

在【时间轴】面板中单击需要进行复制的图层，然后依次使用【复制图层】命令（快捷键Ctrl+C）和【粘贴图层】命令（快捷键Ctrl+V），即可复制并且得到一个新的图层。除此之外，选中需要复制的图层，然后使用【创建副本】命令（快捷键Ctrl+D）可得到图层副本。

3.2.6 删除图层

在【时间轴】面板中单击需要删除的图层，然后按Backspace或Delete键，即可删除选中的图层。

3.2.7 隐藏和显示图层

After Effects中的图层可以隐藏或显示。只需要单击图层左侧的按钮，即可将图层隐藏或显示，并且【合成】面板中的素材也会随之产生隐藏或显示变化，如图3-4所示。

图3-4

3.2.8 锁定图层

After Effects中的图层可以进行锁定，锁定后的图层将无法被选择或编辑。若要锁定图层，只需要单击图层左侧的🔒按钮即可，如图3-5所示。

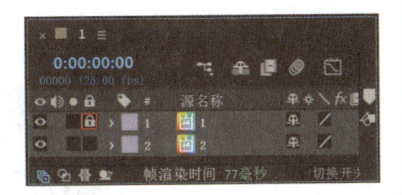

图 3-5

3.2.9 图层的预合成

在【时间轴】面板中选中需要合成的图层，然后使用【预合成】命令（快捷键Ctrl+Shift+C）即可。将图层进行预合成的目的是方便管理图层、添加效果等。需要注意，预合成之后还可以对合成之前的任意素材图层进行属性调整。

3.2.10 图层的拆分

将时间线移动到某一帧时，选中某个图层，然后执行菜单栏中的【编辑】/【拆分图层】命令（快捷键Ctrl+Shift+D），即可将图层拆分为两个图层。该功能与Premiere软件中的剪辑类似，如图3-6所示。

图 3-6

3.3 图层的混合模式

图层的混合模式可以控制图层与图层之间的融合效果，且采用不同的混合模式可使画面产生不同的效果。在After Effects中，图层的混合模式有几十种，种类非常多，如图3-7所示。不需要死记硬背，可以尝试使用每种模式，用效果来加深印象。

在【时间轴】面板中单击【切换开关/模式】或单击按钮，可以显示或隐藏【模式】，如图3-8所示。

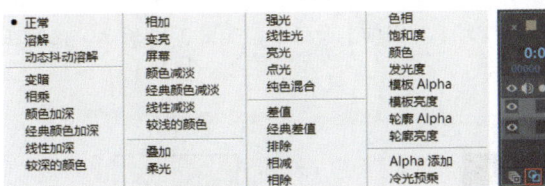

图 3-7　　　　　　　　　　图 3-8

在【时间轴】面板中单击图层对应的【模式】，可在弹出的菜单中选择合适的混合模式，如图3-9所示。或在【时间轴】面板中单击需要设置混合模式的图层，在菜单栏中执行【图层】/【混合模式】命令。

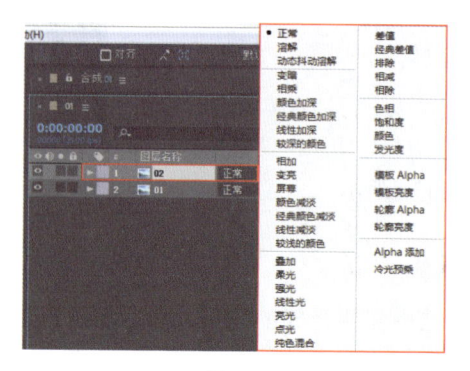

图3-9

实例：使用图层混合模式制作多重曝光效果

文件路径：Chapter 03 图层→实例：使用图层混合模式制作多重曝光效果

本实例使用【混合模式】和【轨道遮罩】制作多重曝光，画面效果如图3-10所示。

（1）在【项目】面板中，右击并执行【导入】/【文件】命令，在弹出的对话框中导入全部素材，如图3-11所示。

图3-10

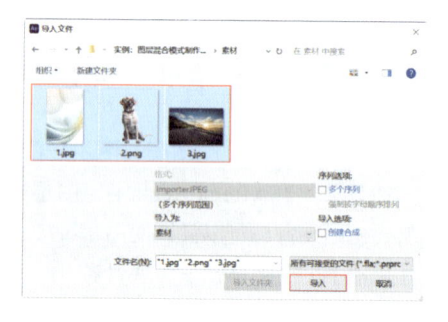

图3-11

（2）将【项目】面板中的【1.jpg】素材拖曳到【时间轴】面板中，如图3-12所示。此时在项目面板自动生成与素材尺寸相同的合成。

（3）此时画面效果如图3-13所示。

图3-12

图3-13

（4）将【项目】面板中的【2.png】素材拖曳到【时间轴】面板中，如图3-14所示。

（5）在【时间轴】面板中打开【2.png】素材下方的【变换】，设置【位置】为【547.0,900.0】，设置【缩放】为【145.0,145.0%】，如图3-15所示。

32

图 3-14 　　　　　　　　　　　图 3-15

（6）此时画面效果如图 3-16 所示。

（7）将【项目】面板中的【3.jpg】素材拖曳到【时间轴】面板中，如图 3-17 所示。

图 3-16 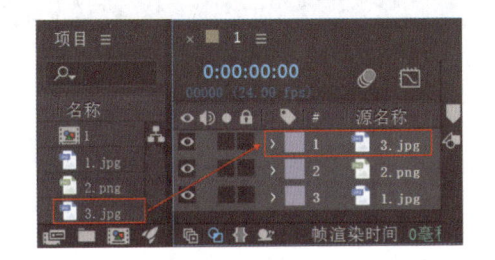　　　　　　　　　　　图 3-17

（8）在【时间轴】面板中打开【3.jpg】素材下方的【变换】，设置【位置】为【284.9,1000.1】，设置【缩放】为【130.0,130.0%】，接着设置【轨道遮罩】为【2.2.png】，如图 3-18 所示。

（9）此时画面效果如图 3-19 所示。

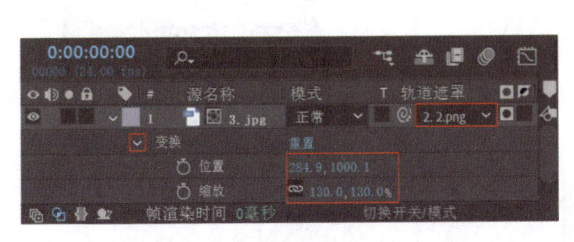

图 3-18 　　　　　　　　　　　图 3-19

（10）在【时间轴】面板中选择图层 2 和图层 3，右击并执行【预合成】命令，如图 3-20 所示。在弹出的【预合成】窗口中单击【确定】按钮。

（11）再次将【项目】面板中的【2.png】素材拖曳到【时间轴】面板中，如图 3-21 所示。

图 3-20 　　　　　　　　　　　图 3-21

（12）在【时间轴】面板中打开【2.png】素材下方的【变换】，设置【位置】为【547.0,900.0】，设置【缩放】为【145.0,145.0%】，然后设置【模式】为【柔光】，如图3-22所示。

（13）本实例制作完成，画面效果如图3-23所示。

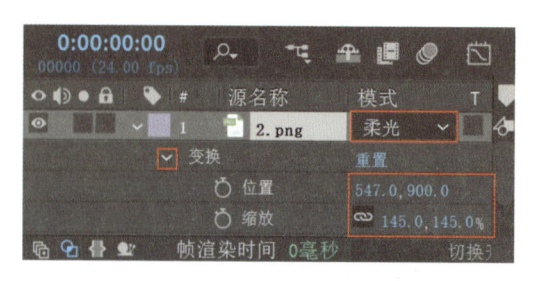

图3-22 　　　　　　　　　　　　图3-23

3.4　图层样式

After Effects中的图层样式与Photoshop中的图层样式相似，这种图层处理功能是提升作品品质的重要手段之一，它能快速、简单地制作出投影、发光、描边等图层样式，如图3-24所示。

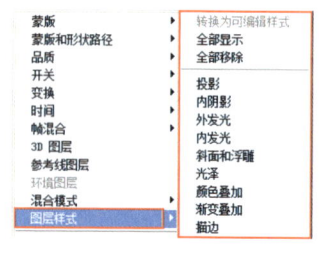

图3-24

3.4.1　投影

【投影】样式可为图层增添阴影效果。选中创建好的文字，在菜单栏中执行【图层】/【图层样式】/【投影】命令，投影效果如图3-25所示。

图3-25

3.4.2　内阴影

【内阴影】样式可为图层内部添加阴影效果，效果如图3-26所示。

图3-26

3.4.3　外发光

【外发光】样式可处理图层外部光照效果，效果如图3-27所示。

图3-27

34

3.4.4 内发光

【内发光】样式可处理图层内部光照效果，效果如图3-28所示。

图3-28

3.4.5 斜面和浮雕

【斜面和浮雕】样式可模拟冲压状态，为图层制作浮雕效果，增强立体感，效果如图3-29所示。

图3-29

3.4.6 光泽

【光泽】样式使图层表面产生光滑的磨光或金属质感效果，效果如图3-30所示。

图3-30

3.4.7 颜色叠加

【颜色叠加】样式可在图层上方叠加颜色，效果如图3-31所示。

图3-31

3.4.8 渐变叠加

【渐变叠加】样式可在图层上方叠加颜色，效果如图3-32所示。

图3-32

3.4.9 描边

【描边】样式可使用颜色为当前图层的轮廓添加像素，使图层轮廓更加清晰，效果如图3-33所示。

图3-33

3.5 文本图层

文本图层可以为作品添加文字效果，如字幕、解说等。直接在菜单栏中执行【图层】/【新建】/【文本】命令；或在【时间轴】面板中的空白位置处右击，执行【新建】/【文本】命令（快捷键Ctrl+Shift+Alt+T），如图3-34所示。

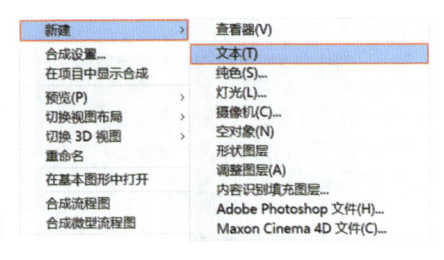

创建完成文本图层后，可以在【字符】和【段落】面板中设置合适的字体、字号、对齐等相关属性，如图3-35和图3-36所示。然后可以输入合适的中文或英文等内容。为图像添加文本的前后对比效果如图3-37所示。

图 3-34

图 3-35 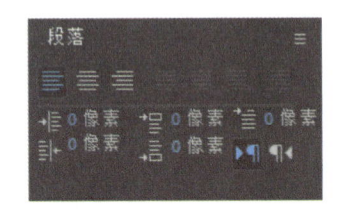　　　　　　　　　　图 3-36

（a）添加文本前　　　　　　（b）添加文本后

图 3-37

在【时间轴】面板中打开文本图层下方的【文本】，即可设置相应参数，调整文本效果，如图3-38所示。

图 3-38

3.6 纯色图层

纯色图层常用于制作纯色背景效果。新建纯色图层，需要在菜单栏中执行【图层】/【新建】/【纯色】命令；或在【时间轴】面板中的空白位置处右击，执行【新建】/【纯色】命令（快捷键Ctrl+Y），如图3-39所示。

在弹出的【纯色设置】对话框中设置合适的参数，如图3-40所示。

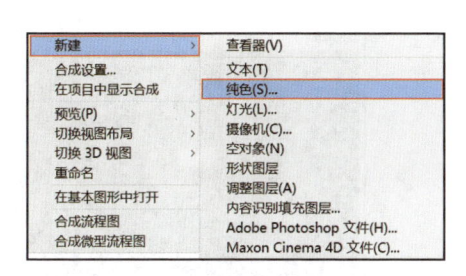

图3-39

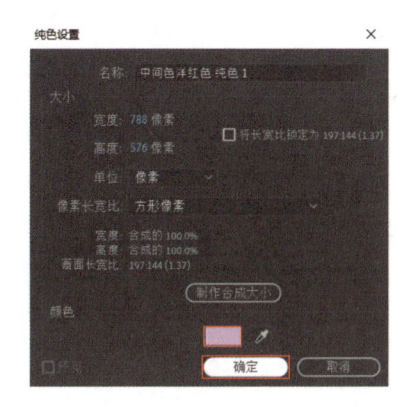

图3-40

3.6.1 制作背景图层

在【时间轴】面板中的空白位置处右击，执行【新建】/【纯色】命令。接着在弹出的【纯色设置】对话框中设置【颜色】为合适颜色，如图3-41所示。此时画面效果如图3-42所示。

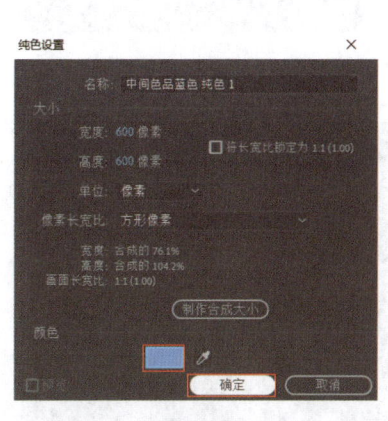

图3-41

图3-42

3.6.2 更改纯色颜色

选中【时间轴】面板中已经创建完成的纯色图层，按快捷键Ctrl+Shift+Y，即可重新修改颜色。

3.7 灯光图层

灯光图层主要用于模拟真实的灯光、阴影，使作品层次感更强烈。在菜单栏中执行【图层】/【新建】/【灯光】命令；或在【时间轴】面板中的空白位置处右击，执行【新建】/【灯光】命令（快捷键Ctrl+Shift+Alt+L），如图3-43所示。

在弹出的【灯光设置】对话框中设置合适的参数，如图3-44所示。创建灯光图层的前后对比效果如图3-45所示。如果需要再次调整灯光属性，单击需要调整的灯光图层，按快捷键Ctrl+Shift+Alt+L，即可在弹出的【灯光设置】对话框中调整其相关参数（注意：在创建灯光图层时，需单击【3D图层】按钮，否则不会出现灯光效果）。

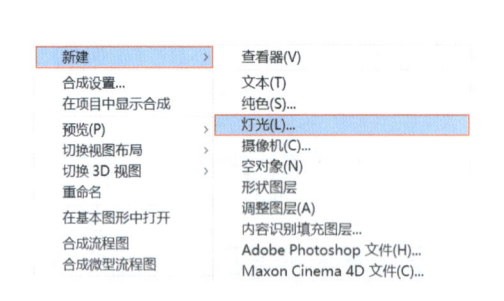

图3-43　　　　　　　　　　　　　　图3-44

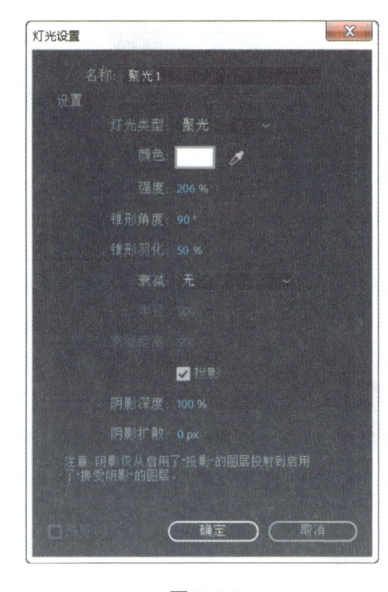

（a）创建灯光图层前　　　　　　　　（b）创建灯光图层后

图3-45

- 【名称】：设置灯光图层名称，默认为【聚光1】。
- 【灯光类型】：设置灯光类型为平行、聚光、点或环境。
- 【颜色】：设置灯光颜色。
- 【吸管工具】：单击该按钮，可在画面中的任意位置拾取灯光颜色。
- 【强度】：设置灯光强弱程度。
- 【锥形角度】：设置灯光照射的锥形角度。
- 【锥形羽化】：设置锥形灯光的柔和程度。
- 【衰减】：可设置【衰减】为无、平滑和反向平方限制。
- 【半径】：设置【衰减】为平滑时，可设置半径数值。
- 【衰减距离】：设置【衰减】为平滑时，可设置衰减距离数值。
- 【投影】：勾选此选项可添加投影效果。
- 【阴影深度】：设置阴影深度值。
- 【阴影扩散】：设置阴影扩散程度。

> ▶ **技巧提示**：创建灯光图层和摄像机图层的注意事项。
>
> 　　在创建完成灯光图层后，若在【时间轴】面板中没有找到【3D图层】按钮，则需要单击【时间轴】面板左下方的【展开或折叠"图层开关"窗格】按钮，如图3-46所示。
>
> 　　在创建灯光和摄像机图层时，需将素材图像转换为3D图层。在【时间轴】面板中单击素材图层的【3D图层】按钮下方相对应的位置，即可将该图层转换为3D图层，如图3-47所示。 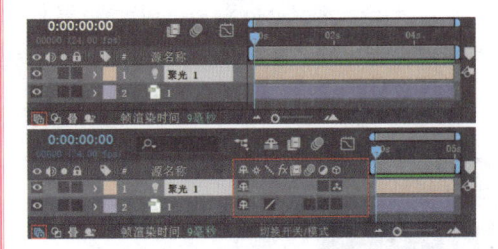
>
> 图3-46 　　　　　　　　　　　　　　　　图3-47
>
> 　　图3-48所示为开启【3D图层】按钮前后的灯光对比效果。 
>
> （a）开启前效果 　　　　　　　　　　　（b）开启后效果
>
> 图3-48

3.8 摄像机图层

摄像机图层主要用于三维合成制作中，控制合成时的最终视角，通过对摄影机设置动画可模拟三维镜头运动。在菜单栏中执行【图层】/【新建】/【摄像机】命令；或在【时间轴】面板中的空白位置处右击，执行【新建】/【摄像机】命令（快捷键Ctrl+Alt+Shift+C），如图3-49所示。

在弹出的【摄像机设置】对话框中可设置摄像机的属性，如图3-50所示。

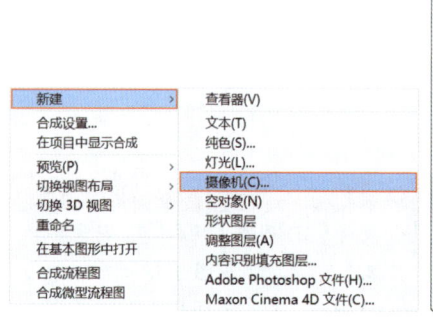

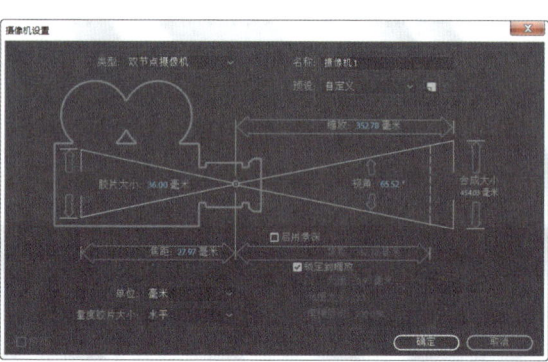

图3-49　　　　　　　　　　　　　图3-50

当创建摄像机图层时，需将素材的图层转换为3D图层。在【时间轴】面板中单击素材图层的【3D图层】按钮下方相对应的位置，即可将该图层转换为3D图层。接着打开摄像机图层下方的【摄像机选项】，即可设置摄像机相关属性，调整摄像机效果，如图3-51所示。

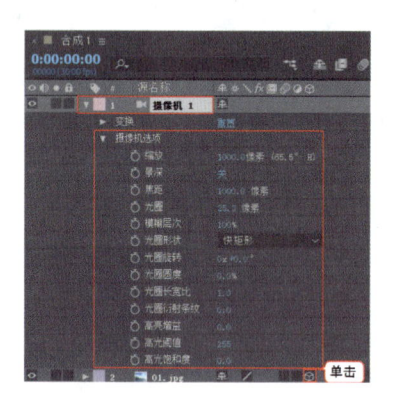

图3-51

3.9 空对象图层

空对象图层常用于建立摄像机的父级，是用来控制摄像机的移动和位置的设置。在菜单栏中执行【图层】/【新建】/【空对象】命令；或在【时间轴】面板中的空白位置处右击，执行【新建】/【空对象】命令（快捷键Ctrl+Alt+Shift+Y），如图3-52所示。

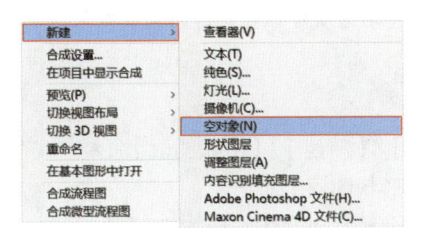

图 3-52

3.10 形状图层

使用形状图层可以自由绘制图形并设置图形形状或图形颜色等。在【时间轴】面板中的空白位置处右击，执行【新建】/【形状图层】命令，如图3-53所示，即可添加形状图层，此时【时间轴】面板如图3-54所示。

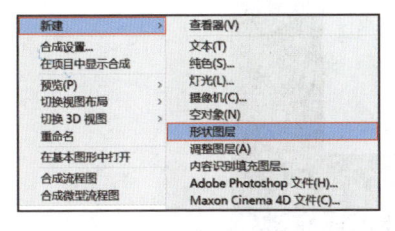

图 3-53 　　　　　　　　　　　　　　图 3-54

创建完成形状图层后，在工具栏中单击【填充】或【描边】的文字位置，即可打开【填充选项】对话框和【描边选项】对话框，可设置合适的【填充】属性和【描边】属性。单击【填充】和【描边】右侧对应的色块，即可设置填充颜色和描边颜色，如图3-55所示。

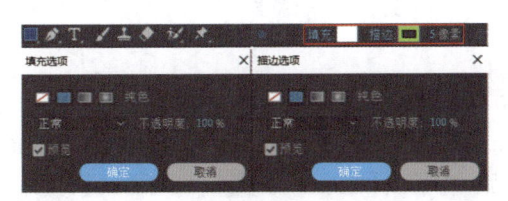

图 3-55

- 【无】：设置填充/描边颜色为无颜色。
- 【纯色】：设置填充/描边颜色为纯色。此时单击色块设置颜色。
- 【线性渐变】：设置填充/描边颜色为线性渐变。此时单击色块打开渐变编辑器，编辑渐变色条。
- 【镜像渐变】：设置填充/描边颜色为由内而外散射的镜像渐变，此时单击色块可打开渐变编辑器，编辑渐变色条。
- 【正常】：该选项为混合模式。单击即可在弹出的菜单中选择合适的混合模式。
- 【不透明度】：设置填充/描边颜色的透明程度。

- 【预览】：当在【合成】面板中绘制图形完毕，在【填充】/【描边】对话框中更改参数调整效果时，勾选此选项可预览此时的画面效果。

3.10.1 创建形状图层

在菜单栏中执行【图层】/【新建】/【形状图层】命令。或在【时间轴】面板中的空白位置处右击，执行【新建】/【形状图层】命令。

除此之外，还可以在工具栏中选择【矩形工具】■，或长按【矩形工具】■选择【形状工具组】中的其他形状工具，设置合适的填充颜色及描边颜色，然后在【合成】面板中按住鼠标左键并拖曳至合适大小，绘制完成后可在【时间轴】面板中看到绘制的形状图层，如图3-56所示。

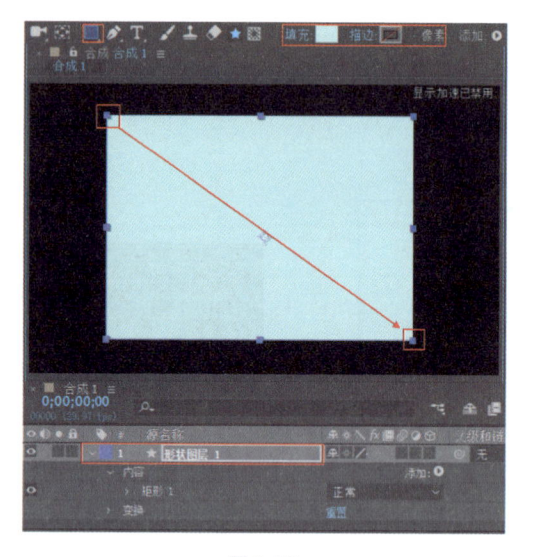

图 3-56

3.10.2 形状工具组

在After Effects中，除了矩形还可以创建其他多个不同形状的图形。只需要在【工具】面板中长按【矩形工具】■，即可看到【矩形工具】【圆角矩形工具】【椭圆工具】【多边形工具】和【星形工具】，如图 3-57 所示。

图 3-57

1. 矩形工具

【矩形工具】■可以用来绘制矩形形状。在工具栏中选择【矩形工具】，设置合适的【填充】属性和【描边】属性。接着取消选择所有的图层，在【合成】面板中按住鼠标左键并拖曳至合适大小，得到矩形形状，如图3-58所示。

使用【矩形工具】绘制正方形形状时，按住Shift键的同时按住鼠标左键并拖曳至合适大小即可，如图3-59所示。

图3-58　　　　　　　　　　　图3-59

2. 圆角矩形工具

【圆角矩形工具】■可以用来绘制具有圆角的矩形形状，操作方法以及相关属性与【矩形工具】类似。在工具栏中选择【圆角矩形工具】，并设置合适的【填充】属性和【描边】属性。取消选择所有的图层，在【合成】面板中按住鼠标左键并拖曳至合适大小，得到圆角矩形形状，如图3-60所示。

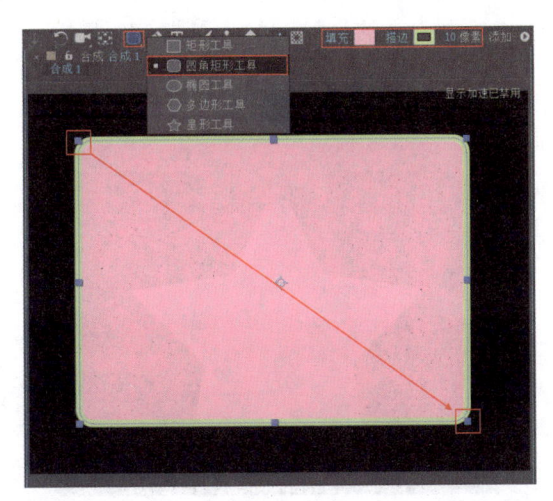

图3-60

3. 椭圆工具

【椭圆工具】●可以用来绘制椭圆、正圆形状，操作方法以及相关属性与【矩形工具】类似。在工具栏中选择【椭圆工具】，并设置合适的【填充】属性和【描边】属性。取消选择所有的图层，在【合成】面板中按住鼠标左键并拖曳至合适大小，即可得到椭圆、正圆形状，如图3-61所示。

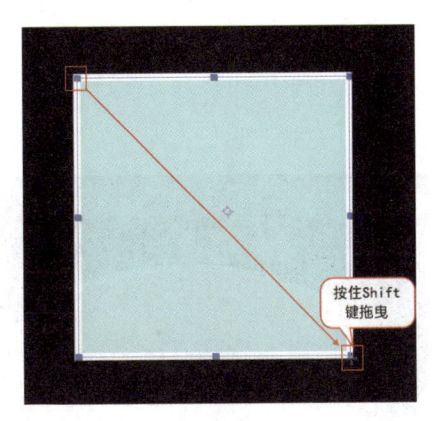

4. 多边形工具

【多边形工具】●可以用来绘制多边形形状，操作方法以及相关属性与【矩形工具】相同。在工具栏中选择【多边形工具】，并设置合适的【填充】属性和【描边】属性。取消选择所有的图层，在【合成】面板中按住鼠标左键并拖曳至合适大小，得到多边形形状，如图3-62所示。

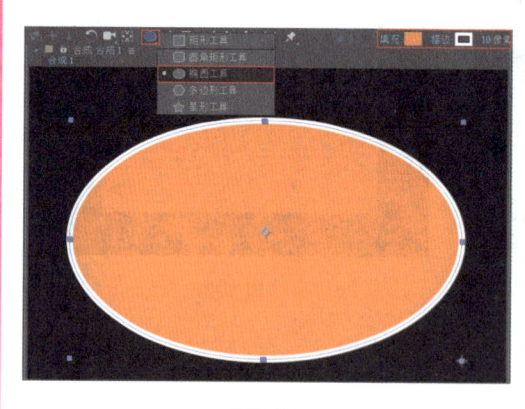

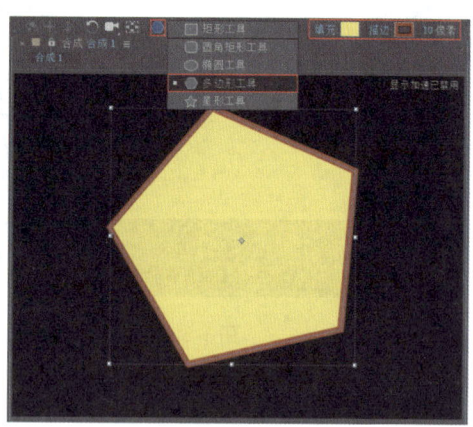

图3-61

图3-62

5. 星形工具

【星形工具】可以绘制星形形状，操作方法以及相关属性与【矩形工具】类似。在工具栏中选择【星形工具】，并设置合适的【填充】属性和【描边】属性。取消选择所有的图层，在【合成】面板中按住鼠标左键并拖曳至合适大小，得到星形形状，如图3-63所示。

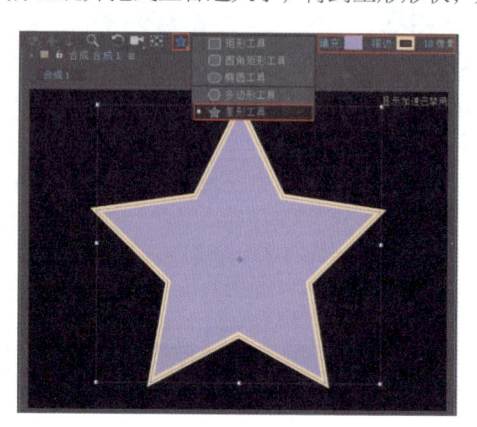

图3-63

综合实例：使用形状图层制作多彩背景效果

文件路径：Chapter 03 图层→综合实例：使用形状图层制作多彩背景效果

本综合实例使用形状工具制作出多彩背景。画面效果如图3-64所示。

（1）在【项目】面板中，右击并选择【新建合成】，在弹出的【合成设置】对话框中设置【合成名称】为【1】，【预设】为【HD·1920×1080·24fps】，【像素长宽比】为【方形像素】，【持续时间】为5秒，单击【确定】按钮，如图3-65所示。

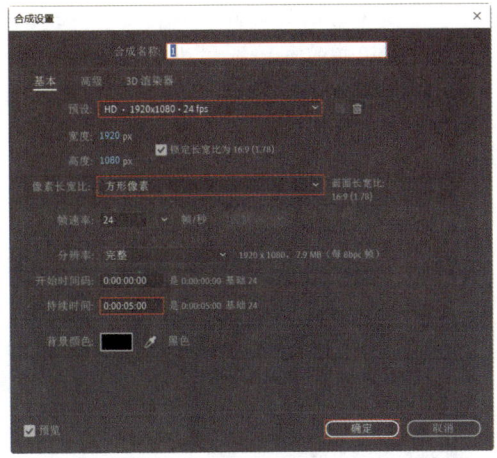

图3-64　　　　　　　　　　　　　　　图3-65

（2）单击【工具】面板中的【矩形工具】按钮，在文字上方绘制一个与画面等大的矩形形状，如图3-66所示。

（3）在【效果和预设】面板中搜索【四色渐变】效果，并将该效果拖曳到【时间轴】面板中的【形状图层1】上，如图3-67所示。

图3-66　　　　　　　　　　　　　　　图3-67

（4）选择【形状图层1】，在【效果控件】面板中展开【四色渐变】效果，设置【点1】为【361.4,266.1】,【颜色1】为橙色,【点2】为【1533.7,241.3】,【颜色2】为黄色,【点3】为【365.9,879.4】,【颜色3】为紫色,【点4】为【1533.7,859.1】,【颜色4】为青色，如图3-68所示。

（5）此时画面效果如图3-69所示。

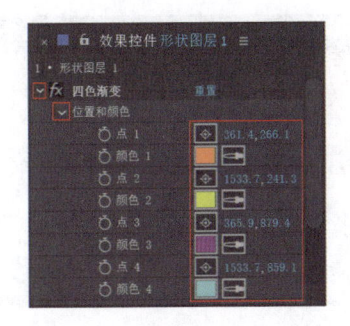

图3-68　　　　　　　　　　　　　　　图3-69

(6)在不选中任何图层的状态下,单击【工具】面板中的【椭圆工具】按钮,在画面合适位置按住Shift键的同时按住鼠标左键拖动绘制一个正圆,并设置【填充】为无,【描边颜色】为白色,【描边宽度】为【4像素】,如图3-70所示。

(7)使用同样方法制作其他正圆,如图3-71所示。

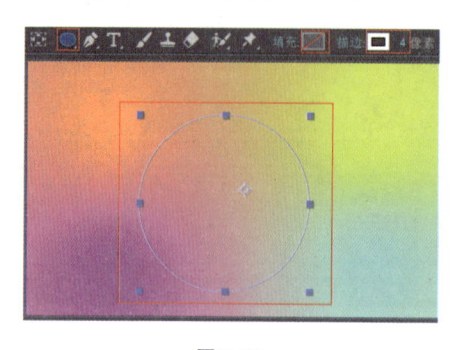

图3-70

图3-71

(8)在【时间轴】面板中选中所有正圆图层,右击并执行【预合成】命令,在弹出的对话框中单击【确定】按钮,如图3-72所示。

(9)在【时间轴】面板中打开【预合成1】下方的【变换】,设置【不透明度】为【5%】,如图3-73所示。

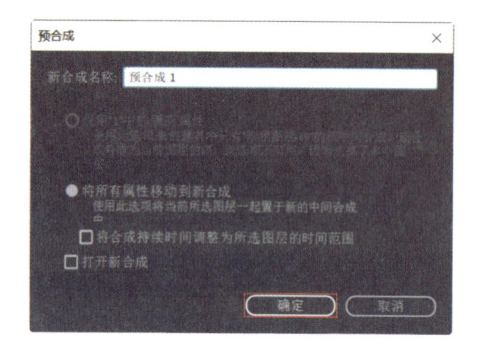

图3-72

图3-73

(10)此时画面效果如图3-74所示。

(11)在不选中任何图层的状态下,单击【工具】面板中的【钢笔工具】按钮,在画面左下角合适位置绘制一个不规则图形,并设置【填充颜色】为紫色,如图3-75所示。

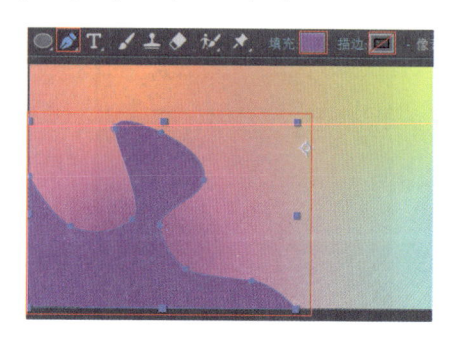

图3-74

图3-75

（12）在【时间轴】面板中打开【形状图层2】下方的【变换】，设置【不透明度】为【50%】，如图3-76所示。

（13）此时画面效果如图3-77所示。

图3-76 　　　　　　　　　　　　图3-77

（14）使用【钢笔工具】在画面右下方绘制不规则图形，并设置合适的填充颜色，如图3-78所示。

（15）在不选中任何图层的状态下，单击【工具】面板中的【椭圆工具】按钮，在画面合适位置绘制一个正圆，如图3-79所示。

图3-78 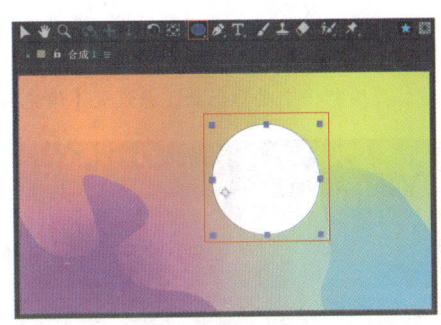　　　　　　　　　　　　图3-79

（16）在【工具】面板中单击【填充选项】，在弹出的对话框中单击【线性渐变】，接着单击【确定】按钮，如图3-80所示。

（17）在【工具】面板中单击【填充颜色】，在弹出的【渐变编辑器】中编辑一个青色到黄色的渐变颜色，如图3-81所示。

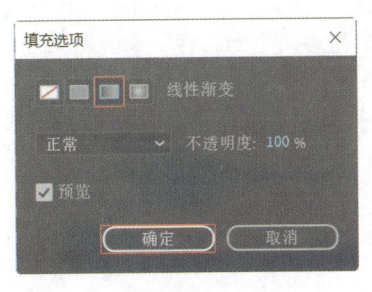

图3-80 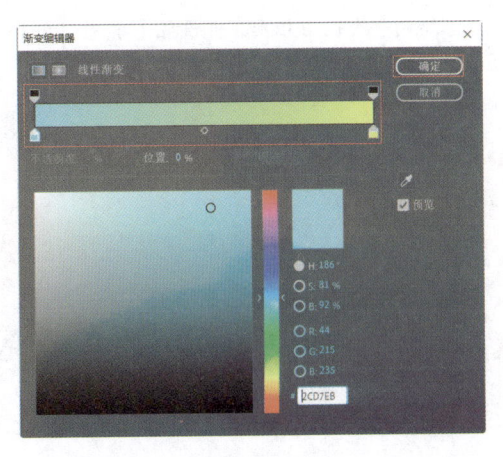　　　　　　　　　　　　图3-81

(18）使用【选取工具】选择正圆，拖动控制柄调整渐变颜色的方向及位置，如图3-82所示。

(19）在画面合适位置绘制其他正圆，并设置合适的渐变填充色，如图3-83所示。

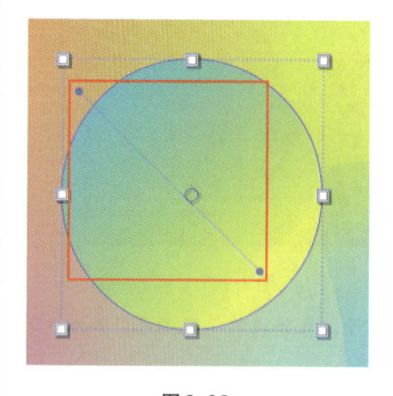

图3-82 　　　　　　　　　　　　　图3-83

（20）在不选中任何图层的状态下，单击【工具】面板中的【多边形工具】按钮，在画面左上角合适位置绘制一个多边形形状，并设置【填充颜色】为蓝色系的线性渐变，如图3-84所示。

（21）在不选中任何图层的状态下，单击【工具】面板中的【星形工具】按钮，在画面底部合适位置绘制一个星形形状，并设置【填充颜色】为橙色系的线性渐变，如图3-85所示。

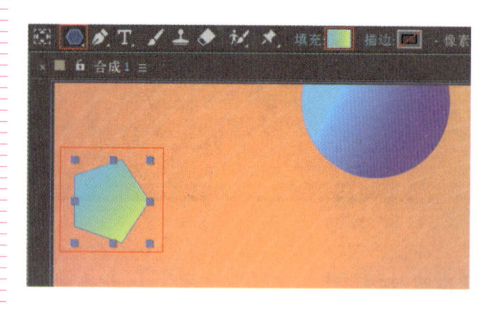

图3-84 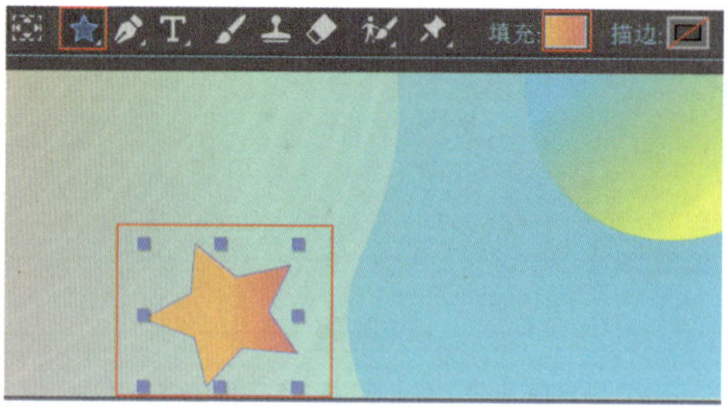　　　　　　　　　　　　　图3-85

（22）此时背景部分制作完成，画面效果如图3-86所示。

（23）在不选中任何图层的状态下，单击【工具】面板中的【圆角矩形工具】按钮，在画面合适位置绘制一个圆角矩形，并设置【填充颜色】为无，【描边颜色】为白色，【描边宽度】为【4像素】，如图3-87所示。

图3-86 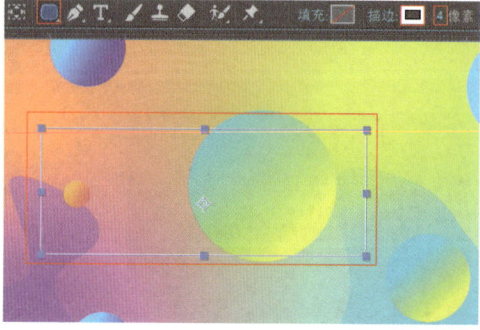　　　　　　　　　　　　　图3-87

48

(24)单击【工具】面板中的【文字工具】按钮,在画面中单击并输入文字,接着使用【选取工具】选中文字,在【字符】面板中设置合适的字体系列和字号,设置【字符间距】为【300】,单击下方的【全部大写字母】按钮TT,如图3-88所示。

(25)使用【文字工具】在文字下方输入另一组文字并设置合适的参数,效果如图3-89所示。

图3-88 　　　　　　　　　　　　图3-89

(26)在不选中任何图层的状态下,单击【工具】面板中的【矩形工具】按钮,在第二行文字上方绘制一个矩形,并设置【填充颜色】为白色,如图3-90所示。

(27)在【时间轴】面板中将【形状图层14】的【轨道遮罩】设置为图层2的文字图层,并激活【反转遮罩】,如图3-91所示。

图3-90 　　　　　　　　　　　　图3-91

(28)此时本综合实例制作完成,画面效果如图3-92所示。

图3-92

3.10.3　钢笔工具

1. 使用钢笔工具绘制转折的图形

除形状工具组外,还可以使用【钢笔工具】绘制形状图层。取消选择所有图层,在工具栏中单击【钢笔工具】按钮,然后在【合成】面板中进行图形的绘制。此时在【时间轴】面板中可以看到形状图层已创建完成,如图3-93所示。此时【时间轴】面板参数如图3-94所示。

49

图3-93

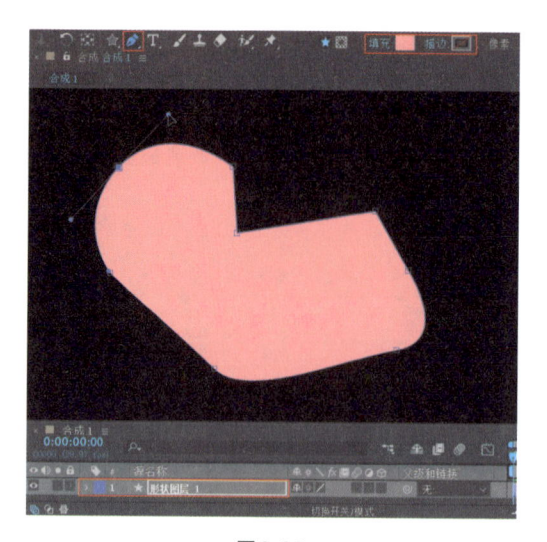

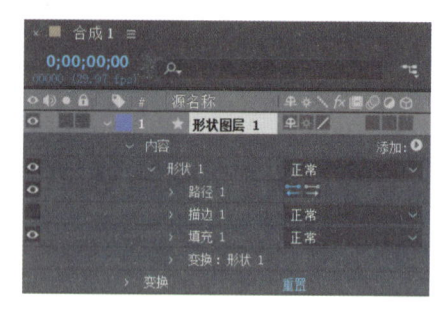

图3-94

- 路径1：设置钢笔路径。
- 描边1：设置描边颜色等属性。
- 填充1：设置填充颜色等属性。
- 变换：设置变换属性。

2. 使用钢笔工具绘制圆滑的图形

在工具栏中单击【钢笔工具】按钮，设置合适的【填充】和【描边】属性。设置完成后在【合成】面板中单击定位"顶点"位置，再将鼠标指针定位在合适的位置处，按住鼠标左键并拖曳，即可调整出圆滑的角度，如图3-95所示。使用同样的方法，继续定位其他"顶点"位置，当首尾相连时图形则绘制完成，如图3-96所示。

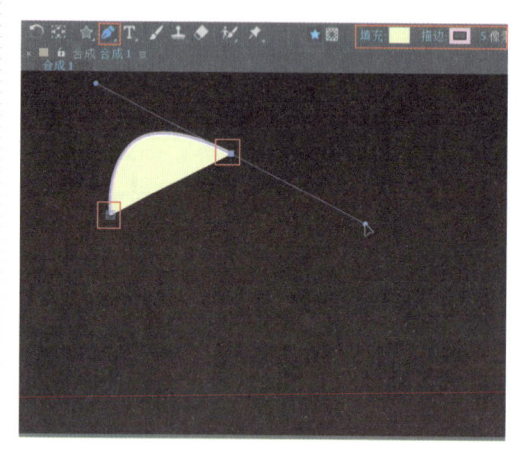

图3-95

图3-96

3. 在钢笔工具的状态下编辑形状

调整形状：如果需要调整形状，可将鼠标指针直接定位在控制点处，当鼠标指针变为▶时，按住鼠标左键并拖曳即可调整图形形状，如图3-97和图3-98所示。

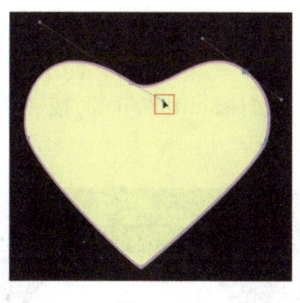

图 3-97 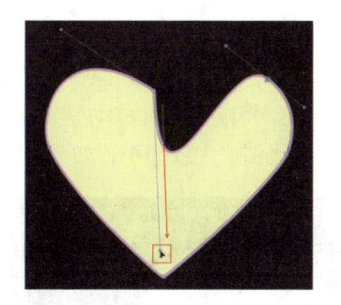　　　　　　　　　　　　图 3-98

添加"顶点"：绘制完成后，在选中工具栏中的 🖋 的状态下，将鼠标指针移动到图形上，当出现 ✎₊ 图标时单击即可添加一个"顶点"，如图 3-99 和图 3-100 所示。

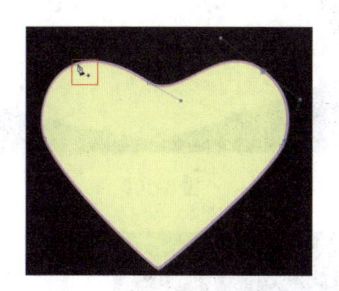

图 3-99 　　　　　　　　　　　　图 3-100

删除"顶点"：鼠标指针移动到"顶点"的位置，按Ctrl键，出现 ✎₋ 图标时，单击即可删除该"顶点"，图 3-101 和图 3-102 所示为删除"顶点"的前后对比效果。

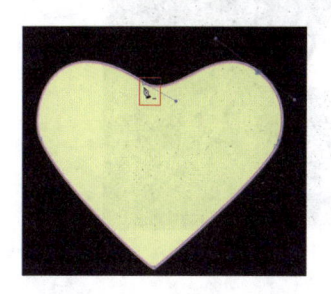

图 3-101 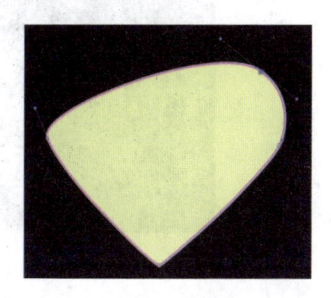　　　　　　　　　　　图 3-102

"顶点"变圆滑：鼠标指针移动到转折的点的位置，按Alt键，此时出现 ⌐ 图标，按住鼠标左键进行拖曳，即可将转折的点变为圆滑的点，如图 3-103 和图 3-104 所示。

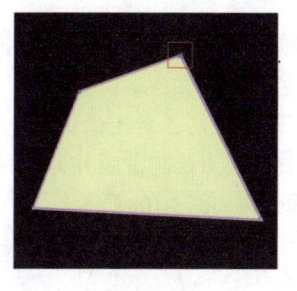

图 3-103 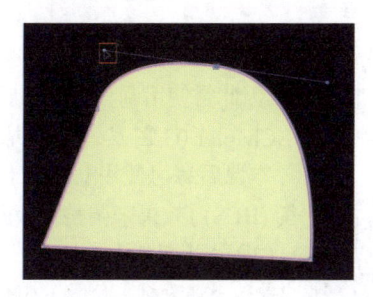　　　　　　　　　　　图 3-104

51

4. 在选取工具的状态下编辑形状

绘制完成后，在选中工具栏中的 ▶ 的状态下，双击【合成】面板中的图形，此时形状周围出现定界框，将鼠标指针移动到定界框的一角处，按住Shift键的同时按住鼠标左键即可将图像进行等比例放大或缩小，如图3-105～图3-107所示。

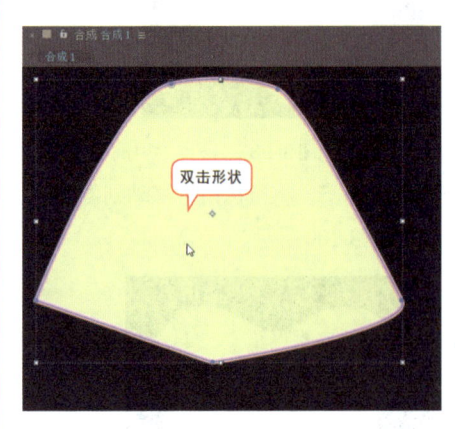

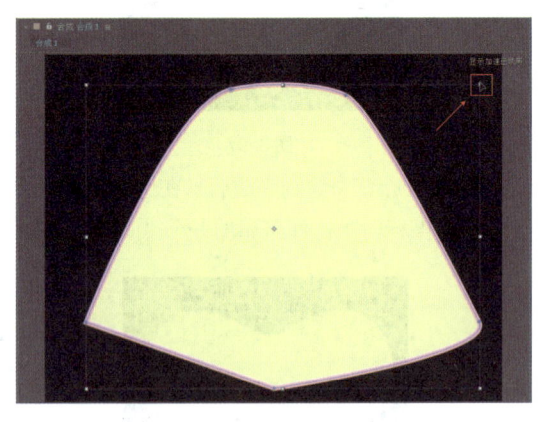

图3-105　　　　　　　　　　　　　　图3-106

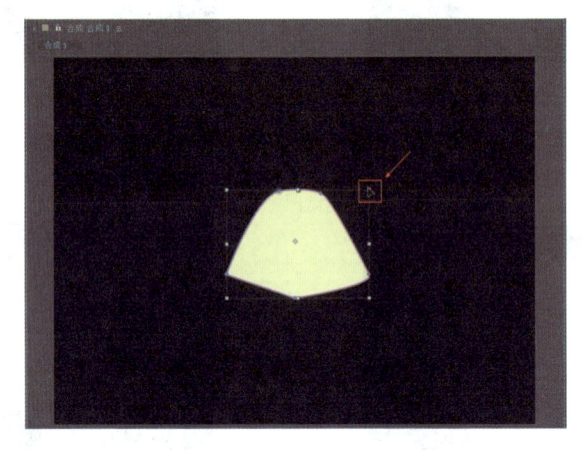

图3-107

3.11　课后练习：利用调整图层，对图像进行色彩调校

使用调整图层的主要目的是通过给调整图层添加效果，使调整图层下方的所有图层共同享有添加的效果。因此常使用调整图层来调整整体作品的色彩效果。

文件路径：Chapter 03 图层→课后练习：利用调整图层，对图像进行色彩调校

本课后练习使用【钢笔工具】在调整图层上绘制蒙版并为蒙版添加【颜色平衡(HLS)】效果来调整蒙版颜色。画面效果如图3-108所示。

（1）在【项目】面板中，右击并执行【导入】/【文件】命令，在弹出的对话框中导入全部素材，如图3-109所示。

图3-108

（2）将【项目】面板中的1.jpg素材文件拖曳到【时间轴】面板中，如图3-110所示。此时自动生成与素材等大的合成。

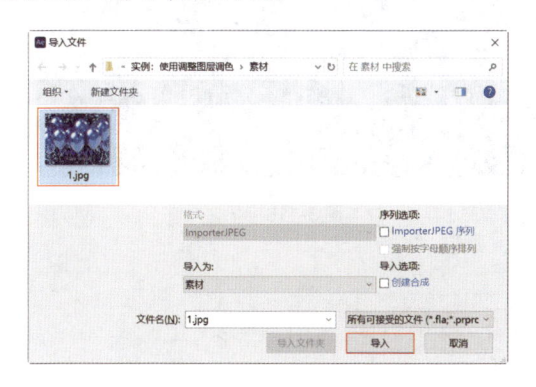

图3-109

图3-110

（3）此时画面效果如图3-111所示。

（4）在【时间轴】面板中的空白位置处右击，在弹出的快捷菜单中执行【新建】/【调整图层】命令，如图3-112所示。

图3-111

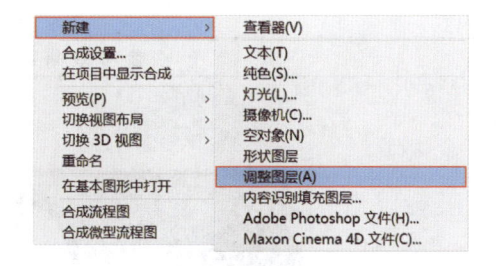

图3-112

（5）在【时间轴】面板中选择调整图层，单击【工具】面板中的【钢笔工具】按钮，接着在【合成】面板中绘制蒙版，如图3-113所示。

（6）在【效果和预设】面板中搜索【颜色平衡(HLS)】效果，并将该效果拖曳到【时间轴】面板调整图层上，如图3-114所示。

（7）在【时间轴】面板中打开调整图层下方的【效果】/【颜色平衡(HLS)】，设置【色相】为【0_x+80.0°】，如图3-115所示。

（8）此时画面前后对比效果如图3-116所示。

图3-113

图3-114

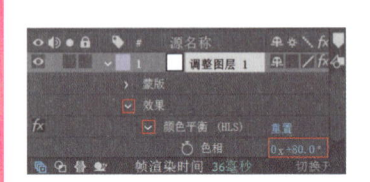

图3-115

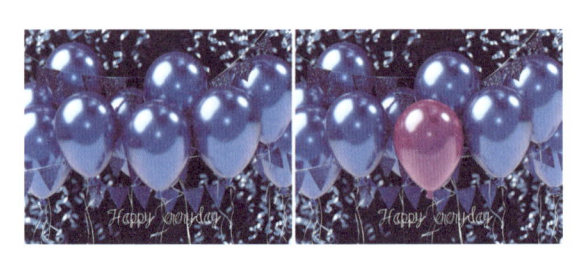

图3-116

3.12 随堂测试

1. 知识考查

（1）导入适合的两个素材。
（2）设置适合的图层混合模式。

2. 实战演练

参考给定作品，制作二次曝光效果。

参 考 效 果	可用工具
	图层混合模式

3. 项目实操

制作一个有二次曝光效果的作品。
要求：
（1）使用任意两个素材，如人像和风景。
（2）可设置适合的图层混合模式。

Chapter 04

创建及编辑蒙版

🔊 学时安排

总学时：4 学时。
理论学时：1 学时。
实践学时：3 学时。

🔊 教学内容概述

蒙版用于隐藏或显示图层的特定部分，可以创建各种形状和路径来实现这种效果。本章将介绍如何使用各种蒙版工具绘制蒙版路径，编辑蒙版的形状和羽化效果，以及利用蒙版进行动画制作，实现复杂的视觉效果。

🔊 教学目标

- 认识蒙版。
- 掌握蒙版工具。

4.1 认识蒙版

为了得到特殊的视觉效果，可以使用绘制蒙版的工具在原始图层上绘制一个"视觉窗口"，从而使画面只显示需要显示的区域，而其他区域将被隐藏。由此可见，蒙版在后期制作中是一个很重要的操作工具，可用于合成图像或制作其他特殊效果等。

4.1.1 蒙版的原理

蒙版即遮罩，可以通过绘制蒙版使素材只显示区域内的部分，而区域外的素材则被蒙版所覆盖不显示。同时还可以绘制多个蒙版层来达到更多元化的视觉效果。

4.1.2 常用的蒙版工具

在After Effects中，绘制蒙版的工具有很多，其中包括【形状工具组】、【钢笔工具组】、【画笔工具】和【橡皮擦工具】，如图4-1所示。

图 4-1

4.2 形状工具组

使用【形状工具组】可以绘制出多种规则或不规则的几何形状蒙版。其中包括【矩形工具】、【圆角矩形工具】、【椭圆工具】、【多边形工具】和【星形工具】，如图4-2所示。

图 4-2

4.2.1 矩形工具

【矩形工具】可以为图像绘制正方形、长方形等矩形形状蒙版。选中素材，在工具栏中单击【矩形工具】，在【合成】面板中图像的合适位置处按住鼠标左键并拖曳至合适大小，得到矩形蒙版，如图4-3所示。

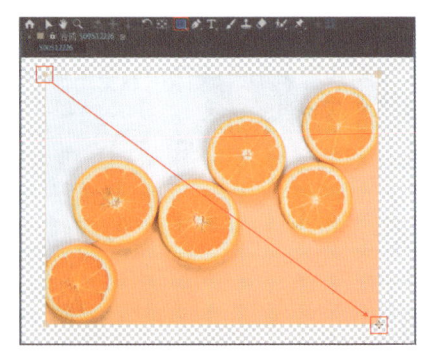

图 4-3

▶ **技巧提示：移动形状蒙版的位置**

移动形状蒙版有两种方法。

一是形状蒙版绘制完成后，在【时间轴】面板中选择相对应的图层，在工具栏中选择【选取工具】▶，接着将鼠标指针移动到【合成】面板中的形状蒙版上方，当鼠标指针变为黑色箭头时，按住鼠标左键可进行移动，如图4-4所示。

二是形状蒙版绘制完成后，选择【时间轴】面板中相对应的素材文件，将鼠标指针移动到【合成】面板中的形状蒙版上方，按住鼠标左键，当鼠标指针变为黑色箭头时，拖动即可进行位置移动，如图4-5所示。

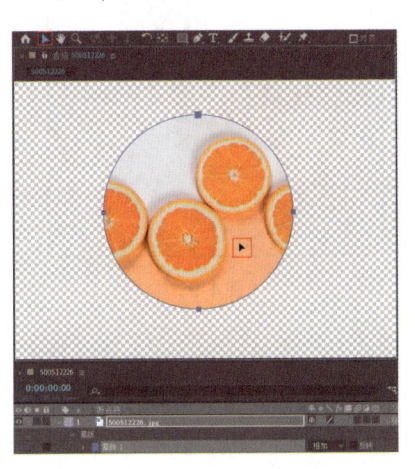

图 4-4 　　　　　　　　　　　　图 4-5

1. 绘制正方形形状蒙版

选中素材，在工具栏中单击【矩形工具】，然后在【合成】面板中图像的合适位置处按住Shift键的同时，按住鼠标左键并拖曳至合适大小，得到正方形蒙版，如图4-6所示。

2. 绘制多个蒙版

选中素材，在工具栏中单击【矩形工具】，然后在【合成】面板中图像的合适位置处按住鼠标左键并拖曳至合适大小，得到另一个蒙版，如图4-7所示。

图 4-6 　　　　　　　　　　　　图 4-7

3. 调整蒙版形状

在【时间轴】面板中单击【蒙版1】，然后按住Ctrl键的同时，将鼠标指针定位在【合成】面板中的透明区域处，并单击，如图4-8所示。继续按住Ctrl键，将鼠标指针定位在蒙版一角的"顶点"处，按住鼠标左键并拖曳至合适位置即可改变蒙版形状，如图4-9所示。

图4-8 　　　　　　　　　　图4-9

4. 设置蒙版相关属性

为图像绘制蒙版后，在【时间轴】面板中打开素材图层下方的【蒙版】/【蒙版1】，即可设置相关参数，调整蒙版效果。此时【时间轴】面板参数如图4-10所示。

图4-10

- 【模式】：单击【模式】选框可在下拉菜单列表中选择合适的混合模式。图4-11所示即当图像只有一个蒙版时，设置【模式】为相加和相减的对比效果。

（a）模式：相加 　　　　　　　（b）模式：相减

图4-11

当图像有多个蒙版时，设置不同【模式】的【时间轴】面板如图4-12所示，此时画面效果如图4-13所示。

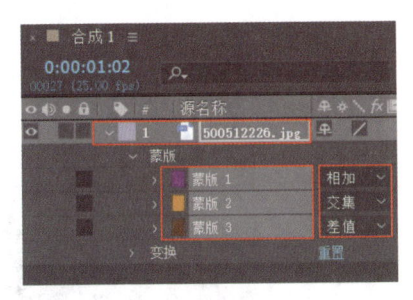

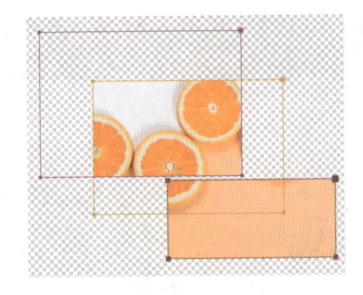

图4-12　　　　　　　　　　　图4-13

- 【反转】：勾选此选项可反转蒙版效果。
  ▶ 【蒙版路径】：单击【蒙版路径】的【形状】，在弹出的【蒙版形状】对话框中可设置蒙版定界框形状。
  ▶ 【蒙版羽化】：设置蒙版边缘的柔和程度。图4-14所示即设置【蒙版羽化】为【0】和【300】的对比效果。
  ▶ 【蒙版不透明度】：可以设置蒙版图像的透明程度。
  ▶ 【蒙版扩展】：可扩展蒙版面积。

（a）蒙版羽化：0　　　　　　（b）蒙版羽化：300

图4-14

4.2.2　圆角矩形工具

【圆角矩形工具】可以用来绘制圆角矩形形状蒙版，使用方法及对其相关属性的设置与【矩形工具】相同。选中素材，在工具栏中将鼠标指针定位在【矩形工具】上，长按鼠标左键，在【形状工具组】中选择【圆角矩形工具】，如图4-15所示。

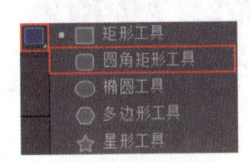

图4-15

1. 绘制正圆角矩形蒙版

使用【圆角矩形工具】，在【合成】面板中图像的合适位置处按住Shift键的同时，按住鼠标左键并拖曳至合适大小，此时在【合成】面板中即可出现正圆角矩形蒙版，如图4-16所示。

2. 调整蒙版形状

在【时间轴】面板中选择【蒙版1】，然后按住Ctrl键的同时，将鼠标指针定位在【合成】面板中的透明区域处，并单击。然后将鼠标指针定位在蒙版一角的"顶点"处，按住鼠标左键并拖曳至合适位置，如图4-17所示。

59

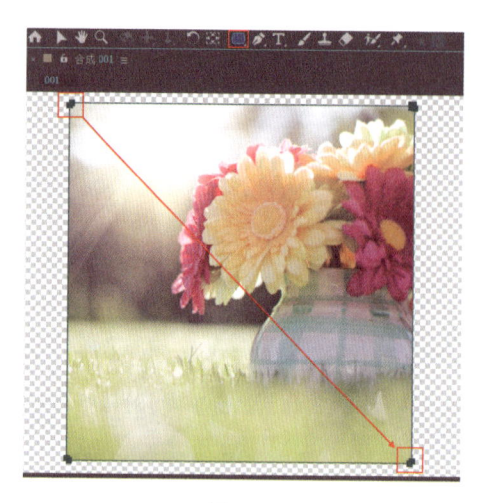

图 4-16 　　　　　　　　　　　　　　　图 4-17

4.2.3　椭圆工具

【椭圆工具】主要用来绘制椭圆、正圆形状蒙版，使用方法及对其相关属性的设置与【矩形工具】相同。选中素材，在工具栏中将鼠标指针定位在【矩形工具】上，并长按鼠标左键，在【形状工具组】中选择【椭圆工具】，如图 4-18 所示。然后在【合成】面板中图像的合适位置处按住鼠标左键并拖曳至合适大小，得到椭圆蒙版；或在【合成】面板中图像的合适位置处，按住 Shift 键的同时，按住鼠标左键并拖曳至合适大小，得到正圆蒙版，如图 4-19 和图 4-20 所示。

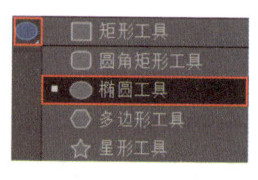

图 4-18 　　　　　　图 4-19 　　　　　　图 4-20

4.2.4　多边形工具

【多边形工具】主要可以创建有多个边角的几何形状蒙版，使用方法及对其相关属性的设置与【矩形工具】相同。选中素材，在工具栏中将鼠标指针定位在【矩形工具】上，并长按鼠标左键，在【形状工具组】中选择【多边形工具】，如图 4-21 所示。然后在【合成】面板中图像的合适位置处按住鼠标左键并拖曳至合适大小，得到五边形蒙版；或在【合成】面板中图像的合适位置处，按住 Shift 键的同时按住鼠标左键并拖曳至合适大小，得到正五边形蒙版，如图 4-22 和图 4-23 所示。

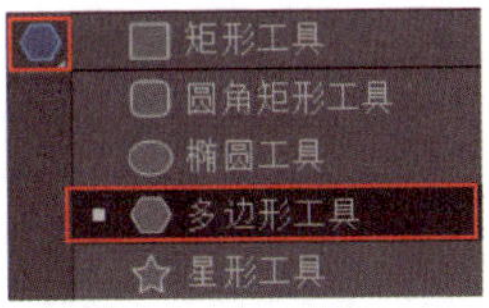

图 4-21 　　　　　　图 4-22 　　　　　　　　图 4-23

4.2.5　星形工具

【星形工具】主要用来绘制星形蒙版，使用方法及对其相关属性的设置与【矩形工具】相同。选中素材，在工具栏中将鼠标指针定位在【矩形工具】上，长按鼠标左键，在【形状工具组】中选择【星形工具】，如图4-24所示。然后在【合成】面板中图像的合适位置处按住鼠标左键并拖曳至合适大小，得到星形蒙版，如图4-25所示。

图 4-24 　　　　　　　　　　图 4-25

4.3　钢笔工具组

【钢笔工具组】可以绘制任意形状蒙版，其中包括的工具有【钢笔工具】、【添加"顶点"工具】、【删除"顶点"工具】、【转换"顶点"工具】和【蒙版羽化工具】，如图4-26所示。

图 4-26

4.3.1　钢笔工具

【钢笔工具】可以用来绘制任意形状蒙版，使用【钢笔工具】绘制蒙版的方式及对其相关属性的设置与【形状工具组】相同。选中素材，在工具栏中选择【钢笔工具】，在【合成】面板中图像的合适位置处依次单击以定位蒙版"顶点"，当"顶点"首尾相连时则完成蒙版绘制，得到蒙版形状，如图4-27所示。

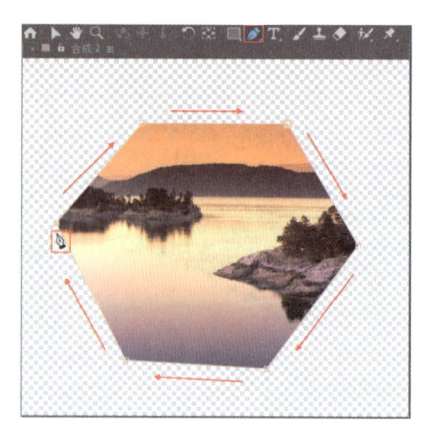

图4-27

▶ 技巧提示：圆滑边缘蒙版的绘制

　　使用【钢笔工具】可以绘制边缘圆滑的蒙版。选中素材，并使用【钢笔工具】在【合成】面板中图像的合适位置处单击以定位第一个"顶点"，再将鼠标指针定位在画面中其他任意位置，按住鼠标左键并上下拖曳控制杆，也可按住 Alt 键调整蒙版路径弧度，如图4-28所示。使用同样的方法，继续绘制蒙版路径，当"顶点"首尾相连时则完成蒙版绘制，得到圆滑的蒙版形状，如图4-29所示。

图4-28 　　　　　　　　　　　　　图4-29

4.3.2 添加"顶点"工具

　　【添加"顶点"工具】可以为蒙版路径添加控制点，以便更加精细地调整蒙版形状。选中素材，在工具栏中将鼠标指针定位在【钢笔工具】上，并长按鼠标左键在【钢笔工具组】中选择【添加"顶点"工具】，如图4-30所示。然后将鼠标指针定位在画面中蒙版路径合适位置处，当鼠标指针变为【添加"顶点"工具】时，单击以为此处添加"顶点"，如图4-31所示。

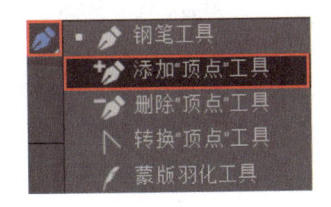

图 4-30 　　　　　　　　　　　图 4-31

此外，如果使用的是【钢笔工具】来绘制蒙版，那么可直接将鼠标指针定位在蒙版路径上，为蒙版路径添加"顶点"，如图4-32和图4-33所示。

图 4-32 　　　　　　　　　　　图 4-33

4.3.3　删除"顶点"工具

【删除"顶点"工具】可以为蒙版路径减少控制点。选中素材，在工具栏中将鼠标指针定位在【钢笔工具】上，并长按鼠标左键在【钢笔工具组】中选择【删除"顶点"工具】，如图4-34所示。然后将鼠标指针定位在画面中蒙版路径上需要删除的"顶点"位置，当鼠标指针变为【删除"顶点"工具】时，单击即可删除该"顶点"。

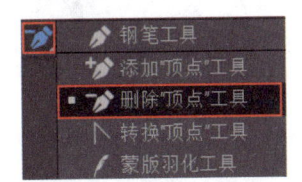

图 4-34

4.3.4　转换"顶点"工具

【转换"顶点"工具】可以使蒙版路径的控制点变平滑或变为硬转角。选中素材，在工具栏中将鼠标指针定位在【钢笔工具】上，并长按鼠标左键在【钢笔工具组】中选择【转换"顶点"工具】，如图4-35所示。然后将鼠标指针定位在画面中蒙版路径需要转换的"顶点"上，当鼠标指针变为【转换"顶点"工具】时，单击即可将该"顶点"对应的边角转换为硬转角或平滑的"顶点"，如图4-36所示。

当使用【钢笔工具】绘制蒙版完成后，也可直接将鼠标指针定位在蒙版路径上需要转换的"顶点"上，按住Alt键的同时，单击该"顶点"，将该"顶点"转换为硬转角，如图4-37和图4-38所示。

63

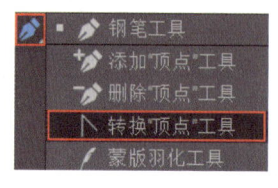

图4-35 　　　　　　　　　　　图4-36

图4-37 　　　　　　　　　　　图4-38

除此之外，还可将硬转角的"顶点"变为平滑的"顶点"。只需要按住Alt键的同时，单击并拖曳硬转角的"顶点"即可将其变平滑，如图4-39和图4-40所示。

图4-39 　　　　　　　　　　　图4-40

4.3.5　蒙版羽化工具

【蒙版羽化工具】可以用来调整蒙版边缘的柔和程度。在素材上方绘制完成蒙版后，选中素材下的【蒙版】/【蒙版1】，在工具栏中将鼠标指针定位在【钢笔工具】上，并长按鼠标左键在【钢笔工具组】中选择【蒙版羽化工具】，如图4-41所示。然后在【合成】面

图4-41

板中将鼠标指针移动到蒙版路径位置，当鼠标指针变为【蒙版羽化工具】时，按住鼠标左键并拖曳即可柔化当前蒙版。图4-42所示为使用该工具的前后对比效果。

将鼠标指针定位在【合成】面板中的蒙版路径上，按住鼠标左键向蒙版外侧拖曳可使蒙版羽化效果作用于蒙版区域外，按住鼠标左键向蒙版内侧拖曳可使蒙版羽化效果作用于蒙版区域内，对比效果如图4-43所示。

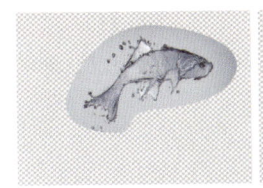

（a）未使用该工具　　　　（b）使用该工具　　　　（a）向蒙版外侧拖曳　　　（b）向蒙版内侧拖曳

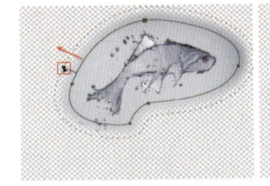

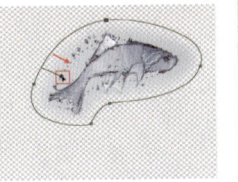

图 4-42　　　　　　　　　　　　　　　　图 4-43

4.4　画笔工具和橡皮擦工具

【画笔工具】 和【橡皮擦工具】 可以为图像绘制更自由的效果。需要注意的是使用这两种工具绘制完成以后，要再次单击进入【合成】面板才能看到最终效果。

4.4.1　画笔工具

使用【画笔工具】时，可以选择多种颜色的画笔对图像进行涂抹。创建蒙版选中素材，双击打开该图层进入【图层】面板，在工具栏中选择【画笔工具】，在画面上按住鼠标左键并拖曳，即可绘制任意颜色、样式的蒙版，如图 4-44 所示。绘制蒙版前后对比效果如图 4-45 所示。

图 4-44

（a）未绘制蒙版　　　　　　　　（b）绘制蒙版

图 4-45

1. 画笔面板

在绘制蒙版前，可在菜单栏中执行【窗口】/【画笔】命令，在【画笔】面板中设置画笔的相关属性，如图4-46所示。

2. 绘画面板

在【绘画】面板中可设置蒙版颜色等相关属性，如图4-47所示。

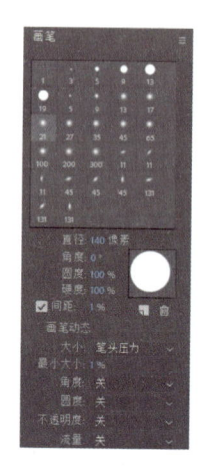

图4-46

图4-47

实例：使用蒙版工具创建渐变背景效果

文件路径：Chapter 04　创建及编辑蒙版→实例：使用蒙版工具创建渐变背景效果

扫一扫，看视频

本实例使用纯色图层制作背景，然后使用蒙版制作渐变背景，最后使用【文字工具】制作文字并为文字添加【投影】效果，使文字具有立体感，效果如图4-48所示。

（1）在【项目】面板中，右击并选择【新建合成】，在弹出的【合成设置】对话框中设置【合成名称】为【01】,【预设】为【自定义】,【宽度】为1344px,【高度】为896px,【像素长宽比】为【方形像素】,【帧速率】为25帧/秒,【持续时间】为5秒，如图4-49所示。

图4-48

图4-49

（2）在【时间轴】面板中的空白位置处右击,在弹出的快捷菜单中执行【新建】/【纯色】命令,如图4-50所示。

（3）在弹出的对话框中设置【颜色】为深青色,如图4-51所示。

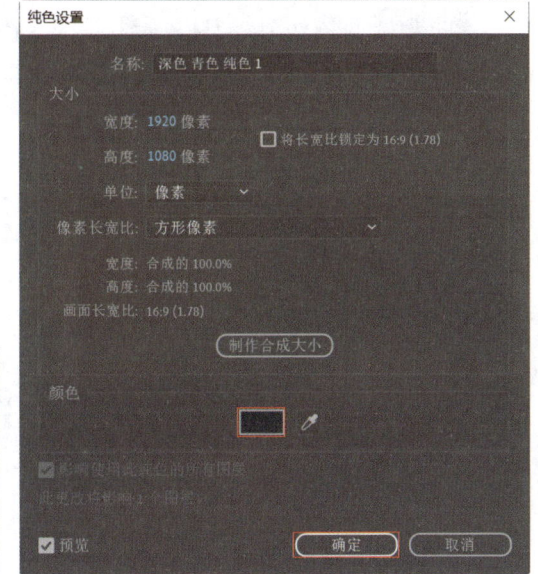

图4-50

图4-51

（4）此时画面效果如图4-52所示。

（5）在【时间轴】面板中的空白位置处右击,在弹出的快捷菜单中执行【新建】/【纯色】命令,在弹出的窗口中设置【颜色】为稍浅一些的青色,此时画面效果如图4-53所示。

（6）在【时间轴】面板中选择【图层1】,在【工具】面板中单击【椭圆工具】按钮,接着在【合成】面板中按住鼠标左键拖曳绘制一个椭圆,如图4-54所示。

图4-52

图4-53

（7）在【时间轴】面板中打开【图层1】下方的【蒙版】/【蒙版1】,设置【蒙版羽化】为【250.0,250.0像素】,如图4-55所示。

（8）此时画面效果如图4-56所示。

（9）再次在【时间轴】面板中的空白位置处右击,在弹出的快捷菜单中执行【新建】/【纯色】命令,在弹出的窗口中设置【颜色】为稍浅一些的青色,此时画面效果如图4-57所示。

67

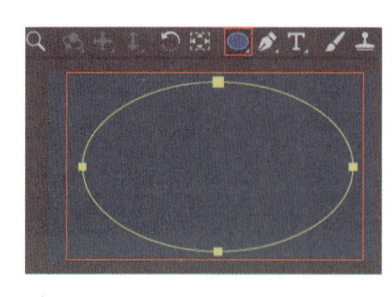

图 4-54

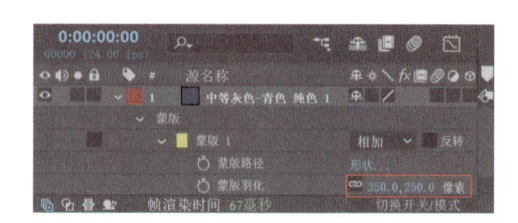

图 4-55

图 4-56

图 4-57

（10）在【时间轴】面板中选择【图层1】，在【工具】面板中单击【椭圆工具】按钮，接着在【合成】面板中按住鼠标左键拖曳绘制一个椭圆，如图4-58所示。

（11）在【时间轴】面板中打开【图层1】下方的【蒙版】/【蒙版1】，设置【蒙版羽化】为【250.0,250.0 像素】，如图4-59所示。

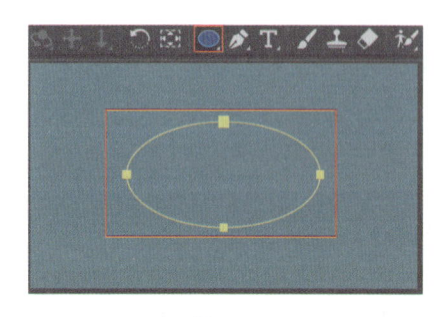

图 4-58

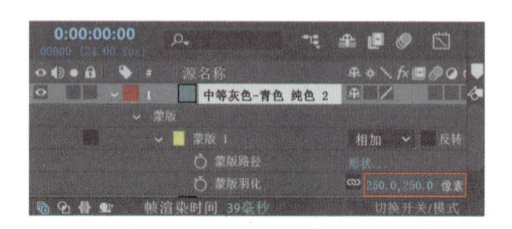

图 4-59

（12）此时画面效果如图4-60所示。

（13）使用同样方法制作其他图形，此时画面效果如图4-61所示。

图 4-60

图 4-61

68

（14）单击【工具】面板中的【横排文字工具】按钮，在【合成】面板中合适位置单击并输入文本，接着在【字符】面板中设置合适的字体，设置【字体大小】为【170像素】，设置【字符间距】为【75】，并单击下方的【全部大写字母】按钮TT，如图4-62所示。

（15）在【文字工具】选中状态下，在【合成】面板中按住鼠标左键拖曳，选中文字【DELICACY】，接着在【字符】面板中设置【填充颜色】为青色，如图4-63所示。

图4-62

图4-63

（16）在【效果和预设】面板中搜索【投影】效果，并将该效果拖曳到【时间轴】面板文字图层上，如图4-64所示。

（17）在【时间轴】面板中打开【图层1】下方的【效果】/【投影】，设置【阴影颜色】为深青色，【距离】为【20.0】，【柔和度】为【20.0】，如图4-65所示。

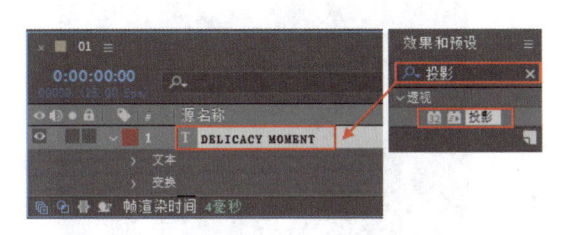

图4-64

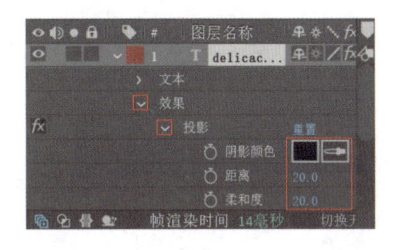

图4-65

（18）此时本实例制作完成，效果如图4-66所示。

图4-66

综合实例1：制作图标消失动画效果

文件路径：Chapter 04　创建及编辑蒙版→综合实例1：制作图标消失动画效果

本案例主要是通过创建【纯色图层】并为其添加【梯度渐变】效果制作渐变背景，然后使用【投影】效果为图标素材添加立体效果。接着再次创建【纯色图层】并为其添加【湍流置换】效果制作图标失效动画。画面效果如图4-67所示。

扫一扫，看视频

（1）在【项目】面板中，右击选择【新建合成】，在弹出的【合成设置】对话框中设置【合成名称】为【合成1】，【预设】为【HD·1920×1080·24fps】，【像素长宽比】为【方形像素】，【持续时间】为5秒。接着在【时间轴】面板中的空白位置处右击，在弹出的快捷菜单中执行【新建】/【纯色】命令，如图4-68所示。

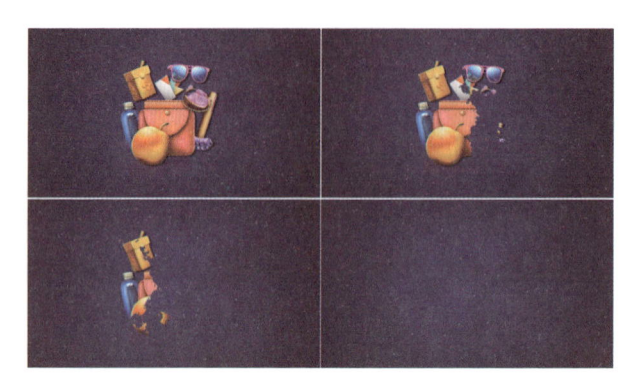

图4-67

（2）在弹出的对话框中设置【颜色】为黑色，然后单击【确定】按钮，如图4-69所示。

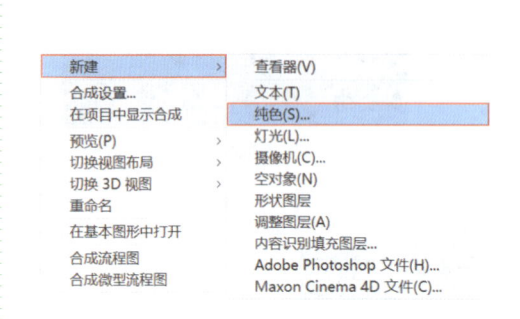

图4-68 　　　　　　　　　　　　图4-69

（3）此时画面效果如图4-70所示。

（4）在【效果和预设】面板中搜索【梯度渐变】效果，并将该效果拖曳到【时间轴】面板【黑色 纯色1】图层上，如图4-71所示。

图4-70 　　　　　　　　　　　　图4-71

（5）选择【时间轴】面板中的【黑色 纯色1】图层，在【效果控件】面板中展开【梯度渐变】效果，设置【渐变起点】为【904.0,524.0】,【起始颜色】为深蓝色,【渐变终点】为【1152.0,1502.0】,【结束颜色】为深紫色，设置【渐变形状】为【径向渐变】，如图4-72所示。

（6）此时画面效果如图4-73所示。

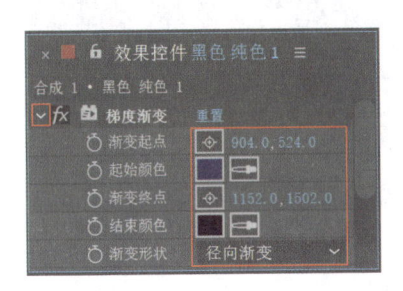

图4-72　　　　　　　　　　　图4-73

（7）执行【文件】/【导入】/【文件】命令，导入【1.png】素材，如图4-74所示。

（8）将【项目】面板中的【1.png】素材拖曳到【时间轴】面板中，如图4-75所示。

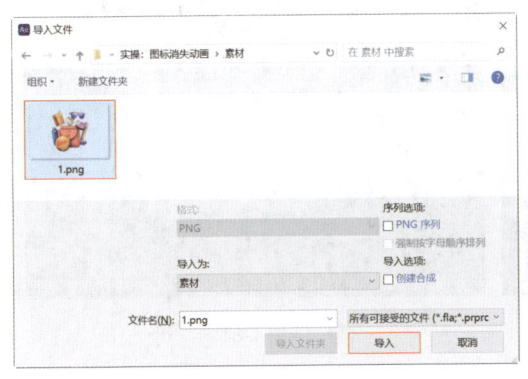

图4-74　　　　　　　　　　　图4-75

（9）此时画面效果如图4-76所示。

（10）在【时间轴】面板中选择【1.png】素材,右击,在弹出的快捷菜单中执行【图层样式】/【投影】命令，如图4-77所示。

图4-76　　　　　　　　　　　图4-77

（11）在【时间轴】面板中打开【1.png】素材下方的【图层样式】/【投影】，设置【角度】为【0x+153.0°】,【距离】为【17.0】,【扩展】为【2.0%】，如图4-78所示。

71

（12）此时画面效果如图4-79所示。

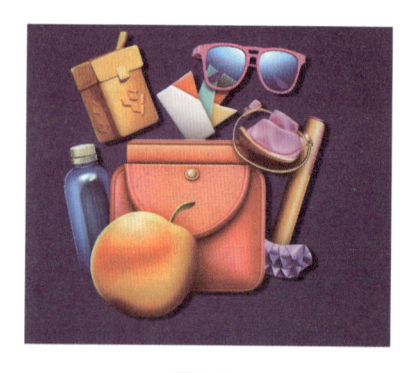

图4-78

图4-79

（13）再次将【项目】面板中的【1.png】素材拖曳到【时间轴】面板中，如图4-80所示。
（14）在【时间轴】面板中打开【1.png】素材下方的【变换】，设置【锚点】为【651.0,479.0】，【位置】为【890.0,1132.0】，【不透明度】为【20%】，如图4-81所示。

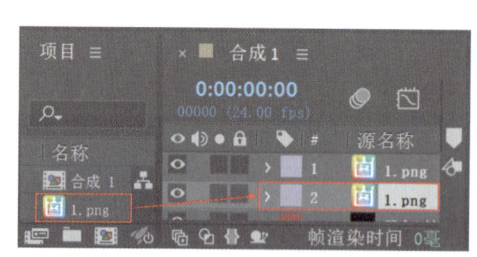

图4-80

图4-81

（15）此时画面效果如图4-82所示。
（16）在【效果和预设】面板中搜索【变换】效果，并将该效果拖曳到【时间轴】面板图层2的素材【1.png】上，如图4-83所示。

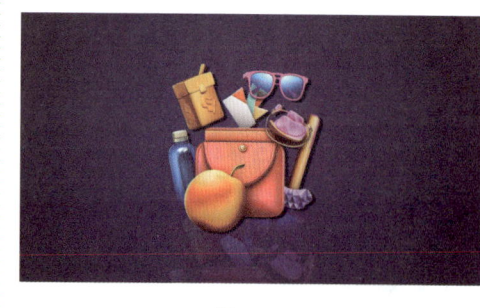

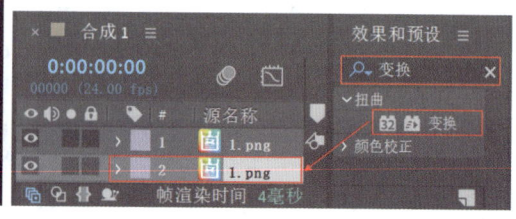

图4-82

图4-83

（17）在【时间轴】面板中打开【1.png】素材下方的【效果】/【变换】，设置【倾斜】为【6.0】，【倾斜轴】为【0x-84.0°】，如图4-84所示。
（18）在【效果和预设】面板中搜索【垂直翻转】效果，并将该效果拖曳到【时间轴】面板图层2的素材【1.png】上，如图4-85所示。

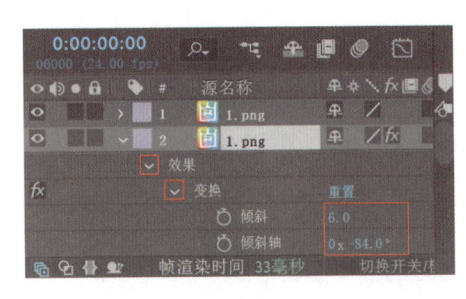

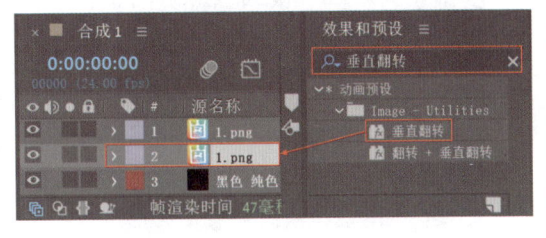

图4-84

图4-85

（19）此时画面效果如图4-86所示。

（20）选择【时间轴】面板图层2的素材【1.png】，在【工具】面板中单击【矩形工具】，接着在【合成】面板的合适位置绘制图形，如图4-87所示。

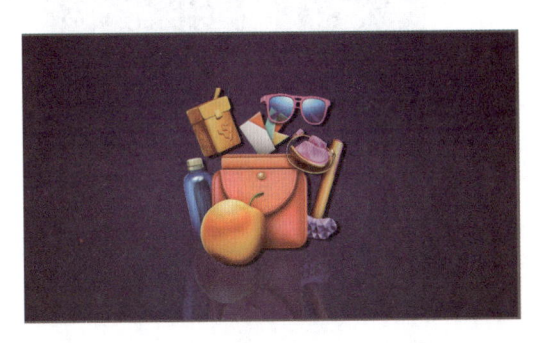

图4-86

图4-87

（21）在【时间轴】面板中打开【1.png】素材下方的【蒙版】/【蒙版1】，设置【蒙版羽化】为【73.0,73.0像素】，如图4-88所示。

（22）此时画面效果如图4-89所示。

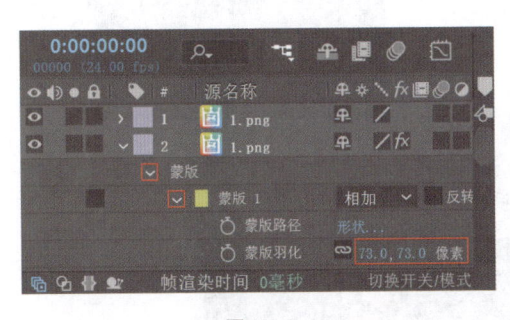

图4-88

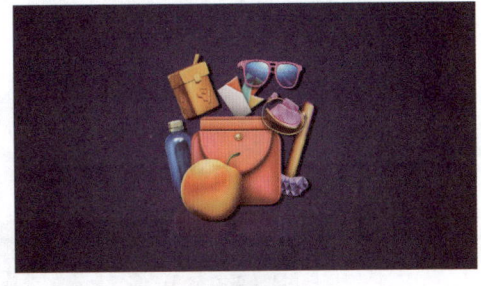

图4-89

（23）在【时间轴】面板中选择【黑色 纯色1】图层，使用快捷键Ctrl+D进行重复，并将该图层移动到最上方，如图4-90所示。

（24）在【时间轴】面板中选择重复的【黑色 纯色1】图层，在【工具】面板中单击【矩形工具】按钮，接着在【合成】面板中绘制图形，如图4-91所示。

（25）在【时间轴】面板中打开【黑色 纯色1】下方的【蒙版】/【蒙版1】，将时间线滑动至起始位置，单击【蒙版路径】前方的【时间变化秒表】按钮，添加关键帧，如图4-92所示。

（26）将时间线滑动至第1秒位置处，在【合成】面板中调整蒙版的形状，如图4-93所示。

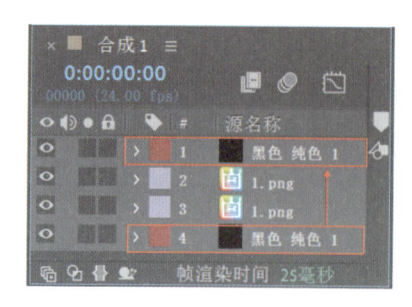

图4-90

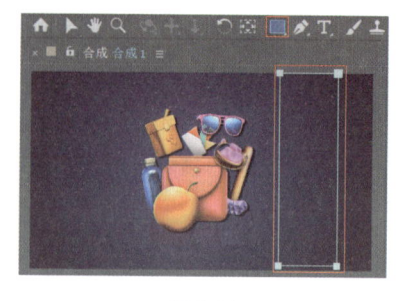

图4-91

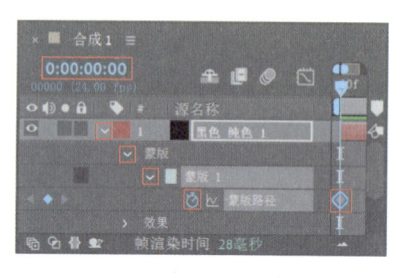

图4-92

图4-93

（27）在【效果和预设】面板中搜索【湍流置换】效果，并将该效果拖曳到【时间轴】面板【黑色 纯色1】图层上，如图4-94所示。

（28）在【时间轴】面板中打开【黑色 纯色1】图层下方的【效果】/【湍流置换】，设置【数量】为【137.0】，【复杂度】为【9.0】，如图4-95所示。

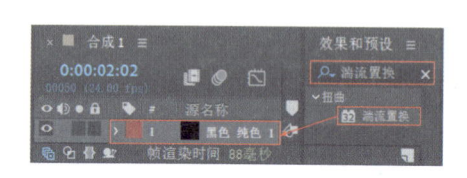

图4-94

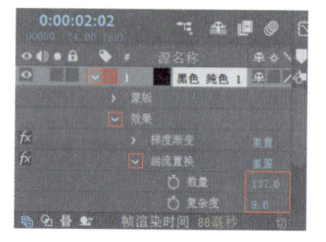

图4-95

（29）此时本综合实例制作完成，滑动时间线画面效果如图4-96所示。

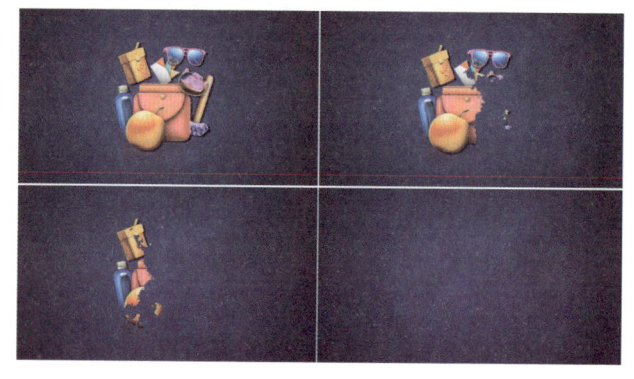

图4-96

综合实例2：制作变色展示动画效果

文件路径：Chapter 04　创建及编辑蒙版→综合实例2：制作变色展示动画效果

本综合实例首先为素材添加【三色调】和【发光】效果调整素材颜色，接着使用【工笔工具】绘制蒙版并添加关键帧制作变色展示动画。画面效果如图4-97所示。

图4-97

（1）执行【文件】/【导入】/【文件】命令，在弹出的对话框中导入全部素材，如图4-98所示。

（2）将【项目】面板中的【01.png】素材拖曳到【时间轴】面板中，如图4-99所示，此时自动生成与素材等大的合成。

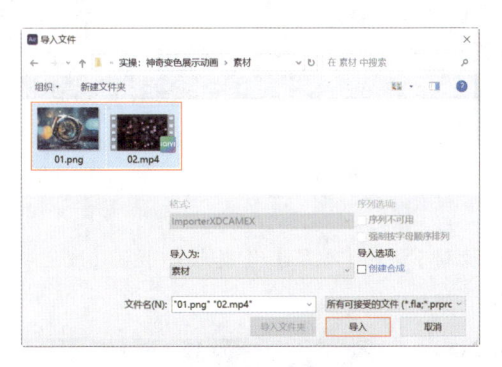

图4-98 　　　　　　　　　　图4-99

（3）此时画面效果如图4-100所示。

（4）在【时间轴】面板中的空白位置处右击，在弹出的快捷菜单中执行【新建】/【调整图层】命令，如图4-101所示。

图4-100 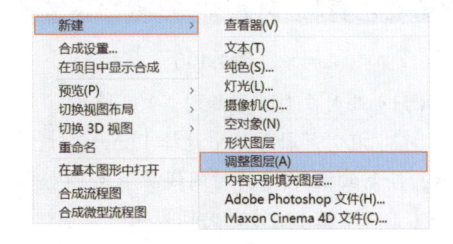　　　　　　　　　　图4-101

（5）在【效果和预设】面板中搜索【三色调】效果，并将该效果拖曳到【时间轴】面板【调整图层1】上，如图4-102所示。

（6）在【时间轴】面板中打开【调整图层1】下方的【效果】/【三色调】，设置【中间调】为褐色，如图4-103所示。

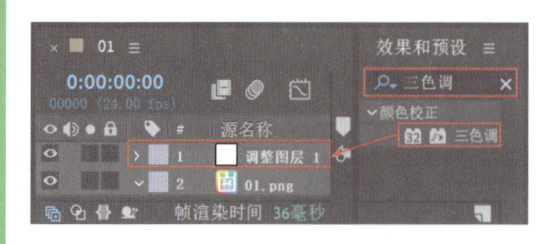

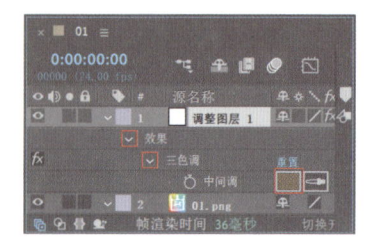

图4-102

图4-103

（7）此时画面效果如图4-104所示。

（8）将【项目】面板中的【01.png】素材拖曳到【时间轴】面板中，并设置【01.png】素材的起始时间为第18帧，如图4-105所示。

图4-104

图4-105

（9）在【效果和预设】面板中搜索【发光】效果，并将该效果拖曳到【时间轴】面板【01.png】素材上，如图4-106所示。

（10）在【时间轴】面板中打开【01.png】素材下方的【效果】/【发光】，设置【发光半径】为【40.0】，【发光强度】为【1.2】，如图4-107所示。

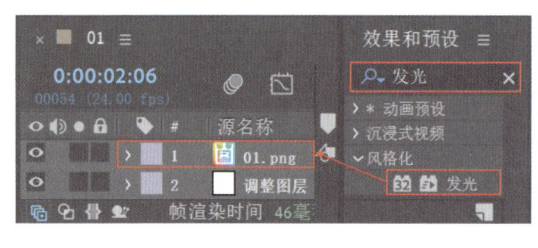

图4-106

图4-107

（11）此时画面效果如图4-108所示。

（12）在时间轴面板中选择1.png素材，单击【工具】面板中的【钢笔工具】按钮，在【合成】面板中绘制蒙版，接着将时间线滑动至18帧位置，单击打开1.png素材图层下方的【蒙版/蒙版1】，单击【蒙版路径】前方的时间变化秒表按钮，添加关键帧，如图4-109所示。

（13）将时间线滑动至2秒01帧位置处，在【合成】面板中调整蒙版的形状，如图4-110所示。

（14）将时间线滑动至2秒10帧位置处，在【合成】面板中调整蒙版的形状，如图4-111所示。

76

（15）在【时间轴】面板中选择【蒙版路径】第18帧位置的关键帧，右击，在弹出的快捷菜单中执行【关键帧辅助】/【缓出】命令，如图4-112所示。

图4-108

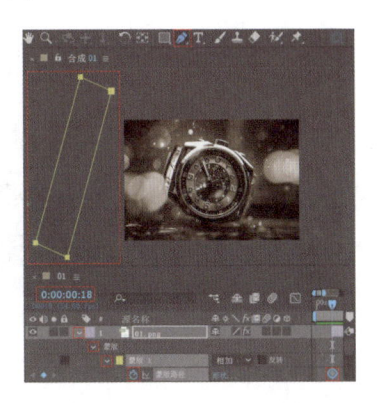

图4-109

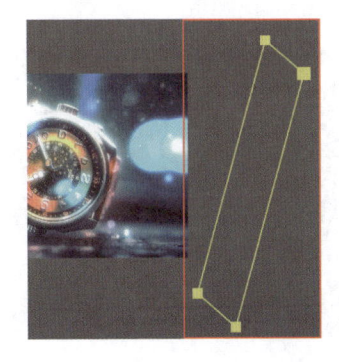

图4-110

图4-111

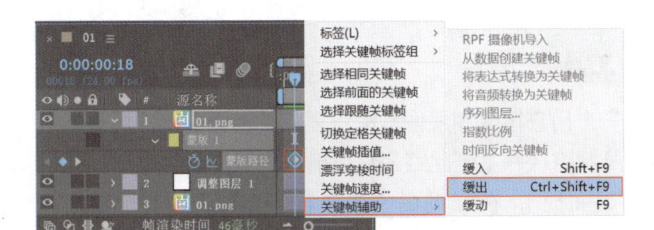

图4-112

（16）选择第2秒01帧位置的关键帧，右击，在弹出的快捷菜单中执行【关键帧辅助】/【缓动】命令，如图4-113所示。

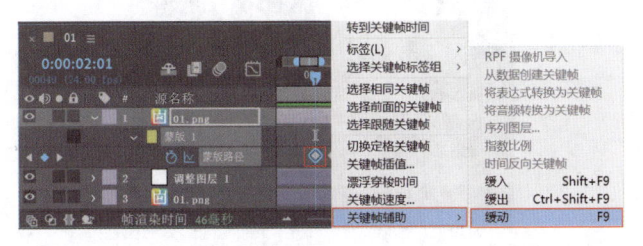

图4-113

（17）此时滑动时间线画面效果如图 4-114 所示。

（18）将【项目】面板中的【02.mp4】素材拖曳到【时间轴】面板中，如图 4-115 所示。

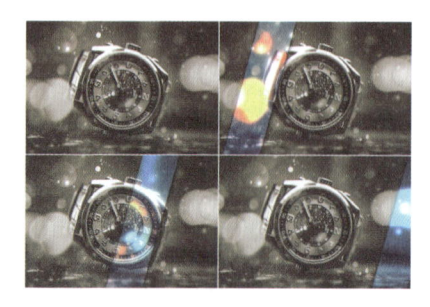

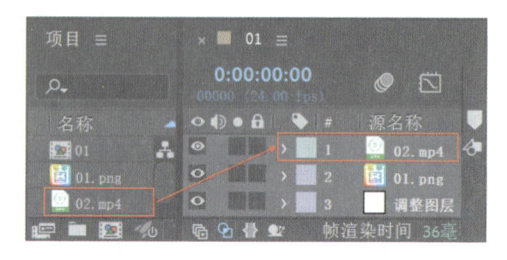

图 4-114

图 4-115

（19）在【时间轴】面板中设置【02.mp4】素材的【混合模式】为屏幕，并设置起始时间为第 2 秒 06 帧，如图 4-116 所示。

（20）此时本综合实例制作完成，滑动时间线画面效果如图 4-117 所示。

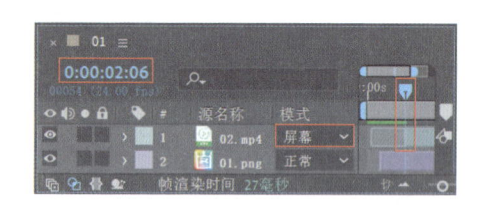

图 4-116

图 4-117

4.4.2 橡皮擦工具

橡皮擦工具是一个用于擦除图层像素的重要工具。橡皮擦工具的工作原理与画笔工具基本一致，都是通过绘制路径并基于此路径进行描边来确定擦除范围。选中素材，双击打开该【图层】，进入【图层面板】，在工具栏中选择【橡皮擦工具】，在画面上按住鼠标左键并拖曳，即可进行擦除操作，如图 4-118 所示。

图 4-118

4.5 课后练习：制作Vlog片头文字

文件路径：Chapter 04 创建及编辑蒙版→课后练习：制作Vlog片头文字

本课后练习主要使用TrkMat制作反转遮罩文字。画面效果如图4-119所示。

图4-119

（1）在【项目】面板中，右击并选择【新建合成】，在弹出的【合成设置】对话框中设置【合成名称】为【合成1】,【预设】为【自定义】,【宽度】为1920px,【高度】为1080px,【像素长宽比】为【方形像素】,【帧速率】为23.976帧/秒,【分辨率】为完整,【持续时间】为7秒18帧。执行【文件】/【导入】/【文件】命令，导入1.mp4视频素材，如图4-120所示。

（2）将【项目】面板中的【1.mp4】素材拖曳到【时间轴】面板中，如图4-121所示。

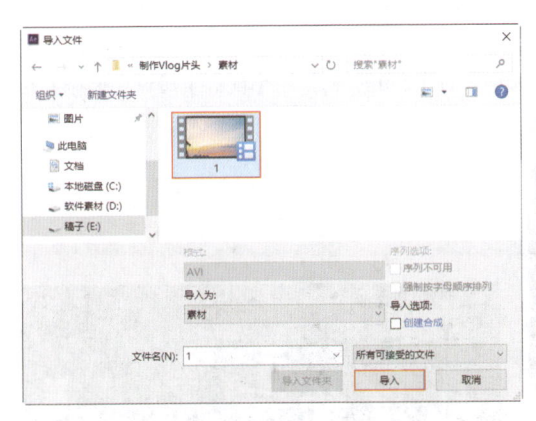

图4-120　　　　　　　　　　图4-121

（3）在【时间轴】面板下方空白处右击并执行【新建】/【纯色】命令。在【纯色设置】对话框中设置【颜色】为黑色，如图4-122所示。

（4）将时间线滑动到起始帧位置，选择【黑色 纯色 1】图层，在工具栏中选择【矩形工具】，在【合成】面板中绘制两个矩形蒙版，在当前位置开启【蒙版路径】关键帧，如图4-123所示。将时间线滑动到第2秒20帧，调整两个蒙版的形状，将其移动到画面以外，如图4-124所示。

79

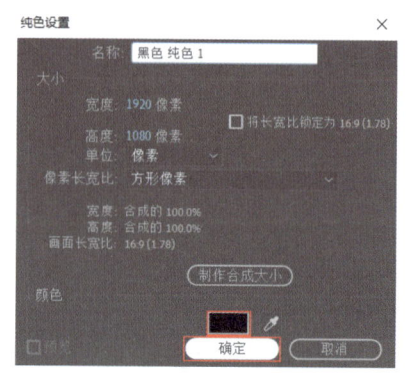

图4-122

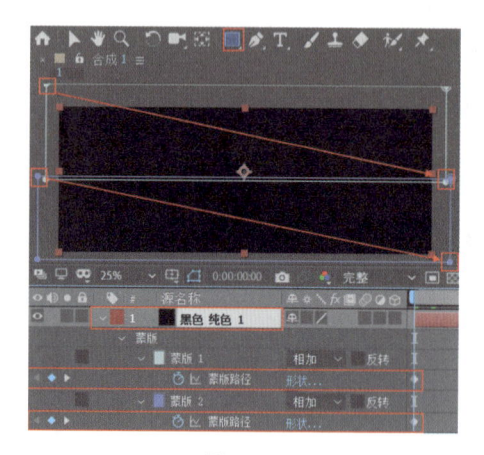

图4-123 　　　　　　　　　　　　　图4-124

（5）将时间线滑动到第6秒位置，将蒙版向画面中移动，如图4-125所示。

（6）在工具栏中选择【横排文字工具】按钮**T**，在【字符】面板中设置合适的字体，设置【填充颜色】为白色,【描边颜色】为无,【字体大小】为【270像素】，在【段落】面板中选择【左对齐文本】按钮，在画面中输入文字【灿烂绚丽】，如图4-126所示。

图4-125 　　　　　　　　　　　　　图4-126

80

（7）在【时间轴】面板中将文字的起始时间设置为第4秒，打开文字图层下方的【变换】，设置【位置】为【432.0,360.0】，将时间线滑动到第5秒，开启【不透明度】关键帧，设置【不透明度】为【0%】，如图4-127所示。继续将时间线滑动到第6秒19帧，设置【不透明度】为100%。下面制作反底文字，在【黑色 纯色1】图层后方设置【轨道遮罩】为【Alpha反转遮罩"灿烂绚丽"】，并隐藏文字图层，如图4-128所示。

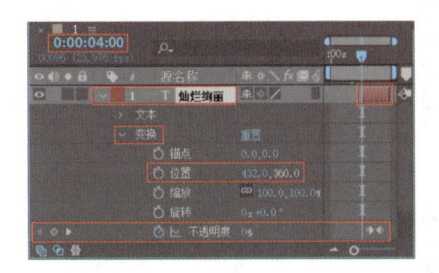

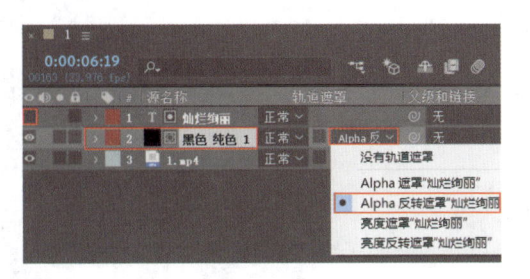

图4-127　　　　　　　　　　　　　　　　图4-128

（8）本课后练习制作完成，滑动时间线查看画面效果，如图4-129所示。

图4-129

4.6　随堂测试

1. 知识考查

（1）新建纯色图层作为背景。
（2）使用【钢笔工具】制作蒙版。
（3）使用【文本工具】创建文字。

2. 实战演练

参考给定作品，制作一款具有分割感的电影海报。

81

参考效果	可用工具
	纯色图层、【文本工具】【钢笔工具】

3. 项目实操

制作分割感风格的电影海报。

要求：

（1）创建纯色图层作为海报第一部分。

（2）为图像素材应用【钢笔工具】绘制蒙版，作为海报第二部分。

（3）创作与分割感相匹配的文字内容。

常用视频效果

Chapter 05

🔊 学时安排

总学时：8 学时。
理论学时：2 学时。
实践学时：6 学时。

🔊 教学内容概述

After Effects 提供了大量的视频效果，可以应用到图层上以改变其外观。在本章中，将介绍一些常用的视频效果，如模糊、锐化、扭曲、颜色校正等，还会掌握如何调整这些效果的参数，以及如何使用关键帧来实现这些效果的动画变化。

🔊 教学目标

- 认识视频效果。
- 掌握不同效果组的视频效果。
- 掌握应用视频效果制作案例。

5.1 添加效果

After Effects中的视频效果是可以应用于视频素材或其他素材图层的效果，通过添加效果并设置参数即可制作出很多绚丽的效果。其包含很多效果组分类，而且每个效果组包括很多效果。例如【杂色和颗粒】效果组包括12种用于杂色和颗粒的效果，如图5-1所示。

在创作作品时，我们不仅可以对素材进行基本的编辑，如修改位置、设置缩放等，而且可以为素材的部分元素添加合适的视频效果，使得作品产生更具灵性的视觉效果。例如，为动物后方的白色文字添加【发光】视频效果，产生了更好的视觉冲击力，如图5-2所示。

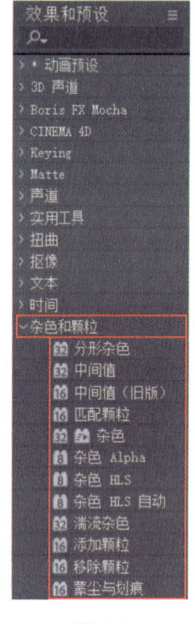

图5-1　　　　　　　　　　　　　　　图5-2

在After Effects中，为素材添加效果常用的方法有3种。

方法1：在【时间轴】面板中选中需要使用效果的图层，然后在菜单栏中单击【效果】菜单，选择所需要的效果类型，如图5-3所示。

方法2：在【时间轴】面板中选中需要使用效果的图层，并将鼠标指针定位在该图层上，右击并选择【效果】，在弹出的【效果】菜单中选择所需要的效果类型，如图5-4所示。

方法3：在【效果和预设】面板中　　　搜索所需要的效果类型，如图5-5所示。或单击　　，找到所需要的效果，并将其拖曳到【时间轴】面板中所需要使用效果的图层上。

在为素材添加了效果、设置了关键帧动画或进行了变化属性的设置后都可以使用快捷键快速查看。在【时间轴】面板中，选择图层，并单击快捷键U，即可只显示当前图层中【变换】下方的关键帧动画，如图5-6所示。

在【时间轴】面板中，选择图层，并快速按两次快捷键U，即可显示对该图层修改过、添加过的任何参数、关键帧等，如图5-7所示。

图5-3 　　　　　　　　　图5-4 　　　　　　　　　图5-5

图5-6 　　　　　　　　　　　　　　图5-7

5.2　3D通道

【3D通道】效果组主要用于修改三维图像和图像相关的三维信息。其中包括【3D通道提取】【场深度】【Cryptomatte】【EXtractoR】【ID遮罩】【IDentifier】【深度遮罩】和【雾3D】，如图5-8所示。

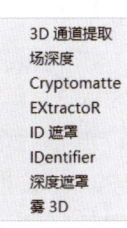

- 【3D通道提取】：该效果使辅助通道可显示为灰度或多通道颜色图像。
- 【场深度】：该效果可以在所选择的图层中制作模拟相机拍摄的景深效果。
- 【Cryptomatte】（自动ID蒙版提取工具）：该效果在渲染时可自动创建物体和材质的ID蒙版，用于后期合成时对独立物体和材质蒙版的提取。
- 【EXtractoR】（提取器）：该效果可以将素材通道中的3D信息以彩色通道图像或灰度图像显示，使其以更为直观的方式显示出来。
- 【ID遮罩】：该效果可以按照材质或对象ID为元素进行标记。
- 【IDentifier】（标识符）：该效果可以对图像中的ID信息进行标识。
- 【深度遮罩】：该效果可读取3D图像中的深度信息，并可沿z轴在任意位置对图像切片。
- 【雾3D】：该效果可以根据深度雾化图层。

图5-8

5.3 表达式控制

【表达式控制】效果组可以通过表达式控制来制作各种二维和三维的画面效果。其中包括【下拉菜单控件】【复选框控制】【3D点控制】【图层控制】【滑块控制】【点控制】【角度控制】和【颜色控制】，如图5-9所示。

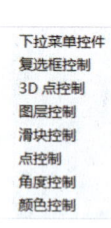

图5-9

- 【下拉菜单控件】：该效果可以与表达式一起使用，通过下拉菜单的子菜单项来控制表达式。可以为下拉菜单添加多个选项，并通过选择不同的选项来改变图层的属性。
- 【复选框控制】：该效果可以与表达式一起使用，通过复选框（数值）来控制表达式，可以根据某个条件来启用或禁用某个动画或效果。
- 【3D点控制】：该效果可以与表达式一起使用，通过设置点值来控制表达式。可以在三维空间中设置点的位置，并通过该点来控制图层的属性。
- 【图层控制】：该效果可以与表达式一起使用，选中合成中的某个图层对象，并通过该图层对象来控制其他图层的属性。
- 【滑块控制】：该效果可以与表达式一起使用，可以在一个指定的范围内拖动滑块来改变数值，并通过该数值来控制图层的属性。适用于需要连续调整某个属性值。
- 【点控制】：该效果可以与表达式一起使用，通过设置点值来控制表达式。适用于需要精确控制图层在二维空间中的位置。
- 【角度控制】：该效果可以与表达式一起使用，可以在一个指定的范围内设置角度值，并通过该角度值来控制图层的属性。
- 【颜色控制】：该效果可以与表达式一起使用，可以在颜色选择器中选择颜色，并通过该颜色值来控制图层的属性。

5.4 风格化

【风格化】效果组可以为作品添加特殊效果，使作品的视觉效果更丰富、更具风格。其中包括【阈值】【画笔描边】【卡通】【散布】【CC Block Load】【CC Burn Film】【CC Glass】【CC HexTile】【CC Kaleida】【CC Mr.Smoothie】【CC Plastic】【CC RepeTile】【CC Threshold】【CC Threshold RGB】【CC Vignette】【彩色浮雕】【马赛克】【浮雕】【色调分离】【动态拼贴】【发光】【查找边缘】【毛边】【纹理化】和【闪光灯】，如图5-10所示。

- 【阈值】：该效果可以将画面变为高对比度的黑白图像效果。使用前后对比如图5-11所示。
- 【画笔描边】：该效果可以使画面变为画笔绘制的效果，常用于制作油画效果。使用前后对比如图5-12所示。
- 【卡通】：该效果可以模拟卡通绘画效果。使用前后对比如图5-13所示。

图5-10

(a)使用前　　(b)使用后　　　　(a)使用前　　(b)使用后
　　　　　图 5-11　　　　　　　　　　　图 5-12

- 【散布】：该效果可在图层中散布像素，从而创建模糊的外观。使用前后对比如图 5-14 所示。

　　(a)使用前　　(b)使用后　　　　(a)使用前　　(b)使用后
　　　　　图 5-13　　　　　　　　　　　图 5-14

- 【CC Block Load】(CC块状载入)：该效果可以模拟渐进图像加载。使用前后对比如图 5-15 所示。
- 【CC Burn Film】(CC胶片灼烧)：该效果可以模拟影片灼烧效果。使用前后对比如图 5-16 所示。

　　(a)使用前　　(b)使用后　　　　(a)使用前　　(b)使用后
　　　　　图 5-15　　　　　　　　　　　图 5-16

- 【CC Glass】(CC玻璃)：该效果可以扭曲阴影层模拟玻璃效果。使用前后对比如图 5-17 所示。
- 【CC HexTile】(CC十六进制砖)：该效果可以模拟砖块拼贴效果。使用前后对比如图 5-18 所示。

　　(a)使用前　　(b)使用后　　　　(a)使用前　　(b)使用后
　　　　　图 5-17　　　　　　　　　　　图 5-18

87

- 【CC Kaleida】(CC万花筒)：该效果可以模拟万花筒效果。使用前后对比如图5-19所示。
- 【CC Mr.Smoothie】(CC像素溶解)：该效果可以将颜色映射到一个形状上，并由另一层进行定义。使用前后对比如图5-20所示。

(a)使用前　(b)使用后
图5-19

(a)使用前　(b)使用后
图5-20

- 【CC Plastic】(CC塑料)：该效果可以让照亮层与选定层的图像产生凹凸的塑料效果。使用前后对比如图5-21所示。
- 【CC RepeTile】(多种叠印效果)：该效果可以在整个图层上进行复制并扩展，通过重复拼贴来创建平铺效果。这种效果在创建背景、纹理或需要重复元素的视觉设计中非常有用。使用前后对比如图5-22所示。

(a)使用前　(b)使用后
图5-21

(a)使用前　(b)使用后
图5-22

- 【CC Threshold】(CC阈值)：该效果可以使画面中高于指定阈值的部分呈白色，低于指定阈值的部分则呈黑色。使用前后对比如图5-23所示。
- 【CC Threshold RGB】(CC RGB 阈值)：该效果可以使画面中高于指定阈值的部分为亮面，低于指定阈值的部分则为暗面。使用前后对比如图5-24所示。

(a)使用前　(b)使用后
图5-23

(a)使用前　(b)使用后
图5-24

- 【CC Vignette】(CC装饰图案)：该效果可以添加或删除边缘光晕。使用前后对比如图5-25所示。
- 【彩色浮雕】：该效果可以以指定的角度强化图像边缘，从而模拟纹理。使用前后对比如图5-26所示。

（a）使用前　　　（b）使用后　　　　　　（a）使用前　　　　　（b）使用后

图5-25　　　　　　　　　　　　　　图5-26

- 【马赛克】：该效果可以将图像变为一个个的单色矩形马赛克拼接效果。使用前后对比如图5-27所示。
- 【浮雕】：该效果可以模拟类似浮雕的凹凸起伏效果。使用前后对比如图5-28所示。

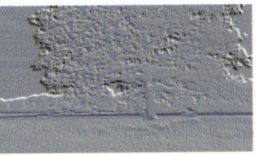

（a）使用前　　　（b）使用后　　　　　　（a）使用前　　　　　（b）使用后

图5-27　　　　　　　　　　　　　　图5-28

- 【色调分离】：该效果可以使色调分离，减少图像中的颜色信息。使用前后对比如图5-29所示。
- 【动态拼贴】：该效果可以通过运动模糊进行拼贴图像。使用前后对比如图5-30所示。

（a）使用前　　　（b）使用后　　　　　　（a）使用前　　　　　（b）使用后

图5-29　　　　　　　　　　　　　　图5-30

- 【发光】：该效果可以找到图像中较亮的部分，并使这些像素的周围变亮，从而产生发光的效果。使用前后对比如图5-31所示。
- 【查找边缘】：该效果可以查找图层边缘，并强调边缘。使用前后对比如图5-32所示。
- 【毛边】：该效果可以使图层Alpha通道变粗糙，类似腐蚀的效果。使用前后对比如图5-33所示。
- 【纹理化】：该效果可以将另一个图层的纹理添加到当前图层上。使用前后对比如图5-34所示。
- 【闪光灯】：该效果可以定期和不定期使图层变透明，从而看起来是闪光效果。使用前后对比如图5-35所示。

89

（a）使用前　　　　（b）使用后　　　　　　　　（a）使用前　　　　（b）使用后

图 5-31　　　　　　　　　　　　　　　　　　图 5-32

（a）使用前　　　　（b）使用后　　　　　　　　（a）使用前　　　　（b）使用后

图 5-33　　　　　　　　　　　　　　　　　　图 5-34

（a）使用前　　　　（b）使用后

图 5-35

5.5　过　　时

【过时】效果组中包括【亮度键】【减少交错闪烁】【基本3D】【基本文字】【溢出抑制】【路径文本】【闪光】【颜色键】和【高斯模糊（旧版）】，如图 5-36 所示。

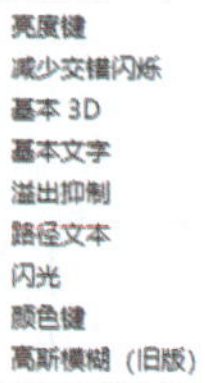

- 【亮度键】：该效果可以使指定明亮度的图像区域变为透明。使用前后对比如图 5-37 所示。
- 【减少交错闪烁】：该效果可以抑制高垂直频率。
- 【基本3D】：该效果可以使图像在三维空间内进行旋转、倾斜、水平或垂直等操作。使用前后对比如图 5-38 所示。
- 【基本文字】：该效果可以通过执行基本字符生成。使用前后对比如图 5-39 所示。
- 【溢出抑制】：该效果可以从键控图层中移除杂色。使用前后对比如图 5-40 所示。

亮度键
减少交错闪烁
基本 3D
基本文字
溢出抑制
路径文本
闪光
颜色键
高斯模糊（旧版）

图 5-36

（a）使用前　　　　　（b）使用后　　　　　　（a）使用前　　　　　（b）使用后

图 5-37　　　　　　　　　　　　　　　　图 5-38

（a）使用前　　　　　（b）使用后　　　　　　（a）使用前　　　　　（b）使用后

图 5-39　　　　　　　　　　　　　　　　图 5-40

- 【路径文本】：该效果可以沿路径绘制文字，其相关参数与【基本文字】效果相似。使用前后对比如图 5-41 所示。
- 【闪光】：该效果可以模拟闪电效果。使用前后对比如图 5-42 所示。

（a）使用前　　　　　（b）使用后　　　　　　（a）使用前　　　　　（b）使用后

图 5-41　　　　　　　　　　　　　　　　图 5-42

- 【颜色键】：该效果可以使接近主要颜色的范围变得透明。使用前后对比如图 5-43 所示。
- 【高斯模糊（旧版）】：该效果可以将图像进行模糊化处理。使用前后对比如图 5-44 所示。

（a）使用前　　　　　（b）使用后　　　　　　（a）使用前　　　　　（b）使用后

图 5-43　　　　　　　　　　　　　　　　图 5-44

5.6 模糊和锐化

【模糊和锐化】效果组主要用于模糊图像和锐化图像,包括【复合模糊】【锐化】【通道模糊】【CC Cross Blur】【CC Radial Blur】【CC Radial Fast Blur】【CC Vector Blur】【摄像机镜头模糊】【摄像机抖动去模糊】【智能模糊】【双向模糊】【定向模糊】【径向模糊】【快速方框模糊】【钝化蒙版】和【高斯模糊】,如图5-45所示。

- 【复合模糊】:该效果可以根据模糊图层的明亮度使效果图层中的像素变模糊。使用前后对比如图5-46所示。
- 【锐化】:该效果可以通过强化像素之间的差异来锐化图像。使用前后对比如图5-47所示。
- 【通道模糊】:该效果可以分别对红色、绿色、蓝色和Alpha通道应用不同程度的模糊。使用前后对比如图5-48所示。
- 【CC Cross Blur】(交叉模糊):该效果可以对画面进行水平和垂直的模糊处理。使用前后对比如图5-49所示。

图5-45

(a)使用前　(b)使用后　　　(a)使用前　(b)使用后

图5-46　　　　　　　　　　图5-47

(a)使用前　(b)使用后　　　(a)使用前　(b)使用后

图5-48　　　　　　　　　　图5-49

- 【CC Radial Blur】(CC放射模糊):该效果可以缩放或旋转模糊当前图层。使用前后对比如图5-50所示。
- 【CC Radial Fast Blur】(CC快速放射模糊):该效果可以快速径向模糊。使用前后对比如图5-51所示。
- 【CC Vector Blur】(通道矢量模糊):该效果可以将选定的层定义为向量场模糊。使用前后对比如图5-52所示。
- 【摄像机镜头模糊】:该效果可以使用常用摄像机光圈形状模糊图像以模拟摄像机镜头的模糊。使用前后对比如图5-53所示。
- 【摄像机抖动去模糊】:该效果可以减少因摄像机抖动而导致的动态模糊伪影,为获得最佳效果,可在稳定素材后应用。使用前后对比如图5-54所示。
- 【智能模糊】:该效果可以对保留边缘的图像进行模糊。使用前后对比如图5-55所示。

（a）使用前　　　　　　（b）使用后

图 5-50

（a）使用前　　　　　　（b）使用后

图 5-51

（a）使用前　　　（b）使用后

图 5-52

（a）使用前　　　　　　（b）使用后

图 5-53

（a）使用前　　　　　　（b）使用后

图 5-54

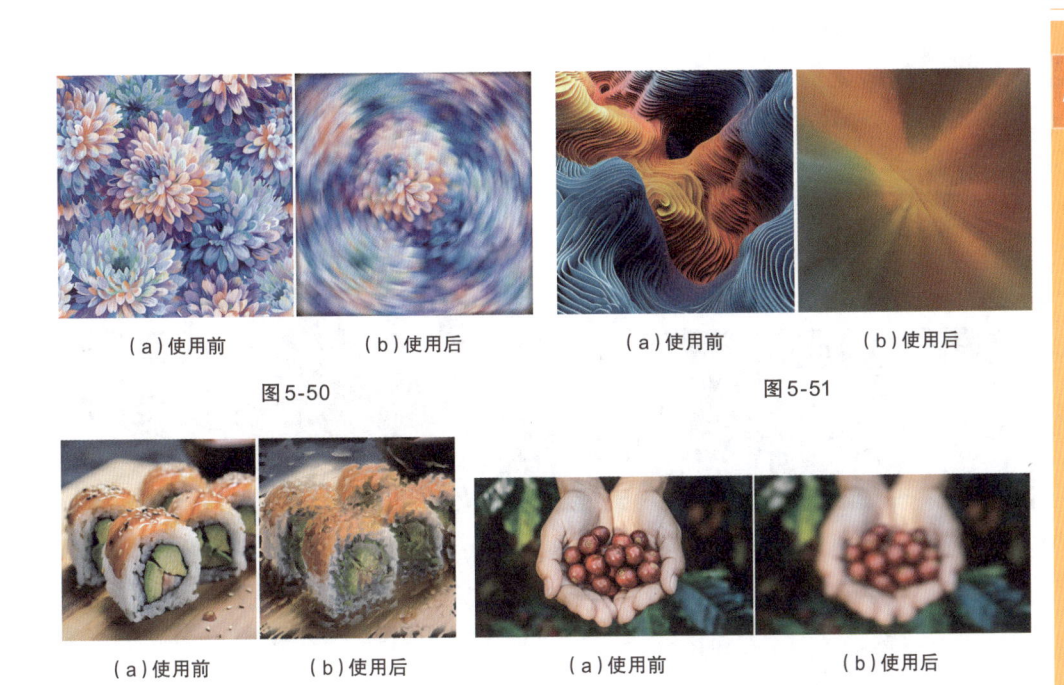

（a）使用前　　　　　　（b）使用后

图 5-55

- 【双向模糊】：该效果可以将平滑模糊应用于图像。使用前后对比如图5-56所示。
- 【定向模糊】：该效果可以按照一定的方向模糊图像。使用前后对比如图5-57所示。

（a）使用前　　　　　　（b）使用后

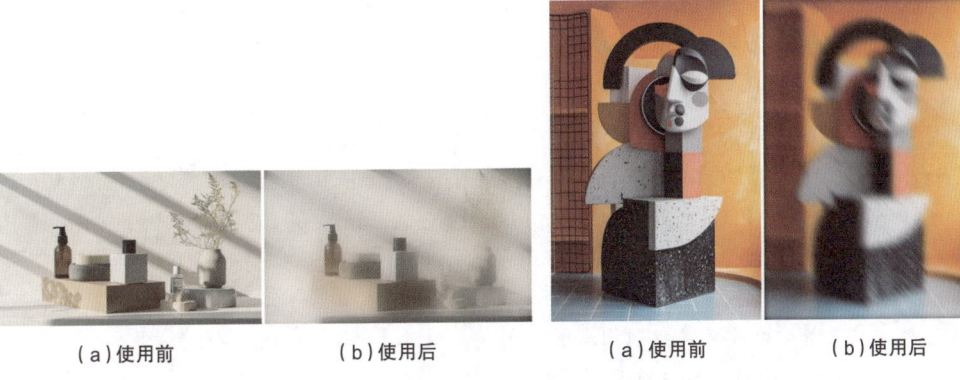

图 5-56

（a）使用前　　　　　　（b）使用后

图 5-57

- 【径向模糊】：该效果可以以任意点为中心，对周围像素进行模糊处理，产生旋转动态。使用前后对比如图5-58所示。
- 【快速方框模糊】：该效果可以将重复的方框模糊应用于图像。使用前后对比如图5-59所示。

（a）使用前　　　（b）使用后　　　　　（a）使用前　　　（b）使用后

图5-58　　　　　　　　　　　　图5-59

- 【钝化蒙版】：该效果可以通过调整边缘细节的对比度增强图层的锐度。使用前后对比如图5-60所示。
- 【高斯模糊】：该效果可以均匀模糊图像。使用前后对比如图5-61所示。

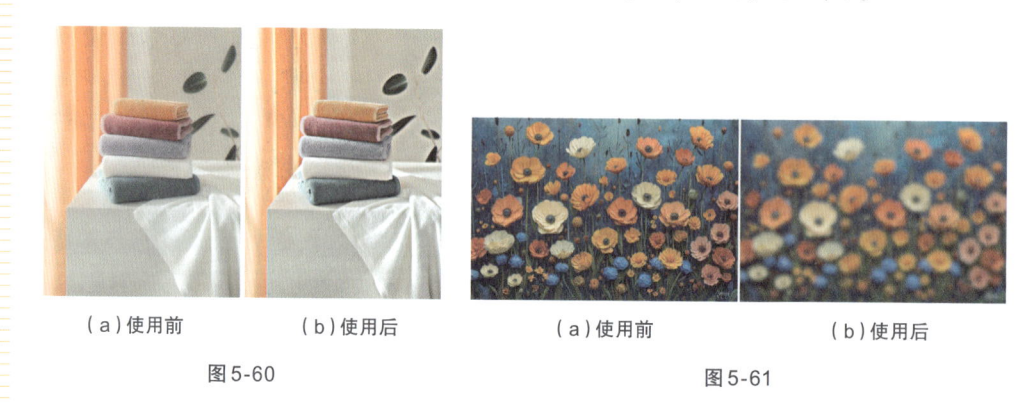

（a）使用前　　　（b）使用后　　　　　（a）使用前　　　（b）使用后

图5-60　　　　　　　　　　　　图5-61

5.7　模　　拟

【模拟】效果组可以模拟各种特殊效果，如下雪、下雨、泡沫等，包括【焦散】【卡片动画】【CC Ball Action】【CC Bubbles】【CC Drizzle】【CC Hair】【CC Mr. Mercury】【CC Particle Systems Ⅱ】【CC Particle World】【CC Pixel Polly】【CC Rainfall】【CC Scatterize】【CC Snowfall】【CC Star Burst】【泡沫】【波形环境】【碎片】和【粒子运动场】，如图5-62所示。

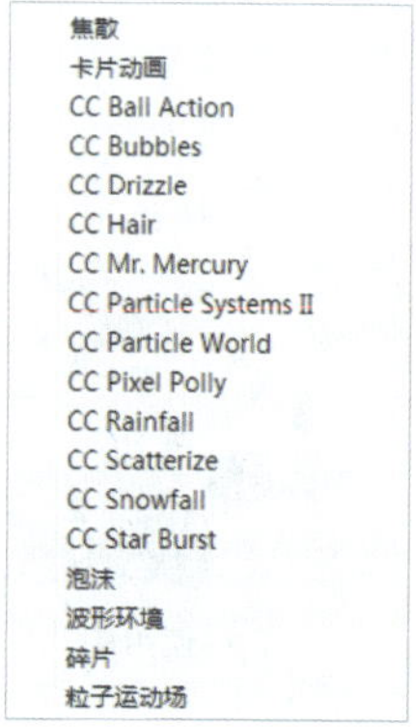

- 【焦散】：该效果可以模拟水面折射或反射的自然效果。使用前后对比如图5-63所示。
- 【卡片动画】：该效果可以通过渐变图层使卡片产生动画效果。

图5-62

(a)使用前　　　　　　(b)使用后

图5-63

- 【CC Ball Action】(CC球形粒子化)：该效果可以使图像形成球形网格。使用前后对比如图5-64所示。
- 【CC Bubbles】(CC气泡)：该效果可以根据画面内容模拟气泡效果。使用前后对比如图5-65所示。

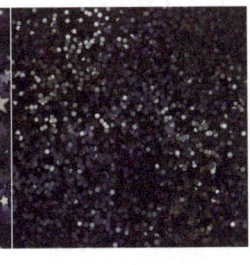

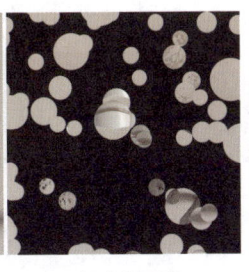

(a)使用前　　(b)使用后　　　　(a)使用前　　　(b)使用后

图5-64　　　　　　　　　　　图5-65

- 【CC Drizzle】(细雨)：该效果可以模拟雨滴落入水面的涟漪感。使用前后对比如图5-66所示。
- 【CC Hair】(CC毛发)：该效果可以将当前图像转换为毛发显示。使用前后对比如图5-67所示。

(a)使用前　　(b)使用后　　　　(a)使用前　　　(b)使用后

图5-66　　　　　　　　　　　图5-67

- 【CC Mr.Mercury】(CC仿水银流动)：该效果可以模拟类似水银流动的效果。使用前后对比如图5-68所示。
- 【CC Particle Systems Ⅱ】(CC粒子仿真系统Ⅱ)：该效果可以模拟烟花效果。使用前后对比如图5-69所示。

（a）使用前　　　（b）使用后　　　　　（a）使用前　　　（b）使用后

图5-68　　　　　　　　　　　　　图5-69

- 【CC Particle World】（CC粒子仿真世界）：该效果可以模拟烟花、飞灰等效果。使用前后对比如图5-70所示。
- 【CC Pixel Polly】（CC像素多边形）：该效果可以模拟画面破碎效果。制作完成后，拖动时间轴可以看到动画。使用前后对比如图5-71所示。

（a）使用前　　　（b）使用后　　　　　（a）使用前　　　（b）使用后

图5-70　　　　　　　　　　　　　图5-71

- 【CC Rainfall】（CC降雨）：该效果可以模拟降雨效果。使用前后对比如图5-72所示。
- 【CC Scatterize】（发散粒子）：该效果可以将当前画面分散为粒子状，模拟吹散效果。使用前后对比如图5-73所示。

（a）使用前　　　（b）使用后　　　　　（a）使用前　　　（b）使用后

图5-72　　　　　　　　　　　　　图5-73

- 【CC Snowfall】（CC下雪）：该效果可以模拟雪花漫天飞舞的画面效果。使用前后对比如图5-74所示。
- 【CC Star Burst】（CC星团）：该效果可以模拟星团效果。使用前后对比如图5-75所示。

（a）使用前　　　（b）使用后　　　　　（a）使用前　　　（b）使用后

图5-74　　　　　　　　　　　　　图5-75

- 【泡沫】：该效果可以模拟流动、粘附和弹出的气泡、水珠效果。使用前后对比如图5-76所示。
- 【波形环境】：该效果可创建灰度置换图，以便用于其他效果，如焦散或色光效果。此效果可模拟创建波形环境。使用前后对比如图5-77所示。

（a）使用前　　　（b）使用后　　　　　（a）使用前　　　（b）使用后

图5-76　　　　　　　　　　　　图5-77

- 【碎片】：该效果可以模拟爆炸粉碎飞散的效果。使用前后对比如图5-78所示。
- 【粒子运动场】：该效果可以为大量相似的对象设置动画，例如一团萤火虫。使用前后对比如图5-79所示。

（a）使用前　　　（b）使用后　　　　　（a）使用前　　　（b）使用后

图5-78　　　　　　　　　　　　图5-79

5.8　扭　　曲

【扭曲】效果组可以对图像进行扭曲、旋转等变形操作，以达到特殊的视觉效果，包括【球面化】【贝塞尔曲线变形】【漩涡条纹】【改变形状】【放大】【镜像】【CC Bend It】【CC Bender】【CC Blobbylize】【CC Flo Motion】【CC Griddler】【CC Lens】【CC Page Turn】【CC Power Pin】【CC Ripple Pulse】【CC Slant】【CC Smear】【CC Split】【CC Split2】【CC Tiler】【光学补偿】【湍流置换】【置换图】【偏移】【网格变形】【保留细节放大】【凸出】【变形】【变换】【变形稳定器VFX】【旋转扭曲】【极坐标】【果冻效应修复】【波形变形】【波纹】【液化】和【边角定位】，如图5-80所示。

图5-80

- 【球面化】：该效果可以通过伸展到指定半径的半球面来围绕一点扭曲图像。使用前后对比如图5-81所示。
- 【贝塞尔曲线变形】：该效果可以通过调整曲线控制点调整图像形状。使用前后对比如图5-82所示。

97

（a）使用前　　　（b）使用后　　　　　（a）使用前　　　（b）使用后

图 5-81　　　　　　　　　　　　　图 5-82

- 【漩涡条纹】：该效果可以使用曲线扭曲图像。
- 【改变形状】：该效果可以改变图像中某一部分的形状。
- 【放大】：该效果可以放大素材的全部或部分。使用前后对比如图 5-83 所示。
- 【镜像】：该效果可以沿线反射图像效果。使用前后对比如图 5-84 所示。

（a）使用前　　　（b）使用后　　　　　（a）使用前　　　（b）使用后

图 5-83　　　　　　　　　　　　　图 5-84

- 【CC Bend It】（CC弯曲）：该效果可以弯曲、扭曲图像的一个区域。使用前后对比如图 5-85 所示。
- 【CC Bender】（CC卷曲）：该效果可以使图像产生卷曲的视觉效果。使用前后对比如图 5-86 所示。

（a）使用前　　　（b）使用后　　　　　（a）使用前　　　（b）使用后

图 5-85　　　　　　　　　　　　　图 5-86

- 【CC Blobbylize】（CC融化溅落点）：该效果可以通过调节图像模拟融化溅落点效果。使用前后对比如图 5-87 所示。
- 【CC Flo Motion】（CC两点收缩变形）：该效果可以以图像任意两点为中心收缩周围像素。使用前后对比如图 5-88 所示。

（a）使用前　　　（b）使用后　　　　　（a）使用前　　　（b）使用后

图 5-87　　　　　　　　　　　　　图 5-88

- 【CC Griddler】(CC网格变形)：该效果可以使画面模拟出错位的网格效果。使用前后对比如图5-89所示。
- 【CC Lens】(CC镜头)：该效果可以变形图像模拟镜头扭曲的效果。使用前后对比如图5-90所示。

（a）使用前　　　（b）使用后　　　　　　（a）使用前　　　（b）使用后

图5-89　　　　　　　　　　　　　　图5-90

- 【CC Page Turn】(CC卷页)：该效果可以使图像产生书页卷起的效果。使用前后对比如图5-91所示。
- 【CC Power Pin】(CC四角缩放)：该效果可以通过对边角位置的调整对图像进行拉伸、倾斜和变形操作，多用来模拟透视效果。使用前后对比如图5-92所示。

（a）使用前　　　（b）使用后　　　　　　（a）使用前　　　（b）使用后

图5-91　　　　　　　　　　　　　　图5-92

- 【CC Ripple Pulse】(CC波纹脉冲)：该效果可以模拟波纹扩散的变形效果。
- 【CC Slant】(CC倾斜)：该效果可以使图像产生平行倾斜的视觉效果。使用前后对比如图5-93所示。
- 【CC Smear】(CC涂抹)：该效果可以通过调整控制点对画面某一部分进行变形处理。使用前后对比如图5-94所示。

（a）使用前　　　（b）使用后　　　　　　（a）使用前　　　（b）使用后

图5-93　　　　　　　　　　　　　　图5-94

99

- 【CC Split】（CC分裂）：该效果可以使图像产生分裂的效果。使用前后对比如图5-95所示。
- 【CC Split2】（CC分裂2）：该效果可以使图像在两个点之间产生不对称的分裂效果。使用前后对比如图5-96所示。

（a）使用前　　（b）使用后　　　　（a）使用前　　（b）使用后

图5-95　　　　　　　　　　图5-96

- 【CC Tiler】（CC平铺）：该效果可以使图像产生重复画面的效果。使用前后对比如图5-97所示。
- 【光学补偿】：该效果可以引入或移除镜头扭曲。使用前后对比如图5-98所示。

（a）使用前　　（b）使用后　　　　（a）使用前　　（b）使用后

图5-97　　　　　　　　　　图5-98

- 【湍流置换】：该效果可以使用不规则杂色置换图层。使用前后对比如图5-99所示。
- 【置换图】：该效果可以基于其他图层的像素值位移像素。使用前后对比如图5-100所示。

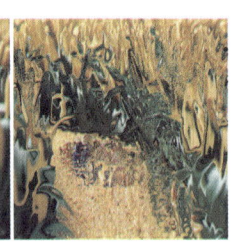

（a）使用前　　（b）使用后　　　　（a）使用前　　（b）使用后

图5-99　　　　　　　　　　图5-100

- 【偏移】：该效果可以在图层内平移图像。使用前后对比如图5-101所示。
- 【网格变形】：该效果可以在图像中添加网格，通过控制网格交叉点来对图像进行变形处理。使用前后对比如图5-102所示。
- 【保留细节放大】：该效果可以放大图层并保留图像边缘锐度，同时还可以进行降噪。使用前后对比如图5-103所示。
- 【凸出】：该效果可以围绕一个点扭曲图像，模拟凸出效果。使用前后对比如图5-104所示。

（a）使用前　　　（b）使用后　　　　　　　　（a）使用前　　　　　　（b）使用后

图 5-101　　　　　　　　　　　　　　　　图 5-102

（a）使用前　　　（b）使用后　　　　　　　（a）使用前　　　　　（b）使用后

图 5-103　　　　　　　　　　　　　　　　图 5-104

- 【变形】：该效果可以对图像进行扭曲变形处理。使用前后对比如图 5-105 所示。
- 【变换】：该效果可将二维几何变换应用到图层。使用前后对比如图 5-106 所示。

（a）使用前　　　（b）使用后　　　　　　　（a）使用前　　　　　（b）使用后

图 5-105　　　　　　　　　　　　　　　　图 5-106

- 【变形稳定器 VFX】：该效果可以对素材进行稳定，不需要手动跟踪。
- 【旋转扭曲】：该效果可以通过围绕指定点旋转涂抹图像。使用前后对比如图 5-107 所示。
- 【极坐标】：该效果可以在矩形和极坐标之间转换及插值。使用前后对比如图 5-108 所示。

（a）使用前　　　（b）使用后　　　　　　　（a）使用前　　　　　（b）使用后

图 5-107　　　　　　　　　　　　　　　　图 5-108

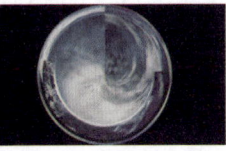

- 【果冻效应修复】：该效果可去除因前期摄像机拍摄而形成的扭曲伪像。
- 【波形变形】：该效果可以在图像上创建移动的波形外观。使用前后对比如图5-109所示。
- 【波纹】：该效果可以在指定图层中创建波纹外观，这些波纹朝着远离同心圆中心点的方向移动。使用前后对比如图5-110所示。

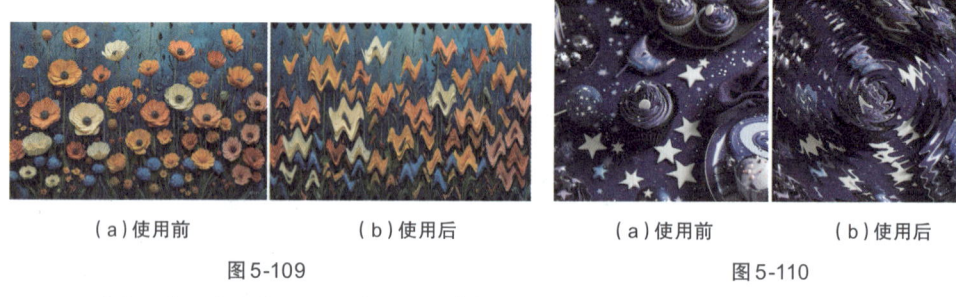

（a）使用前　　　　（b）使用后　　　　　　（a）使用前　　　　（b）使用后
　　　　图5-109　　　　　　　　　　　　　　　　图5-110

- 【液化】：该效果可以通过液化刷来推动、拖拉、旋转、扩大和收缩图像。使用前后对比如图5-111所示。
- 【边角定位】：该效果可以通过调整图像边角位置，对图像进行拉伸、收缩、扭曲等变形操作。使用前后对比如图5-112所示。

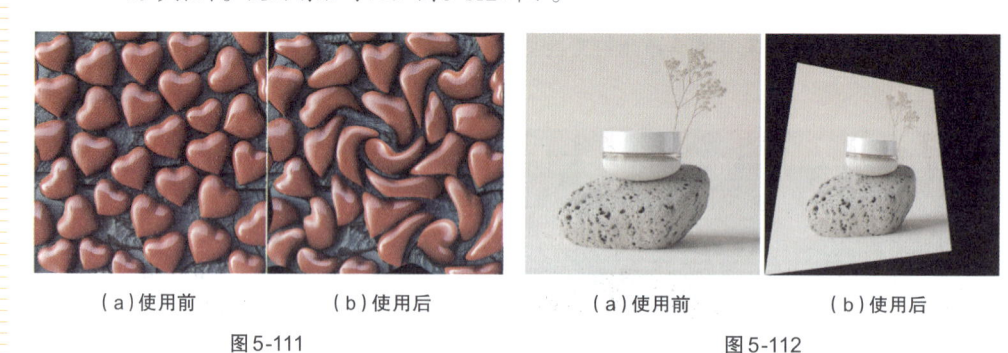

（a）使用前　　　　（b）使用后　　　　　　（a）使用前　　　　（b）使用后
　　　　图5-111　　　　　　　　　　　　　　　　图5-112

5.9　生　成

【生成】效果组可以使图像生成如闪电、镜头光晕等常见效果，还可以对图像进行颜色填充、渐变填充、滴管填充等，包括【圆形】【分形】【椭圆】【吸管填充】【镜头光晕】【CC Glue Gun】【CC Light Burst 2.5】【CC Light Rays】【CC Light Sweep】【CC Threads】【光束】【填充】【网格】【单元格图案】【写入】【勾画】【四色渐变】【描边】【无线电波】【梯度渐变】【棋盘】【油漆桶】【涂写】【音频波形】【音频频谱】和【高级闪电】，如图5-113所示。

- 【圆形】：该效果可以创建一个环形圆或实心圆。使用前后对比如图5-114所示。
- 【分形】：该效果可以生成以数学方式计算的分形图像。使用前后

图5-113

对比如图5-115所示。
- 【椭圆】：该效果可以制作具有内部和外部颜色的椭圆效果。使用前后对比如图5-116所示。
- 【吸管填充】：该效果可以使用图层样本颜色对图层着色。使用前后对比如图5-117所示。

（a）使用前　　（b）使用后　　　　　　（a）使用前　　　　（b）使用后

图 5-114　　　　　　　　　　　　　　　图 5-115

（a）使用前　　（b）使用后　　　　　（a）使用前　　　　　（b）使用后

图 5-116　　　　　　　　　　　　　　　图 5-117

- 【镜头光晕】：该效果可以生成合成镜头光晕效果，常用于制作日光光晕。使用前后对比如图5-118所示。
- 【CC Glue Gun】（CC喷胶枪）：该效果可以使图像产生胶水喷射弧度效果。使用前后对比如图5-119所示。

（a）使用前　　（b）使用后　　　　　（a）使用前　　　　　（b）使用后

图 5-118　　　　　　　　　　　　　　　图 5-119

- 【CC Light Burst 2.5】（CC突发光2.5）：该效果可以使图像产生光线爆裂的透视效果。使用前后对比如图5-120所示。
- 【CC Light Rays】（光线）：该效果可以通过图像上的不同颜色映射出不同颜色的光芒。使用前后对比如图5-121所示。

103

（a）使用前　　　　（b）使用后　　　　　　　（a）使用前　　　　　（b）使用后

图5-120　　　　　　　　　　　　　　图5-121

- 【CC Light Sweep】（CC扫光）：该效果可以使图像以某点为中心，像素向一边以擦除的方式运动，产生扫光的效果。使用前后对比如图5-122所示。
- 【CC Threads】（CC线）：该效果可以使图像产生带有纹理的编织交叉效果。使用前后对比如图5-123所示。

（a）使用前　　（b）使用后　　　　　　　（a）使用前　　　　　（b）使用后

图5-122　　　　　　　　　　　　　　图5-123

- 【光束】：该效果可以模拟激光光束效果。使用前后对比如图5-124所示。
- 【填充】：该效果可以为图像填充指定颜色。使用前后对比如图5-125所示。

（a）使用前　　（b）使用后　　　　　　　（a）使用前　　　　　（b）使用后

图5-124　　　　　　　　　　　　　　图5-125

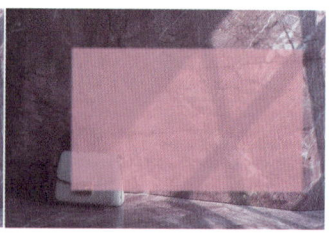

- 【网格】：该效果可以在图像上创建网格。使用前后对比如图5-126所示。
- 【单元格图案】：该效果可根据单元格杂色生成单元格图案。使用前后对比如图5-127所示。
- 【写入】：该效果可以将描边描绘到图像上。
- 【勾画】：该效果可以在对象周围产生航行灯和其他基于路径的脉冲动画。使用前后对比如图5-128所示。

（a）使用前　　　　（b）使用后　　　　　　　（a）使用前　　　　（b）使用后

图5-126　　　　　　　　　　　　　　　图5-127

（a）使用前　　　　　　（b）使用后

图5-128

- 【四色渐变】：该效果可以为图像添加四种混合色点的渐变颜色。使用前后对比如图5-129所示。
- 【描边】：该效果可以对蒙版轮廓进行描边。使用前后对比如图5-130所示。

（a）使用前　　　　（b）使用后　　　　　　　（a）使用前　　　　（b）使用后

图5-129　　　　　　　　　　　　　　　图5-130

- 【无线电波】：该效果可以使图像生成辐射波效果。使用前后对比如图5-131所示。
- 【梯度渐变】：该效果可以创建两种颜色的渐变。使用前后对比如图5-132所示。
- 【棋盘】：该效果可以创建棋盘图案，其中一半棋盘图案是透明的。使用前后对比如图5-133所示。

（a）使用前　　　　（b）使用后　　　　　　　（a）使用前　　　　（b）使用后

图5-131　　　　　　　　　　　　　　　图5-132

- 【油漆桶】：该效果常用于为卡通图像的轮廓着色，或替换图像中部分区域的颜色。使用前后对比如图5-134所示。

（a）使用前　　（b）使用后　　　　（a）使用前　　（b）使用后

图5-133　　　　　　　　　　　图5-134

- 【涂写】：该效果可以涂写蒙版。
- 【音频波形】：该效果可以显示音频层波形。使用前后对比如图5-135所示。

（a）使用前　　（b）使用后

图5-135

- 【音频频谱】：该效果可以显示音频层的频谱。使用前后对比如图5-136所示。
- 【高级闪电】：该效果可以为图像创建丰富的闪电效果。使用前后对比如图5-137所示。

（a）使用前　（b）使用后　　　（a）使用前　　　（b）使用后

图5-136　　　　　　　　　　　图5-137

5.10 时　　间

【时间】效果组可以控制素材的时间特性，并以当前素材的时间作为基准进行进一步的编辑和更改。该效果组包括【CC Force Motion Blur】【CC Wide Time】【色调分离时间】【像素运动模糊】【时差】【时间扭曲】【时间置换】和【残影】，如图5-138所示。

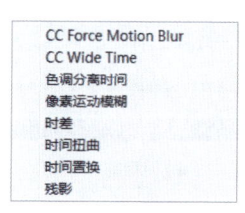

- 【CC Force Motion Blur】（CC强制动态模糊）：该效果可以使图像产生运动模糊混合层的中间帧。

图5-138

- 【CC Wide Time】（CC时间工具）：该效果可以设置图像前、后的重复数量，进而使图像产生连续的重复效果。
- 【色调分离时间】：该效果可以在图层上应用特定帧速率。
- 【像素运动模糊】：该效果可以基于像素运动引入运动模糊。
- 【时差】：该效果可以计算两个图层之间的像素差值。使用前后对比如图5-139所示。
- 【时间扭曲】：使用该效果时，可以精确控制各种参数，包括插值方法、运动模糊和源裁剪。
- 【时间置换】：该效果可以使用其他图层置换当前图层像素的时间。
- 【残影】：该效果可以混合不同时间帧。使用前后对比如图5-140所示。

（a）使用前　　（b）使用后　　　　　　（a）使用前　　　　　　（b）使用后

图5-139　　　　　　　　　　　　　图5-140

5.11　实用工具

【实用工具】效果组可以调整图像颜色的输出和输入设置，包括【范围扩散】【CC Overbrights】【Cineon转换器】【HDR压缩扩展器】【HDR高光压缩】【应用颜色LUT】和【颜色配置文件转换器】，如图5-141所示。

图5-141

- 【范围扩散】：该效果可增大紧跟它的效果的图层大小。
- 【CC Overbrights】（CC亮色）：该效果可以确定在明亮的像素范围内工作。
- 【Cineon 转换器】：该效果可以将标准线性应用到对数转换曲线。使用前后对比如图5-142所示。
- 【HDR压缩扩展器】：能接受为了高动态范围而损失值的一些精度时，才使用该效果。使用前后对比如图5-143所示。
- 【HDR高光压缩】：该效果可以在高动态范围图像中压缩高光值。使用前后对比如图5-144所示。
- 【应用颜色LUT】：该效果可以在弹出的文件夹中选择LUT文件进行编辑。
- 【颜色配置文件转换器】：该效果可以指定输入和输出的配置文件，将图层从一个颜色空间转换到另一个颜色空间。使用前后对比如图5-145所示。

（a）使用前　　（b）使用后
图5-142

（a）使用前　　（b）使用后
图5-143

（a）使用前　　（b）使用后
图5-144

（a）使用前　　（b）使用后
图5-145

5.12 透　视

【透视】效果组可以为图像制作透视效果，也可以为二维素材添加三维效果，包括【3D眼镜】【3D摄像机跟踪器】【CC Cylinder】【CC Environment】【CC Sphere】【CC Spotlight】【径向阴影】【投影】【斜面Alpha】和【边缘斜面】，如图5-146所示。

- 【3D眼镜】：该效果用于制作3D电影效果，可以将左右两个图层合成为3D立体视图。使用前后对比如图5-147所示。
- 【3D摄像机跟踪器】：该效果可以从视频中提取3D场景数据。
- 【CC Cylinder】（CC圆柱体）：该效果可以使图像呈圆柱体卷起，形成3D立体效果。使用前后对比如图5-148所示。

图5-146

（a）使用前　　（b）使用后
图5-147

（a）使用前　　（b）使用后
图5-148

- 【CC Environment】（CC环境）：该效果可以将环境映射到相机视图上。
- 【CC Sphere】（CC球体）：该效果可以使图像以球体的形式呈现。使用前后对比如图5-149所示。
- 【CC Spotlight】（CC聚光灯）：该效果可以模拟聚光灯效果。使用前后对比如图5-150所示。

(a)使用前　　(b)使用后　　　　　(a)使用前　　(b)使用后

图5-149　　　　　　　　　　　　图5-150

- 【径向阴影】：该效果可以使图像产生投影效果。使用前后对比如图5-151所示。
- 【投影】：该效果可以根据图像的Alpha通道为图像绘制阴影效果。使用前后对比如图5-152所示。

(a)使用前　　(b)使用后　　　　　(a)使用前　　(b)使用后

图5-151　　　　　　　　　　　　图5-152

- 【斜面Alpha】：该效果可以为图层Alpha的边界产生三维厚度的效果。使用前后对比如图5-153所示。
- 【边缘斜面】：该效果可以为图层边缘增添斜面外观效果。使用前后对比如图5-154所示。

(a)使用前　　(b)使用后　　　　　(a)使用前　　(b)使用后

图5-153　　　　　　　　　　　　图5-154

109

5.13 文　　本

【文本】效果组主要用于辅助文本工具为画面添加一些计算数值时间的文字效果，包括【编号】和【时间码】，如图5-155所示。

- 【编号】：该效果可以为图像生成有序的和随机的数字序列。使用前后对比如图5-156所示。
- 【时间码】：该效果可以阅读并刻录时间码信息。使用前后对比如图5-157所示。

图5-155

（a）使用前　　（b）使用后　　　　（a）使用前　　（b）使用后

图5-156　　　　　　　　　　图5-157

5.14 音　　频

【音频】效果组主要可以对声音素材进行相应的效果处理，制作不同的声音效果，包括【调制器】【倒放】【低音和高音】【参数均衡】【变调与合声】【延迟】【混响】【立体声混合器】【音调】和【高通/低通】，如图5-158所示。

- 【调制器】：该效果可以改变音频的频率和振幅，产生颤音和震音效果。
- 【倒放】：该效果可以将音频翻转倒放。
- 【低音和高音】：该效果可以增加或减少音频的低音和高音。
- 【参数均衡】：该效果可以增强或减弱特定的频率范围。
- 【变调与合声】：该效果可以将变调与合声应用于图层的音频。
- 【延迟】：该效果可以在某个时间之后重复音频效果。
- 【混响】：该效果可以模拟真实或开阔的室内效果。
- 【立体声混合器】：该效果可以将音频的左右通道进行混合。

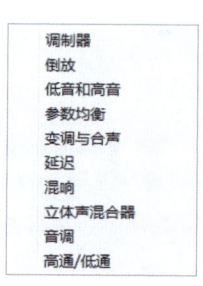

图5-158

- 【音调】：该效果可以渲染音调。
- 【高通/低通】：该效果可以设置允许通过的音频的频率的高低限制。

5.15 杂色和颗粒

【杂色和颗粒】效果组主要用于为图像素材添加或移除作品中的噪波或颗粒等效果，包括【分形杂色】【中间值】【中间值（旧版）】【匹配颗粒】【杂色】【杂色Alpha】【杂色HLS】【杂色HLS自动】【湍流杂色】【添加颗粒】【移除颗粒】和【蒙尘与划痕】，如图5-159所示。

- 【分形杂色】：该效果可以模拟一些自然效果，如云、雾、火等。使用前后对比如图5-160所示。
- 【中间值】：该效果可以在指定半径内使用中间值替换像素。使用前后对比如图5-161所示。
- 【匹配颗粒】：该效果可以匹配两个图像中的杂色颗粒。使用前后对比如图5-162所示。
- 【杂色】：该效果可以为图像添加杂色效果。使用前后对比如图5-163所示。

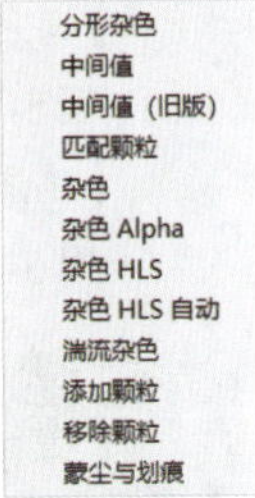

图5-159

（a）使用前　　　（b）使用后
图5-160

（a）使用前　　　（b）使用后
图5-161

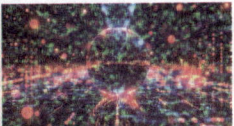

（a）使用前　　　（b）使用后
图5-162

（a）使用前　　　（b）使用后
图5-163

- 【杂色Alpha】：该效果可以将杂色添加到Alpha通道。使用前后对比如图5-164所示。
- 【杂色HLS】：该效果可以将杂色添加到图层的HLS通道。使用前后对比如图5-165所示。

（a）使用前　　　（b）使用后
图5-164

（a）使用前　　　（b）使用后
图5-165

111

- 【杂色HLS自动】：该效果可以自动将杂色添加到图层的HLS通道。使用前后对比如图5-166所示。
- 【湍流杂色】：该效果可以创建基于湍流的图案，与分形杂色类似。使用前后对比如图5-167所示。

（a）使用前　　（b）使用后　　　　（a）使用前　　（b）使用后
图5-166　　　　　　　　　　　图5-167

- 【添加颗粒】：该效果可以为图像添加胶片颗粒。使用前后对比如图5-168所示。
- 【移除颗粒】：该效果可以移除图像中的胶片颗粒，使作品更干净。使用前后对比如图5-169所示。

（a）使用前　　（b）使用后　　　　（a）使用前　　（b）使用后
图5-168　　　　　　　　　　　图5-169

- 【蒙尘与划痕】：该效果可以将半径之内的不同像素更改为更邻近的像素，从而减少杂色和瑕疵，使画面更干净。

5.16 遮　　罩

【遮罩】效果组可以为图像创建蒙版进行抠像操作，同时还可以有效改善抠像的遗留问题。该效果组中包括【调整实边遮罩】【调整柔和遮罩】【遮罩阻塞工具】和【简单阻塞工具】，如图5-170所示。

调整实边遮罩
调整柔和遮罩
遮罩阻塞工具
简单阻塞工具

图5-170

- 【调整实边遮罩】：该效果可以改善遮罩边缘。使用前后对比如图5-171所示。
- 【调整柔和遮罩】：该效果可以沿遮罩的Alpha边缘改善毛发等精细细节。使用前后对比如图5-172所示。

（a）使用前　　　　（b）使用后　　　　　　（a）使用前　　　　　（b）使用后

图5-171　　　　　　　　　　　　　　　　图5-172

- 【遮罩阻塞工具】：该效果可以重复一连串阻塞和扩展遮罩操作，以在不透明区域填充不需要的缺口。使用前后对比如图5-173所示。
- 【简单阻塞工具】：该效果可以小增量缩小或扩展遮罩边缘，以便创建更整洁的遮罩。使用前后对比如图5-174所示。

（a）使用前　　　　（b）使用后　　　　　　（a）使用前　　　　　（b）使用后

图5-173　　　　　　　　　　　　　　　　图5-174

实例1：四色渐变

文件路径：Chapter 05　常用视频效果→实例1：四色渐变

本实例应用【四色渐变】效果更改画面颜色，然后应用【镜头光晕】效果为画面增加光斑。画面效果如图5-175所示。

（1）执行【文件】/【导入】/【文件…】命令，在弹出的对话框中导入全部素材，如图5-176所示。

图5-175 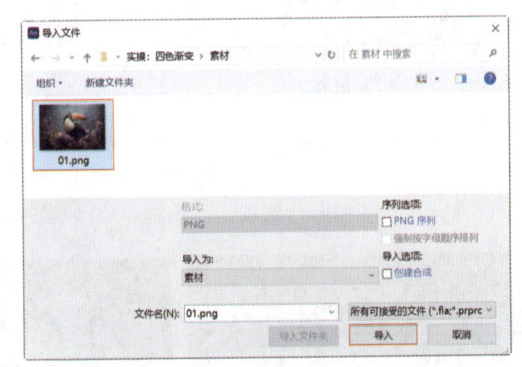　　　　　　　　　　　　　　　　图5-176

（2）将【项目】面板中的【01.png】素材拖曳到【时间轴】面板中，如图5-177所示。此时自动生成与素材等大的合成。

（3）此时画面效果如图5-178所示。

113

图5-177

图5-178

（4）在【效果和预设】面板中搜索【四色渐变】效果，并将该效果拖曳到【时间轴】面板【01.png】素材上，如图5-179所示。

（5）在【时间轴】面板中打开【01.png】素材下方的【效果】/【四色渐变】，设置【混合模式】为【柔光】，如图5-180所示。

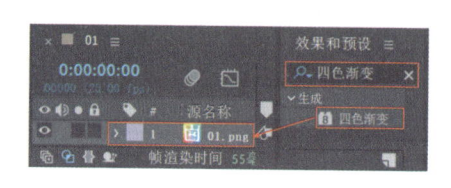

图5-179

图5-180

（6）此时画面效果如图5-181所示。

（7）在【效果和预设】面板中搜索【镜头光晕】效果，并将该效果拖曳到【时间轴】面板【01.png】素材上，如图5-182所示。

图5-181

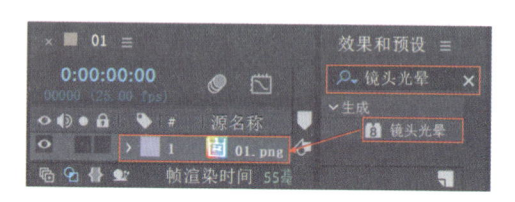

图5-182

（8）在时间轴面板中打开【01.png】素材下方的【效果】/【镜头光晕】，设置【光晕中心】为【87.4,48.4】，【与原始图像混合】为【25%】，如图5-183所示。

（9）此时本实例制作完成，画面前后对比效果如图5-184所示。

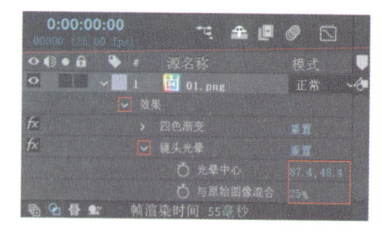

图5-183

图5-184

114

实例2：立体瓷砖画效果

文件路径：Chapter 05　常用视频效果→实例2：立体瓷砖画效果

本实例应用【边缘斜面】效果制作瓷砖效果，并为图像添加【投影】效果使瓷砖具有立体感。画面效果如图5-185所示。

（1）执行【文件】/【导入】/【文件...】命令，在弹出的对话框中导入全部素材，如图5-186所示。

（2）将【项目】面板中的【1.png】素材拖曳到【时间轴】面板中，如图5-187所示。此时自动生成与素材等大的合成。

图5-185 　　　　　　　　　　　　　　图5-186

（3）此时画面效果如图5-188所示。

图5-187 　　　　　　　　　　　　　　图5-188

（4）在【时间轴】面板中的空白位置处右击，在弹出的快捷菜单中执行【新建】/【纯色】命令，如图5-189所示。

（5）接着在弹出的对话框中设置【颜色】为白色，然后单击【确定】按钮，如图5-190所示。

（6）在【时间轴】面板中将【白色 纯色1】图层移动到【1.png】素材图层下方，如图5-191所示。

（7）在【时间轴】面板中打开【1.png】素材下方的【变换】，设置【缩放】为【76.0,76.0%】，如图5-192所示。

（8）在【效果和预设】面板中搜索【边缘斜面】效果，并将该效果拖曳到【时间轴】面板【1.png】素材上，如图5-193所示。

（9）在【时间轴】面板中打开【1.png】素材下方的【效果】/【边缘斜面】，设置【边缘厚度】为【0.07】，【灯光强度】为【0.48】，如图5-194所示。

115

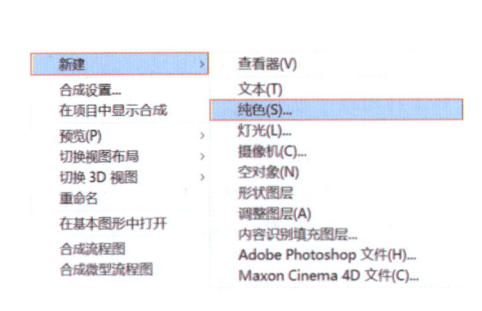

图 5-189

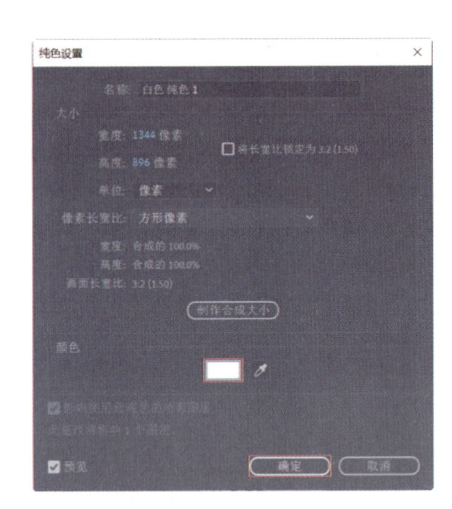

图 5-190

图 5-191

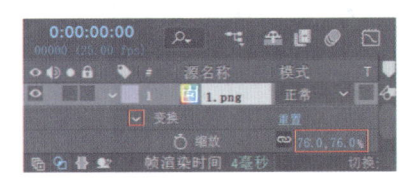

图 5-192

图 5-193

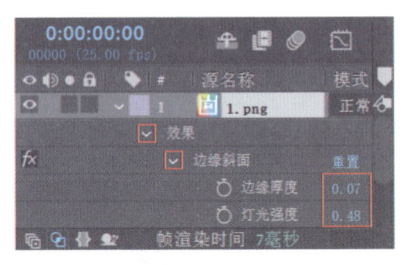

图 5-194

（10）此时画面效果如图 5-195 所示。

（11）在【效果和预设】面板中搜索【投影】效果，并将该效果拖曳到【时间轴】面板【1.png】素材上，如图 5-196 所示。

图 5-195

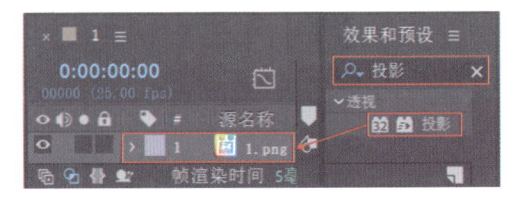

图 5-196

116

（12）在【时间轴】面板中打开【1.png】素材下方的【效果】/【投影】,设置【不透明度】为【62%】,【方向】为【0x+117.0°】,【距离】为【22.0】,【柔和度】为【36.0】,如图5-197所示。

（13）此时本实例制作完成,滑动时间线查看画面效果,如图5-198所示。

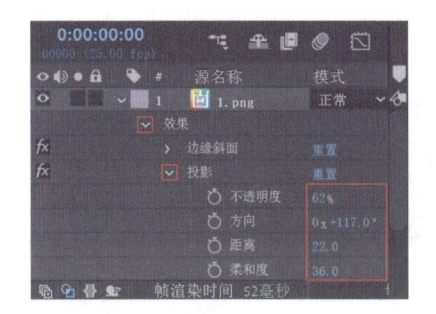

图5-197 　　　　　　　　　　　　　　图5-198

实例3：绘画效果

文件路径：Chapter 05　常用视频效果→实例3：绘画效果

本实例应用【画笔描边】效果制作绘画效果。画面效果如图5-199所示。

（1）执行【文件】/【导入】/【文件...】命令,在弹出的对话框中导入全部素材,如图5-200所示。

扫一扫,看视频

图5-199 　　　　　　　　　　　　　　图5-200

（2）将【项目】面板中的【1.png】素材拖曳到【时间轴】面板中,如图5-201所示。此时自动生成与素材等大的合成。

（3）在【时间轴】面板中打开【1.png】素材下方的【变换】,设置【缩放】为【105.0,105.0%】,如图5-202所示。

图5-201 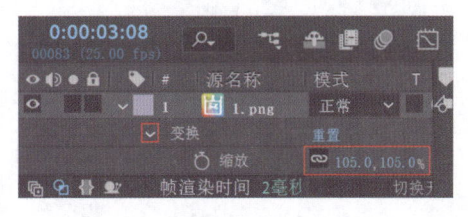　　　　　　　　　　　　　　图5-202

117

（4）此时画面效果如图5-203所示。

（5）在【效果和预设】面板中搜索【画笔描边】效果，并将该效果拖曳到【时间轴】面板【1.png】素材上，如图5-204所示。

图5-203

图5-204

（6）在【时间轴】面板中打开【1.png】素材下方的【效果】/【画笔描边】，设置【画笔大小】为【5.0】，【描边长度】为【30】，如图5-205所示。

（7）此时本实例制作完成，画面前后对比效果如图5-206所示。

图5-205

图5-206

实例4：塑料玩具效果

扫一扫，看视频

文件路径：Chapter 05　常用视频效果→实例4：塑料玩具效果

本实例应用【CC Glass】效果制作塑料文具效果。画面效果如图5-207所示。

（1）执行【文件】/【导入】/【文件...】命令，在弹出的对话框中导入全部素材，如图5-208所示。

图5-207

图5-208

（2）将【项目】面板中的【1.png】素材拖曳到【时间轴】面板中，如图5-209所示。此时自动生成与素材等大的合成。

118

（3）在【时间轴】面板中打开【1.png】素材下方的【变换】，设置【缩放】为【105.0,105.0%】，如图5-210所示。

图5-209

图5-210

（4）在【效果和预设】面板中搜索【CC Glass】效果，并将该效果拖曳到【时间轴】面板【1.png】素材上，如图5-211所示。

（5）在【时间轴】面板中打开【1.png】素材下方的【效果】/【CC Glass】/【Surface】，设置【Softness】为【19.0】，展开【Light】，设置【Light Height】为【70.0】，【Light Direction】为【0x-70.0°】，展开【Shading】，设置【Specular】为【80.0】，如图5-212所示。

图5-211

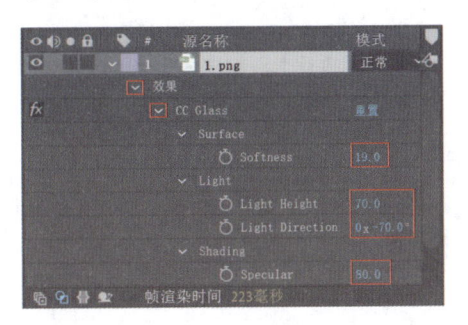

图5-212

（6）此时本实例制作完成，滑动时间线查看画面效果，如图5-213所示。

图5-213

综合实例1：将碎片变为完整图标动画

文件路径：Chapter 05　常用视频效果→综合实例1：将碎片变为完整图标动画

本综合实例使用【碎片】、【时间重映射】和【时间反向图层】效果将碎片变为完整图标动画。动画效果如图5-214所示。

扫一扫，看视频

119

图5-214

（1）执行【文件】/【导入】/【文件...】命令，在弹出的对话框中导入全部素材，如图5-215所示。

（2）将【项目】面板中的【01.png】素材拖曳到【时间轴】面板中，如图5-216所示。此时自动生成与素材等大的合成。

图5-215　　　　　　　　　　　　图5-216

（3）在【时间轴】面板中选择【01.png】素材，右击，在弹出的快捷菜单中执行【预合成】命令，如图5-217所示。在弹出的窗口中设置【新合成名称】为【01.png合成1】。

（4）在【效果和预设】面板中搜索【碎片】效果，并将该效果拖曳到【时间轴】面板图层1上，如图5-218所示。

（5）在【时间轴】面板中打开图层1下方的【效果】/【碎片】，设置【视图】为【已渲染】，展开【形状】，设置【图案】为【玻璃】，【重复】为【14.60】，如图5-219所示。

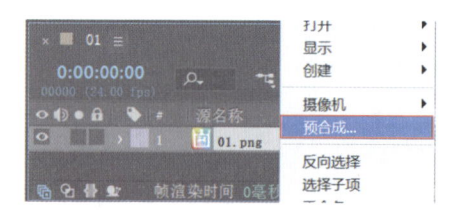

图5-217　　　　　　　　　　　　图5-218

（6）在【时间轴】面板中选择图层1，右击，在弹出的快捷菜单中执行【时间】/【启用时间重映射】命令，如图5-220所示。

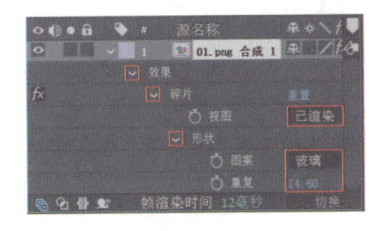

图5-219

图5-220

（7）此时可滑动时间线查看画面效果，如图5-221所示。

（8）在【时间轴】面板中选中图层1，使用快捷键Ctrl+C进行复制，使用快捷键Ctrl+V进行粘贴，将其复制一份，如图5-222所示。

图5-221

图5-222

（9）在【时间轴】面板中打开图层1下方的【效果】/【碎片】/【形状】，更改【重复】为【35.60】，如图5-223所示。

（10）此时可滑动时间线查看画面效果，如图5-224所示。

（11）在【时间轴】面板中选择【01.png 合成1】素材，右击，在弹出的快捷菜单中执行【预合成】命令，如图5-225所示。在弹出的窗口中设置【新合成名称】为【预合成1】。

（12）在【时间轴】面板中选择图层1，右击，在弹出的快捷菜单中执行【时间】/【时间反向图层】命令，如图5-226所示。

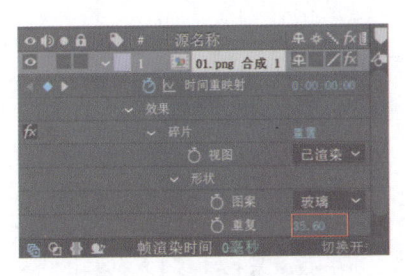

图5-223

图5-224

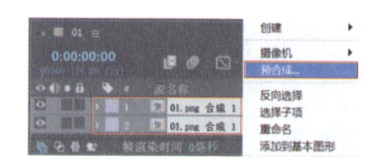

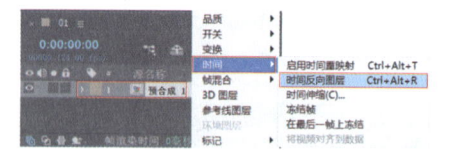

图5-225　　　　　　　　　　　　　　　图5-226

（13）再次选择图层1，右击，在弹出的快捷菜单中执行【时间】/【启用时间重映射】命令，如图5-227所示。

（14）在【时间轴】面板中展开【预合成1】，将时间线滑动至第5帧位置处，设置【时间重映射】为第2秒18帧，接着将最后一帧拖动到第2秒01帧位置处，如图5-228所示。

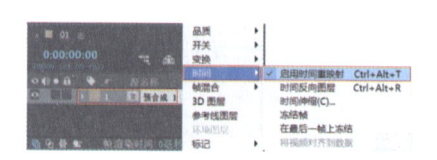

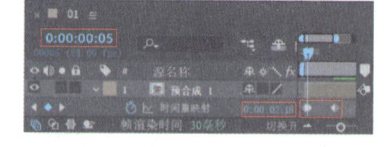

图5-227　　　　　　　　　　　　　　　图5-228

（15）此时本综合实例制作完成，滑动时间线查看画面效果，如图5-229所示。

图5-229

综合实例2：变速发光效果

扫一扫，看视频

文件路径：Chapter 05　常用视频效果→综合实例2：变速发光效果

本综合实例使用【闪光灯】和【发光】效果制作变速发光效果。画面效果如图5-230所示。

（1）执行【文件】/【导入】/【文件...】命令，在弹出的对话框中导入全部素材，如图5-231所示。

（2）将【项目】面板中的【1.mp4】素材拖曳到【时间轴】面板中，如图5-232所示。此时自动生成与素材等大的合成。

（3）此时画面效果如图5-233所示。

（4）在【时间轴】面板中的空白位置处右击，在弹出的快捷菜单中执行【新建】/【调整图层】命令，如图5-234所示。

（5）在【效果和预设】面板中搜索【闪光灯】效果，并将该效果拖曳到【时间轴】面板调整图层1上，如图5-235所示。

图 5-230 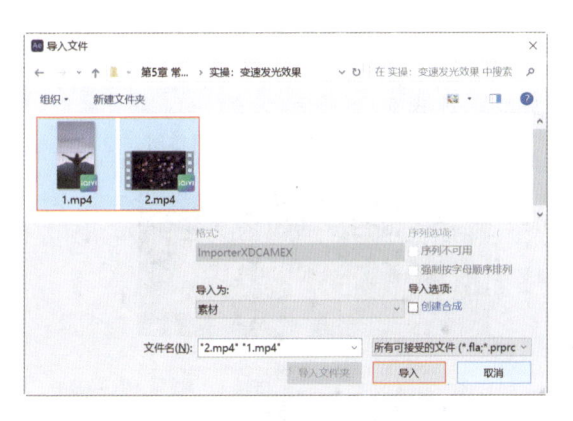　　　　　　　　　　　　　　　图 5-231

图 5-232 　　　　　　　　　　　　　　　图 5-233

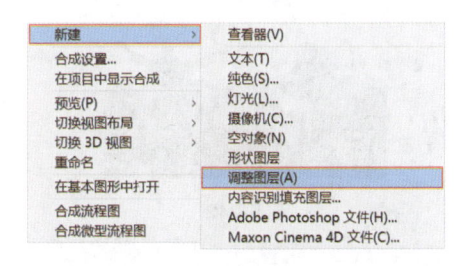

图 5-234 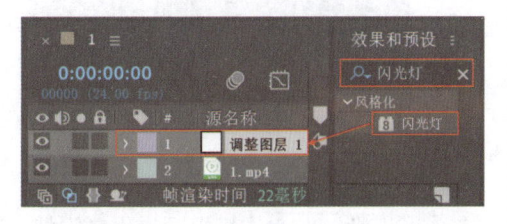　　　　　　　　　　　　　　　图 5-235

（6）在【时间轴】面板中设置调整图层1的起始时间为第21帧，如图5-236所示，结束时间为第1秒13帧。

（7）再次在【时间轴】面板中的空白位置处右击，在弹出的快捷菜单中执行【新建】/【调整图层】命令，如图5-237所示。

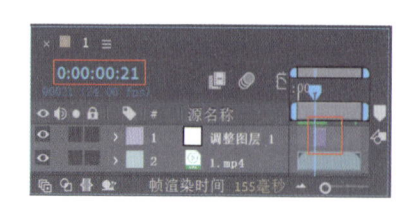

图5-236 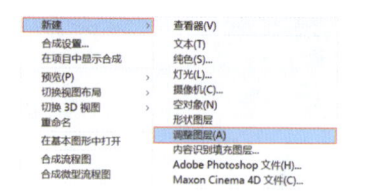　　　　　　　　　　　　　　图5-237

（8）在【效果和预设】面板中搜索【发光】效果，并将该效果拖曳到【时间轴】面板调整图层2上，如图5-238所示。

（9）在【时间轴】面板中设置调整图层2的起始时间为第1秒10帧，如图5-239所示。

图5-238 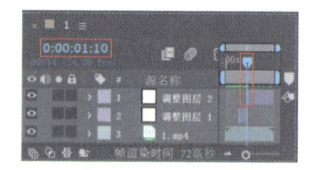　　　　　　　　　　　　　　图5-239

（10）将【项目】面板中的【2.mp4】素材拖曳到【时间轴】面板中，如图5-240所示。

（11）在【时间轴】面板中设置调整图层2的起始时间为第1秒10帧，设置【模式】为【屏幕】，接着打开【2.mp4】素材下方的【变换】，设置【缩放】为【240.0,240.0%】，如图5-241所示。

（12）此时本综合实例制作完成，滑动时间线查看画面效果，如图5-242所示。

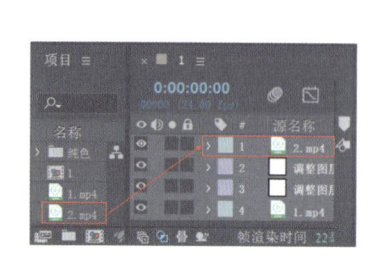

图5-240

图5-241　　　　　　　　　　　　　　图5-242

综合实例3：制作短视频常用热门特效转场

文件路径：Chapter 05　常用视频效果→综合实例3：制作短视频常用热门特效转场

本综合实例使用【定向模糊】效果将图片制作出摇晃模糊的镜头效果。本综合实例效果如图5-243所示。

扫一扫，看视频

图5-243

（1）在【项目】面板中，右击并选择【新建合成】，在弹出的【合成设置】对话框中设置【合成名称】为【合成1】，【预设】为【自定义】，【宽度】为1000px，【高度】为625px，【像素长宽比】为【方形像素】，【帧速率】为24帧/秒，【分辨率】为【完整】，【持续时间】为3秒。执行【文件】/【导入】/【文件...】命令，导入全部素材，在【项目】面板中依次将1.jpg~3.jpg素材拖曳到【时间轴】面板中，如图5-244所示，设置2.jpg图层起始时间为第1秒，3.jpg图层起始时间为第2秒。

（2）在【效果和预设】面板中搜索【定向模糊】效果，并将该效果拖曳到【时间轴】面板中【1.jpg】图层上，如图5-2445所示。

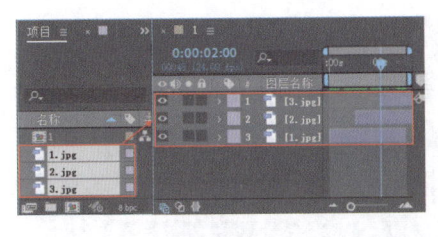

图5-244 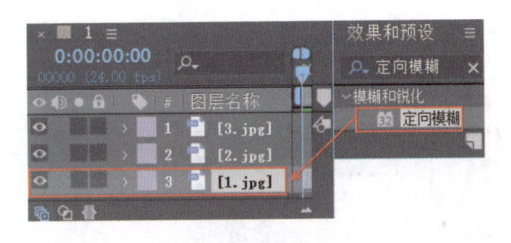　　　　　　　　　　　　　图5-245

（3）在【时间轴】面板中打开【1.jpg】图层下方的【效果】/【定向模糊】，将时间线拖动到起始位置处，单击【模糊长度】前方的【时间变化秒表】按钮，开启自动关键帧，设置【模糊长度】为【0.0】，如图5-246所示。将时间线滑动到第8帧位置，设置【模糊长度】为【150.0】；将时间线滑动到第9帧位置，设置【模糊长度】为【9.0】；将时间线滑动到第10帧位置，设置【模糊长度】为【14.0】；将时间线滑动到第11帧位置，设置【模糊长度】为【0.0】；将时间线滑动到第12帧位置，设置【模糊长度】为【5.0】；最后将时间线滑动到第14帧位置，设置【模糊长度】为【0.0】。画面效果如图5-247所示。

125

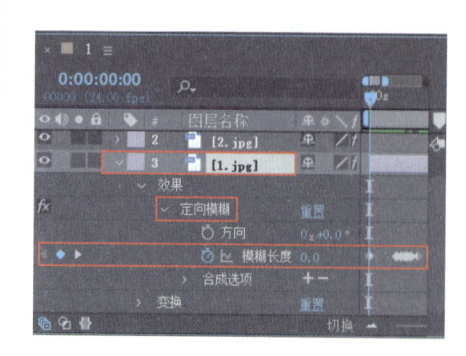

图5-246

图5-247

（4）在【时间轴】面板中将时间线滑动到第1秒位置，选择【1.jpg】图层下方的【定向模糊】效果，使用快捷键Ctrl+C复制，接着选择【2.jpg】图层，使用快捷键Ctrl+V粘贴，如图5-248所示。

（5）打开【2.jpg】图层下方的【定向模糊】效果，设置【方向】为【0x+90°】，如图5-249所示。画面效果如图5-250所示。

（6）用同样的方式在【时间轴】面板中将时间线滑动到第2秒位置，选择【2.jpg】图层下方的【定向模糊】效果，使用快捷键Ctrl+C复制，选择【3.jpg】图层，使用快捷键Ctrl+V粘贴，如图5-251所示。

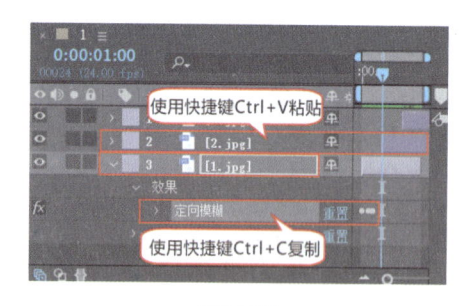

图5-248

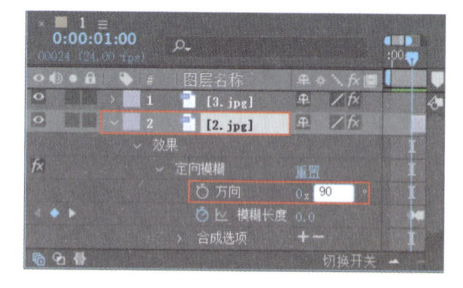

图5-249

图5-250

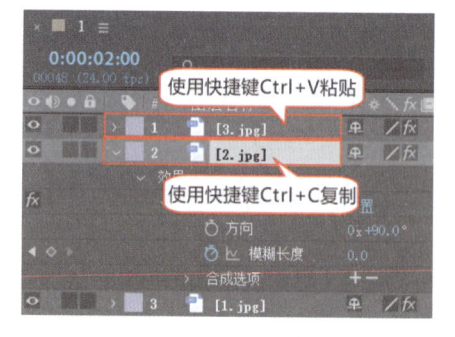

图5-251

（7）打开【3.jpg】图层下方的【定向模糊】效果，更改【方向】为【0x+60.0°】，如图5-252所示。此时画面效果如图5-253所示。

（8）滑动时间线查看制作效果，如图5-254所示。

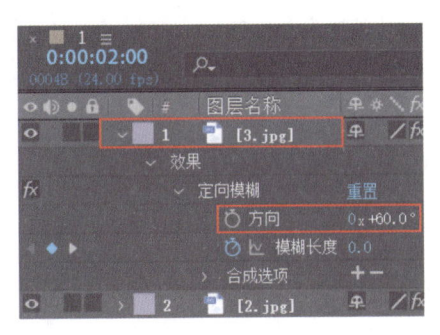

图 5-252

图 5-253

图 5-254

5.17 课后练习：制作电流变换动画效果

文件路径：Chapter 05　常用视频效果→课后练习：制作电流变换动画效果

在After Effects中除了可以制作常规的、可控的效果之外，还可以制作随机的、混乱的动画效果，随机的美是更具想象力的艺术，本课后练习将模拟抽象的电流变换动画。本课后练习先使用【椭圆工具】绘制一个正圆，接着使用【湍流置换】效果，并设置参数，制作抽象的电流变换动画。动画效果如图5-255所示。

（1）在【项目】面板中，右击并执行【新建合成】，在弹出的【合成设置】对话框中设置【合成名称】为【合成1】，【预设】为【NTSC D1 方形像素】，【宽度】为720

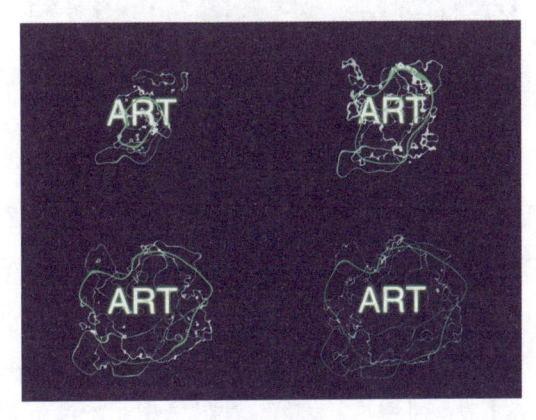

图 5-255

像素,【高度】为534像素,【像素长宽比】为【方形像素】,【帧速率】为29.97帧/秒,【分辨率】为【完整】,【持续时间】为5秒。在【时间轴】面板中的空白位置处右击并执行【新建】/【纯色】命令。在弹出的【纯色设置】对话框中设置【名称】为【中等灰色-蓝色 纯色1】,【颜色】为深蓝色,如图5-256所示。

（2）在【时间轴】面板中的空白位置处右击，执行【新建】/【文本】命令。在【字符】面板中设置合适的字体，设置【填充颜色】为白色,【描边颜色】为无,【字体大小】为100像素,在【段落】面板中选择【居中对齐文本】按钮，设置完成后在画面中合适位置处输入文字ART,如图5-257所示。

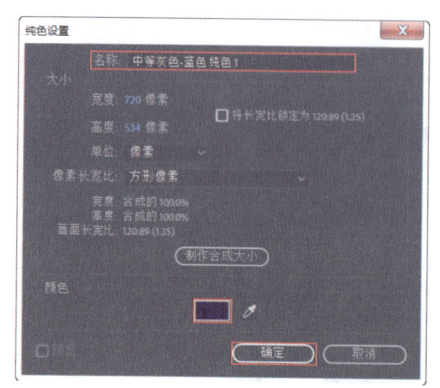

图5-256　　　　　　　　　　　图5-257

（3）选择该文本图层，在【时间轴】面板中右击，在弹出的快捷菜单中执行【图层样式】/【外发光】命令。在【时间轴】面板中打开文本图层下方的【图层样式】/【外发光】,设置【颜色】为荧光绿,【大小】为【10.0】,打开【变换】,设置【位置】为【344.0,284.0】,如图5-258所示。此时文字效果如图5-259所示。

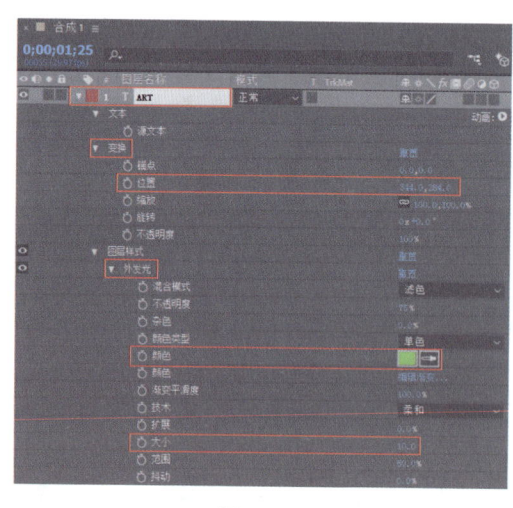

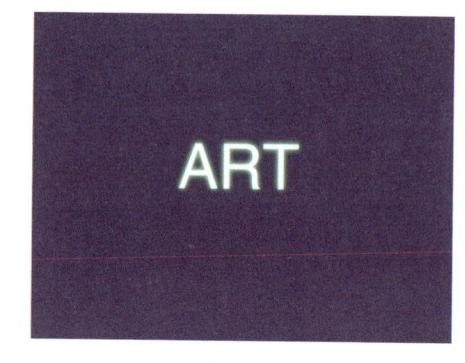

图5-258　　　　　　　　　　　图5-259

（4）在【时间轴】面板中单击空白处不选择任何图层,在工具栏中选择【椭圆工具】,设置【填充】为无,【描边】为绿色,描边宽度为25像素,接着在【合成】面板中的合适位置按住Shift键的同时按住鼠标左键绘制一个正圆,如图5-260所示。

（5）在【时间轴】面板中打开形状图层1下方的【内容】/【椭圆1】/【描边1】及【变换】，将时间线拖动到起始帧位置，单击【描边宽度】和【缩放】前的【时间变化秒表】按钮，设置【描边宽度】为【25.0】，【缩放】为【0,0%】。继续将时间线滑动到第2秒位置，设置【描边宽度】为【0.0】，【缩放】为【100.0,100.0%】，接着设置【位置】为【353.0,220.0】，如图5-261所示。接着框选第2秒位置处的两个关键帧，右击，执行【关键帧辅助】/【缓出】命令，此时关键帧变为 状态，如图5-262所示。

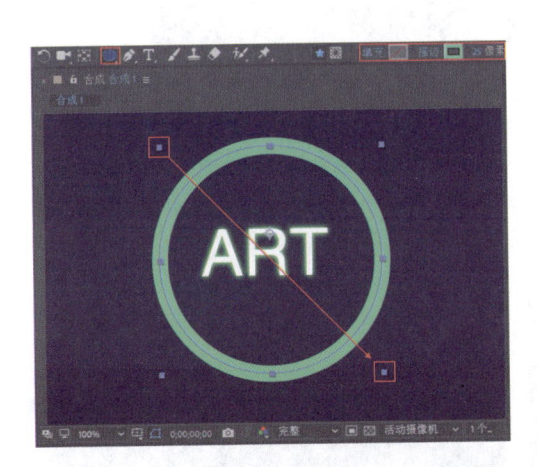

图5-260

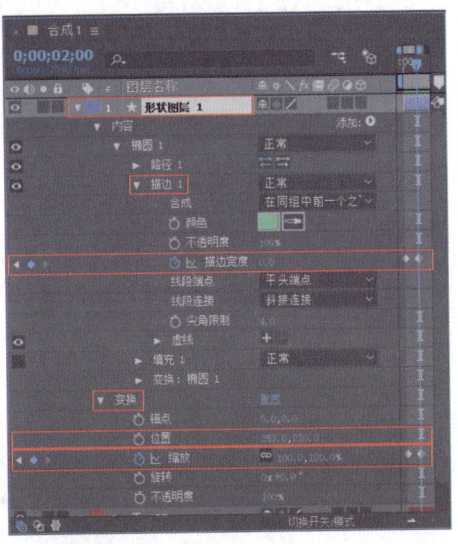

图5-261

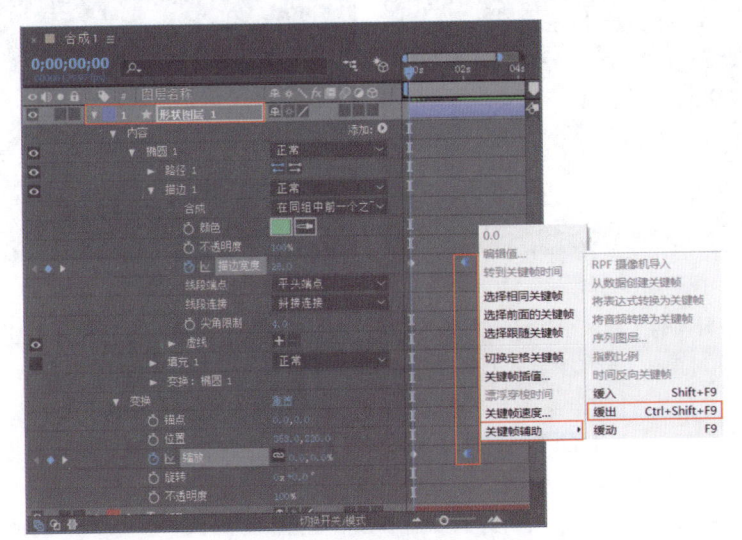

图5-262

（6）此时滑动时间线查看当前画面效果，更改关键帧后的状态更加平缓自然，如图5-263所示。

（7）在【效果和预设】面板中搜索【湍流置换】效果，并将它拖曳到【时间轴】面板中的形状图层1上，如图5-264所示。

129

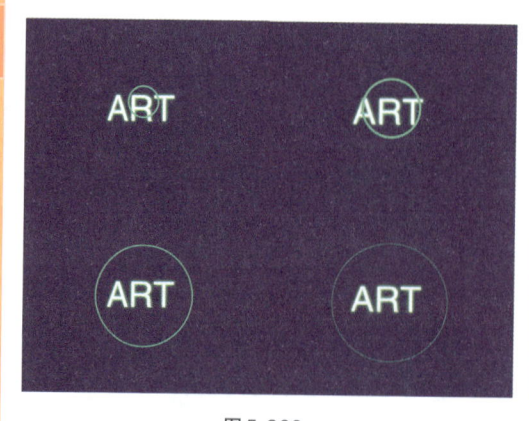

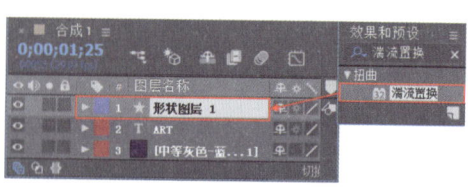

图5-263

图5-264

(8) 在【时间轴】面板中打开形状图层1下方的【效果】/【湍流置换】,设置【数量】为【80.0】,【大小】为【70.0】,【复杂度】为【2.3】,将时间线滑动到起始帧位置,单击【演化】前的【时间变化秒表】按钮,设置【演化】为【0x+0.0°】,继续将时间线滑动到结束帧位置,设置【演化】为【1x+0.0°】,如图5-265所示。此时滑动时间线查看画面效果,如图5-266所示。

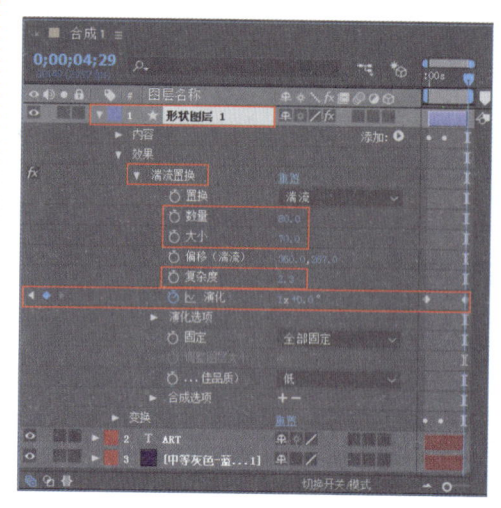

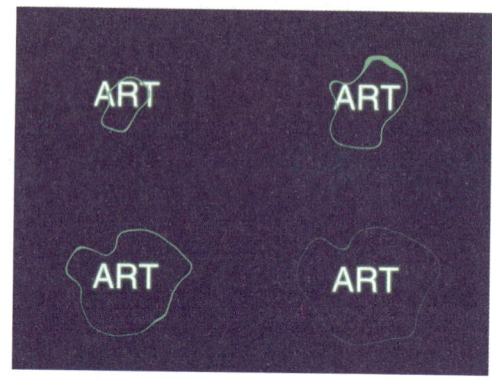

图5-265

图5-266

(9) 在【时间轴】面板中选择【形状图层1】,使用快捷键Ctrl+D复制图层,如图5-267所示。

(10) 在【时间轴】面板中打开【形状图层2】下方的【内容】/【椭圆1】/【描边1】,更改【颜色】为较浅一些的薄荷绿色,接着打开【效果】/【湍流置换】,更改【数量】为【230.0】,【大小】为【130.0】,【复杂度】为【4.0】,将时间线滑动到结束帧位置,更改【演化】参数为【0x+200.0°】,如图5-268所示。此时滑动时间线查看画面效果,如图5-269所示。

(11) 在【时间轴】面板中选择【形状图层2】,使用快捷键Ctrl+D复制图层,此时出现【形状图层3】,如图5-270所示。

(12) 在【时间轴】面板中打开【形状图层3】下方的【内容】/【椭圆1】/【描边1】,更改【颜色】为浅蓝色,将时间线滑动到起始帧位置,更改【描边宽度】为【32.0】,如图5-271所示。接着打开【效果】/【湍流置换】,更改【大小】为【55.0】,【复杂度】为【5.0】,将时间线滑动到结束帧位置,更改【演化】为【0x+110.0°】,如图5-272所示。

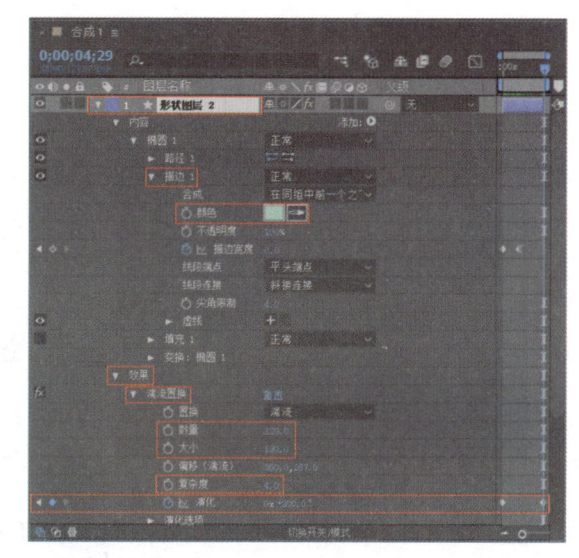

图 5-267

图 5-268

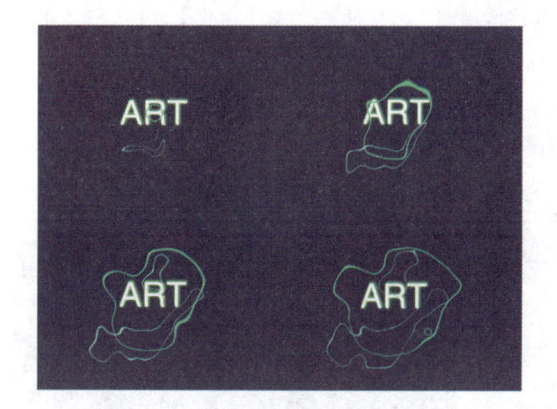

图 5-269

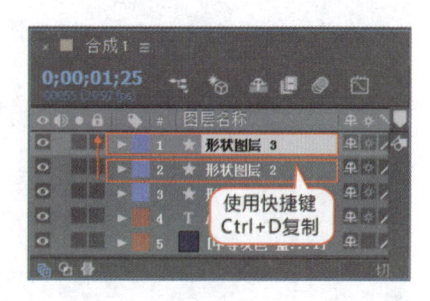

图 5-270

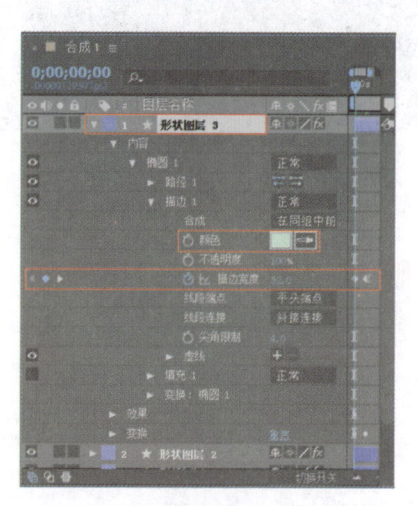

图 5-271

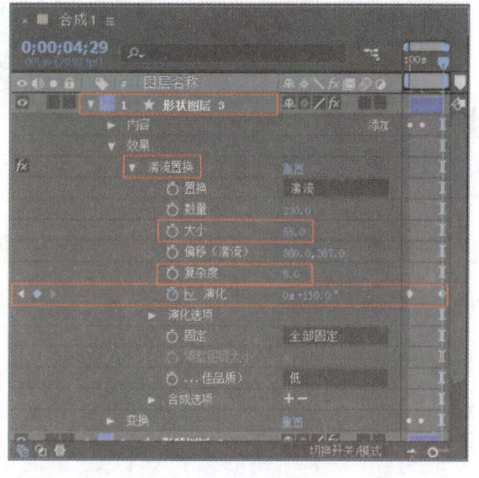

图 5-272

（13）此时滑动时间线查看画面效果，如图 5-273 所示。

（14）用同样的方式在【时间轴】面板中选择【形状图层 3】，使用快捷键 Ctrl+D 复制图层，此时得到【形状图层 4】，如图 5-274 所示。

图 5-273 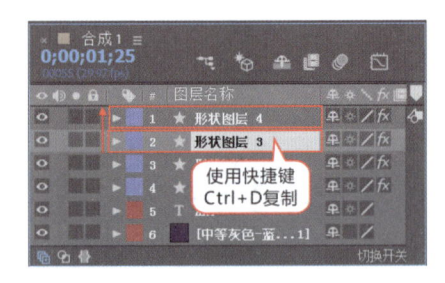　　　　　　　　　　　　　图 5-274

（15）在【时间轴】面板中打开【形状图层 4】下方的【内容】/【椭圆 1】/【描边 1】，更改【颜色】为更浅一些的淡绿色，接着打开【效果】/【湍流置换】，更改【数量】为【120.0】,【大小】为【40.0】，设置【偏移（湍流）】为【148.0,267.0】，将时间线滑动到结束帧位置，更改【演化】为【$0_x+235.0°$】，如图 5-275 所示。本课后练习制作完成，滑动时间线查看画面效果，如图 5-276 所示。

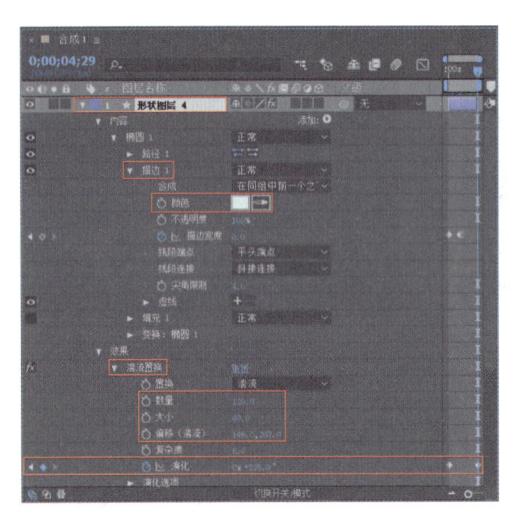

图 5-275 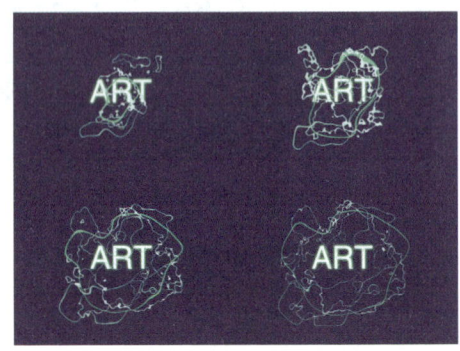　　　　　　　　　　　　　图 5-276

5.18　随堂测试

1. 知识考查

为素材添加相应的效果，制作特效。

2. 实战演练

参考给定作品，制作下雪的动画特效。

参考效果	可用工具
	【CC Snowfall】效果

3. 项目实操

为素材制作下雪动画特效。

要求：

（1）使用任意素材。

（2）可应用【CC Snowfall】效果制作下雪动画特效。

常用调色效果

Chapter 06

📢 学时安排

总学时：4 学时。
理论学时：1 学时。
实践学时：3 学时。

📢 教学内容概述

调色效果用于调整视频或图像的色调、饱和度、亮度和对比度等属性。本章将介绍如何使用 Lumetri 颜色、色阶、曲线、颜色平衡等调色效果进行色彩校正和调色，以实现特定的视觉风格或氛围。

📢 教学目标

- 认识调色效果。
- 掌握不同通道类效果的应用。
- 利用颜色校正类效果进行颜色校正、调色。

6.1 认识调色

所谓的"调色"是通过调整图像的明暗（亮度）、对比度、曝光度、饱和度、色相、色调等方面，从而实现图像整体颜色的改变。但如此多的调色命令，在真正调色时要从何处入手呢？我们需要把握住以下几点。

1. 校正画面整体的颜色错误

处理一个作品时，通过对图像整体的观察，最先考虑的就是整体的颜色有没有"错误"。比如偏色（画面过于偏向暖色调/冷色调，偏紫色、偏绿色等）、画面太亮（曝光过度）、太暗（曝光不足）、偏灰（对比度低，整体看起来灰蒙蒙的）、明暗反差过大等。如果出现这些情况，就要对以上问题进行处理，使作品变为曝光正确、色彩正常的图像，如图6-1和图6-2所示。

图6-1　　　　　　　　　　　　　　图6-2

如果是对新闻图片进行处理，可能无须对画面进行美化，而需要最大限度地保留画面真实度，那么图像的调色可能到这里就结束了。如果想要进一步美化图像，接下来需要继续进行处理。

2. 细节美化

通过对整体的处理，我们已经得到了一个正常的图像。虽然图像是基本正确的，但是仍然可能存在一些不尽如人意的细节。比如想要重点突出的部分比较暗（图6-3），照片背景颜色不美观（图6-4）。

想要制作同款产品不同颜色的效果图（图6-5），改变人物头发、嘴唇、瞳孔的颜色（图6-6），对这些细节进行处理也是非常必要的，因为画面的重点常常就集中在一个很小的部分。调整图层非常适合用来处理画面的细节。

图6-3 　　　　　　　　　　　　　　图6-4

135

图6-5

图6-6

3. 帮助元素融入画面

在制作一些设计作品或者创意合成作品时，经常需要在原有画面中添加一些其他元素，例如在版面中添加主体人像；为人物添加装饰物；在海报中的产品周围添加一些陪衬元素；为整个画面更换一个新背景等。当后添加的元素出现在画面中时，可能会感觉合成得很"假"，或颜色看起来很奇怪。除去元素内容、虚实程度、大小比例、透视角度等问题，最大的可能性就是新元素与原始图像的颜色不统一。例如环境中的元素均为偏冷的色调，而人物则偏暖，如图6-7所示。这时就需要对色调倾向不同的内容进行调色操作了。

新换的背景颜色过于浓艳，与主体人像风格不一致时，也需要进行饱和度及颜色倾向的调整，如图6-8所示。

图6-7

图6-8

4. 强化气氛，辅助主题表现

通过前面几个步骤的处理，画面整体、细节及新增的元素颜色都变得正确了。但是单纯正确的颜色是不够的，很多时候我们想要使自己的作品脱颖而出，需要的是超越其他作品的视觉感受。所以，我们需要对图像的颜色进行进一步的调整，而这里的调整应与图像主题相契合，图6-9和图6-10所示为表现不同主题的不同色调作品。

图6-9

图6-10

6.2 通道类效果

【通道】效果是可以控制、混合、移除和转换图像的通道，包括【最小/最大】【复合运算】【通道合成器】【CC Composite】【转换通道】【反转】【固态层合成】【混合】【移除颜色遮罩】【算术】【计算】【设置通道】和【设置遮罩】，如图6-11所示。

图6-11

6.2.1 最小/最大

【最小/最大】效果是为像素的每个通道分配指定半径内该通道的最小或最大像素。使用前后对比如图6-12所示。

（a）使用前　　　（b）使用后

图6-12

6.2.2 复合运算

【复合运算】效果可以在图层之间执行数学运算。使用前后对比如图6-13所示。

（a）使用前　　　（b）使用后

图6-13

6.2.3 通道合成器

【通道合成器】效果可以提取、显示和调整图层的通道值。使用前后对比如图6-14所示。

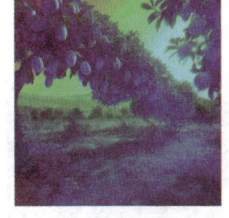

（a）使用前　　　（b）使用后

图6-14

6.2.4 CC Composite（CC合成）

【CC Composite】（CC合成）效果需与原层混合才能形成复合层效果。使用前后对比如图6-15所示。

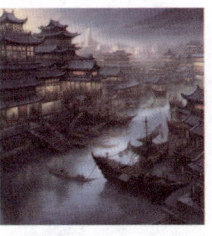

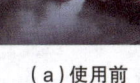

（a）使用前　　　（b）使用后

图6-15

6.2.5 转换通道

【转换通道】效果可以将Alpha、红色、

137

绿色、蓝色通道进行替换。使用前后对比如图6-16所示。

（a）使用前　　　（b）使用后

图6-16

6.2.6　反转

【反转】效果可以将画面颜色进行反转。使用前后对比如图6-17所示。

（a）使用前　　　（b）使用后

图6-17

6.2.7　固态层合成

【固态层合成】效果能够用一种颜色与当前图层进行模式和透明度的合成，也可以用一种颜色填充当前图层。使用前后对比如图6-18所示。

（a）使用前　　　（b）使用后

图6-18

6.2.8　混合

【混合】效果可以使用不同的模式将两个图层颜色混合叠加在一起，使画面信息更丰富。使用前后对比如图6-19所示。

（a）使用前　　　（b）使用后

图6-19

6.2.9　移除颜色遮罩

【移除颜色遮罩】效果可以从带有预乘颜色通道的图层中移除色晕。

6.2.10　算术

【算术】效果可以对红色、绿色和蓝色通道执行多种算术函数。使用前后对比如图6-20所示。

（a）使用前　　　（b）使用后

图6-20

6.2.11　计算

【计算】效果可以将两个图层的通道进行合并处理。使用前后对比如图6-21所示。

（a）使用前　　　（b）使用后

图6-21

6.2.12 设置通道

【设置通道】效果可以将图层的通道设置为其他图层的通道。使用前后对比如图 6-22 所示。

（a）使用前　　　　（b）使用后

图 6-22

6.2.13 设置遮罩

【设置遮罩】效果可以创建移动遮罩效果，并将图层的 Alpha 通道替换为另一个图层的通道。使用前后对比如图 6-23 所示。

（a）使用前　　　　（b）使用后

图 6-23

6.3 颜色校正类效果

【颜色校正】可以更改画面色调，营造不同的视觉效果，包括【三色调】【通道混合器】【阴影/高光】【CC Color Neutralizer】【CC Color Offset】【CC Kernel】【CC Toner】【照片滤镜】【Lumetri 颜色】【PS 任意映射】【灰度系数/基值/增益】【色调】【色调均化】【色阶】【色阶（单独控件）】【色光】【色相/饱和度】【广播颜色】【亮度和对比度】【保留颜色】【可选颜色】【曝光度】【曲线】【更改为颜色】【更改颜色】【自然饱和度】【自动色阶】【自动对比度】【自动颜色】【视频限幅器】【颜色稳定器】【颜色平衡】【颜色平衡（HLS）】【颜色链接】和【黑色和白色】，如图 6-24 所示。

图 6-24

6.3.1 三色调

【三色调】效果可以设置高光、中间调和阴影的颜色，使画面更改为三种颜色的效果。使用前后对比如图 6-25 所示。

（a）使用前　　　　（b）使用后

图 6-25

6.3.2 通道混合器

【通道混合器】效果是用当前彩色通道的值来修改颜色。使用前后对比如图 6-26 所示。

（a）使用前　　　　（b）使用后

图 6-26

6.3.3 阴影/高光

【阴影/高光】效果可以使较暗区域变亮，使高光变暗。使用前后对比如图6-27所示。

（a）使用前　　　（b）使用后

图6-27

6.3.4 CC Color Neutralizer（CC 色彩中和）

【CC Color Neutralizer】（CC色彩中和）效果可以对颜色进行中和校正。使用前后对比如图6-28所示。

（a）使用前　　　（b）使用后

图6-28

6.3.5 CC Color Offset（CC色彩偏移）

【CC Color Offset】（CC色彩偏移）效果可以调节红、绿、蓝三个通道。使用前后对比如图6-29所示。

（a）使用前　　　（b）使用后

图6-29

6.3.6 CC Kernel（CC 内核）

【CC Kernel】（CC内核）效果可以制作一个3×3的卷积内核。使用前后对比如图6-30所示。

（a）使用前　　　（b）使用后

图6-30

6.3.7 CC Toner（CC 碳粉）

【CC Toner】（CC碳粉）效果可以调节色彩的高光、中间调和阴影的色调并进行替换。使用前后对比如图6-31所示。

（a）使用前　　　（b）使用后

图6-31

6.3.8 照片滤镜

【照片滤镜】效果可以对Photoshop照片进行滤镜调整，使其产生某种颜色的偏色效果。使用前后对比如图6-32所示。

（a）使用前　　　（b）使用后

图6-32

6.3.9 Lumetri 颜色

【Lumetri 颜色】效果是一种强大的、专业的调色效果，包含多种参数，可以用具有创意的方式按序列调整颜色、对比度和光照。使用前后对比如图 6-33 所示。

(a) 使用前　　　　(b) 使用后

图 6-33

6.3.10 PS 任意映射

【PS 任意映射】效果可以调整图像色调亮度，它借助在 Photoshop 中绘制并保存的映射文件应用于 After Effects 图层。使用前后对比如图 6-34 所示。

(a) 使用前　　　　(b) 使用后

图 6-34

6.3.11 灰度系数/基值/增益

【灰度系数/基值/增益】效果可以单独调整每个通道的伸缩、系数、基值、增益参数。使用前后对比如图 6-35 所示。

(a) 使用前　　　　(b) 使用后

图 6-35

6.3.12 色调

【色调】效果可以使画面产生两种颜色的变化效果。使用前后对比如图 6-36 所示。

(a) 使用前　　　　(b) 使用后

图 6-36

6.3.13 色调均化

【色调均化】效果可以重新分布像素值以达到更均匀的亮度和颜色。使用前后对比如图 6-37 所示。

(a) 使用前　　　　(b) 使用后

图 6-37

6.3.14 色阶

【色阶】效果可以通过调整画面中的黑色、白色、灰色这三种颜色的明度色阶数值改变颜色。使用前后对比如图 6-38 所示。

(a) 使用前　　　　(b) 使用后

图 6-38

6.3.15 色阶(单独控件)

【色阶(单独控件)】效果与【色阶】效果

141

类似，而且可以为每个通道单独调整颜色值。使用前后对比如图6-39所示。

（a）使用前　　　　（b）使用后

图6-39

6.3.16 色光

【色光】效果可以使画面产生强烈的高饱和度色彩光亮效果。使用前后对比如图6-40所示。

（a）使用前　　　　（b）使用后

图6-40

6.3.17 色相/饱和度

【色相/饱和度】效果可以调节各个通道的色相、饱和度和亮度效果。使用前后对比如图6-41所示。

（a）使用前　　　　（b）使用后

图6-41

6.3.18 广播颜色

【广播颜色】效果应用于设置广播电视播出的信号振幅数值。

6.3.19 亮度和对比度

【亮度和对比度】效果可以调整亮度和对比度。使用前后对比如图6-42所示。

（a）使用前　　　　（b）使用后

图6-42

6.3.20 保留颜色

【保留颜色】效果可以单独保留作品中的一个颜色，其他颜色变为灰色。使用前后对比如图6-43所示。

（a）使用前　　　　（b）使用后

图6-43

6.3.21 可选颜色

【可选颜色】效果可以对画面中不平衡的颜色进行校正，还可以选择画面中的某些特定颜色，对其进行颜色调整。使用前后对比如图6-44所示。

（a）使用前　　　　（b）使用后

图6-44

6.3.22 曝光度

【曝光度】效果可以设置画面的曝光效果。使用前后对比如图6-45所示。

（a）使用前　　　　（b）使用后

图6-45

6.3.23 曲线

【曲线】效果可以调整图像的曲线亮度。使用前后对比如图6-46所示。

（a）使用前　　　　（b）使用后

图6-46

6.3.24 更改为颜色

【更改为颜色】效果可以通过吸取作品中的某种颜色，将其更改为另外一种颜色。使用前后对比如图6-47所示。

（a）使用前　　　　（b）使用后

图6-47

6.3.25 更改颜色

【更改颜色】效果可以吸取画面中的某种颜色，设置颜色的色相、饱和度和亮度从而更改颜色。使用前后对比如图6-48所示。

（a）使用前　　　　（b）使用后

图6-48

6.3.26 自然饱和度

【自然饱和度】效果可以对图像进行自然饱和度、饱和度的调整。使用前后对比如图6-49所示。

（a）使用前　　　　（b）使用后

图6-49

6.3.27 自动色阶

【自动色阶】效果可以将图像各颜色通道中最亮和最暗的值映射为白色和黑色，然后重新分配中间的值。使用前后对比如图6-50所示。

（a）使用前　　　　（b）使用后

图6-50

143

6.3.28 自动对比度

【自动对比度】效果可以自动调整画面的对比度。使用前后对比如图6-51所示。

（a）使用前　　　（b）使用后

图6-51

6.3.29 自动颜色

【自动颜色】效果可以自动调整画面颜色。使用前后对比如图6-52所示。

（a）使用前　　　（b）使用后

图6-52

6.3.30 颜色稳定器

【颜色稳定器】效果可以稳定图像的亮度、色阶、曲线，常用于移除素材中的闪烁，以及均衡素材的曝光和因改变照明情况引起的色移。使用前后对比如图6-53所示。

（a）使用前　　　（b）使用后

图6-53

6.3.31 颜色平衡

【颜色平衡】效果可以调整颜色的红、绿、蓝通道的平衡，以及阴影、中间调、高光的平衡。使用前后对比如图6-54所示。

（a）使用前　　　（b）使用后

图6-54

6.3.32 颜色平衡（HLS）

【颜色平衡（HLS）】效果可以调整色相、亮度和饱和度通道的数值，从而改变颜色。使用前后对比如图6-55所示。

（a）使用前　　　（b）使用后

图6-55

6.3.33 颜色链接

【颜色链接】效果可以使用一个图层的平均像素值为另一个图层着色。该效果常用于快速找到与背景图层的颜色匹配的颜色。使用前后对比如图6-56所示。

（a）使用前　　　（b）使用后

图6-56

6.3.34 黑色和白色

【黑色和白色】效果可以将彩色的图像转换为黑色、白色或单色。使用前后对比如图6-57所示。

(a)使用前 　　　　　　　　(b)使用后

图6-57

实例1：只保留画面中的红色

文件路径：Chapter 06　常用调色效果→实例1：只保留画面中的红色

本实例应用【保留颜色】效果只保留画面中的红色。画面效果如图6-58所示。

（1）执行【文件】/【导入】/【文件...】命令，在弹出的对话框中导入全部素材，如图6-59所示。

（2）将【项目】面板中的【1.mp4】素材拖曳到【时间轴】面板中，如图6-60所示。此时自动生成与素材等大的合成。

图6-58

（3）此时画面效果如图6-61所示。

（4）在【效果和预设】面板中搜索【保留颜色】效果，并将该效果拖曳到【时间轴】面板【1.mp4】素材上，如图6-62所示。

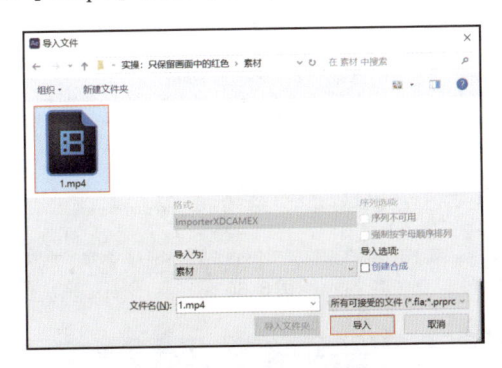

图6-59 　　　　　　　　　　　　　图6-60

图6-61 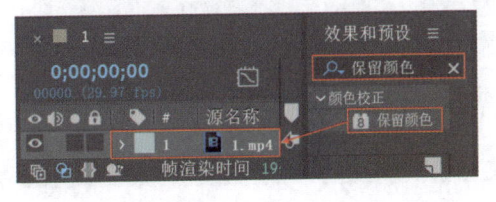　　　　　　　　　　　　　图6-62

145

（5）在【时间轴】面板中选择【1.mp4】素材，在【效果控件】面板中展开【保留颜色】效果，设置【脱色量】为【100.0%】,【要保留的颜色】为深红色,【容差】为【0.0%】,【边缘柔和度】为【14.0%】，如图6-63所示。

（6）此时本实例制作完成，画面前后对比效果如图6-64所示。

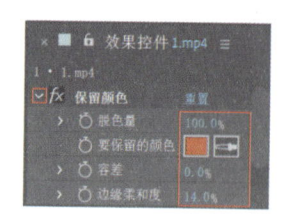

图6-63　　　　　　　　　　　图6-64

实例2：黄色花朵变红色

文件路径：Chapter 06　常用调色效果→实例2：黄色花朵变红色

本实例应用【更改为颜色】效果将画面中的黄色花朵变为红色。画面效果如图6-65所示。

（1）执行【文件】/【导入】/【文件...】命令，在弹出的对话框中导入全部素材，如图6-66所示。

（2）将【项目】面板中的【01.mp4】素材拖曳到【时间轴】面板中，如图6-67所示。此时自动生成与素材等大的合成。

（3）此时画面效果如图6-68所示。

图6-65 　　　　　　　　　　　图6-66

图6-67 　　　　　　　　　　　图6-68

（4）在【效果和预设】面板中搜索【更改为颜色】效果，并将该效果拖曳到【时间轴】面板【01.mp4】素材上，如图6-69所示。

（5）在【时间轴】面板中打开【01.mp4】素材下方的【效果】/【更改为颜色】，设置【自】为黄绿色，如图6-70所示。

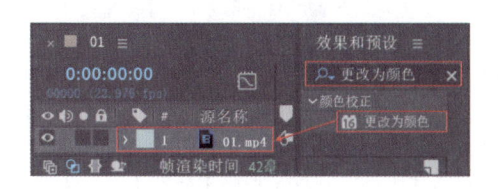

图6-69 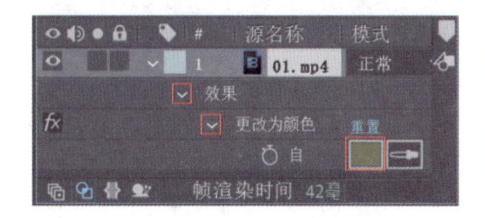　　　　　　　　　　　　　　　图6-70

（6）此时本实例制作完成，画面前后对比效果如图6-71所示。

图6-71

综合实例1：清新颜色

文件路径：Chapter 06　常用调色效果→综合实例1：清新颜色

本综合实例应用【曲线】和【色相/饱和度】效果制作清新色调的图像。画面效果如图6-72所示。

（1）执行【文件】/【导入】/【文件…】命令，在弹出的对话框中导入全部素材，如图6-73所示。

图6-72 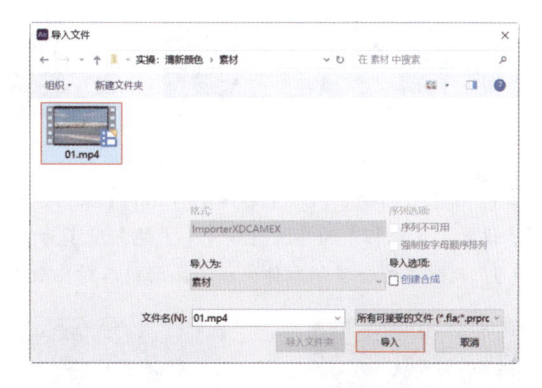　　　　　　　　　　　　　　　图6-73

（2）将【项目】面板中的【01.mp4】素材拖曳到【时间轴】面板中，如图6-74所示。此时自动生成与素材等大的合成。

（3）此时画面效果如图6-75所示。

147

图6-74 　　　　　　　　　　　　　　图6-75

（4）在【效果和预设】面板中搜索【曲线】效果，并将该效果拖曳到【时间轴】面板【01.mp4】素材上，如图6-76所示。

（5）在【时间轴】面板中选择【01.mp4】素材，在【效果控件】面板中展开【曲线】效果，设置【通道】为【RGB】，接着在曲线上添加控制点调整曲线形状，如图6-77所示。

图6-76 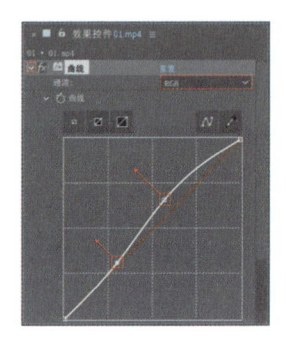　　　　　　　　　　　　　　图6-77

（6）此时画面效果如图6-78所示。

（7）在【效果和预设】面板中搜索【色相/饱和度】效果，并将该效果拖曳到【时间轴】面板【01.mp4】素材上，如图6-79所示。

图6-78 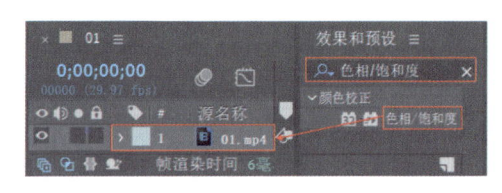　　　　　　　　　　　　　　图6-79

（8）在【时间轴】面板中选择【01.mp4】素材，在【效果控件】面板中展开【色相/饱和度】效果，设置【主色相】为【$0_x+1.0°$】，【主饱和度】为【32】，【主亮度】为【-2】，如图6-80所示。

（9）此时本综合实例制作完成，画面前后对比效果如图6-81所示。

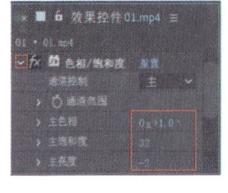

图6-80 　　　　　　　　　　　　　　图6-81

综合实例2：美食调色

文件路径：Chapter 06　常用调色效果→综合实例2：美食调色

本综合实例应用【曲线】效果为美食调色。画面效果如图6-82所示。

（1）执行【文件】/【导入】/【文件...】命令，在弹出的对话框中导入全部素材，如图6-83所示。

图6-82 　　　　　　　　　　图6-83

（2）将【项目】面板中的【01.jpg】素材拖曳到【时间轴】面板中，如图6-84所示。此时自动生成与素材等大的合成。

（3）此时画面效果如图6-85所示。

（4）在【效果和预设】面板中搜索【曲线】效果，并将该效果拖曳到【时间轴】面板【01.jpg】素材上，如图6-86所示。

图6-84 　　　　　　图6-85 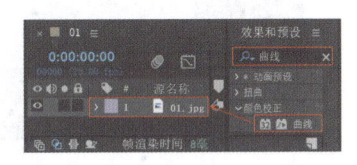　　　　　　图6-86

（5）在【时间轴】面板中选择【01.jpg】素材，在【效果控件】面板中展开【曲线】效果，设置【通道】为【RGB】，接着在曲线上添加控制点调整曲线形状，如图6-87所示。

（6）设置【通道】为【红色】，并在曲线上添加控制点调整曲线形状，如图6-88所示。

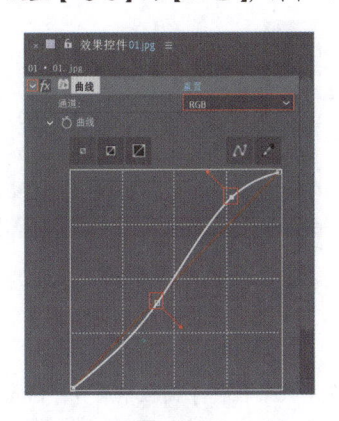

图6-87 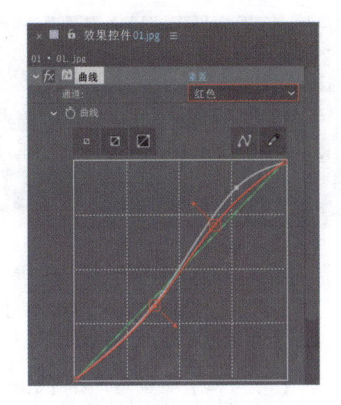　　　　　　　　　　图6-88

（7）此时本综合实例制作完成，画面前后对比效果如图6-89所示。

149

图6-89

综合实例3：悬疑调色

文件路径：Chapter 06　常用调色效果→综合实例3：悬疑调色

本综合实例应用【Lumetri 颜色】效果调整画面颜色，制作悬疑效果。画面效果如图6-90所示。

（1）执行【文件】/【导入】/【文件...】命令，在弹出的对话框中导入全部素材，如图6-91所示。

图6-90 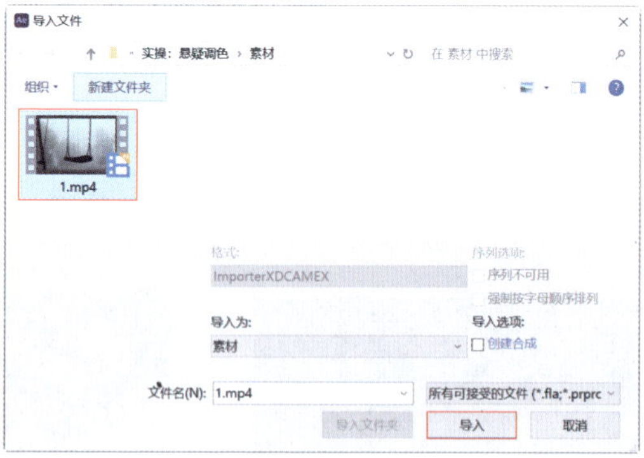　　　　　　　　　　　　　图6-91

（2）将【项目】面板中的【1.mp4】素材拖曳到【时间轴】面板中，如图6-92所示。此时自动生成与素材等大的合成。

（3）此时画面效果如图6-93所示。

图6-92 　　　　　　　　　　　　　图6-93

（4）在【效果和预设】面板中搜索【Lumetri 颜色】效果，并将该效果拖曳到【时间轴】面板【1.mp4】素材上，如图6-94所示。

（5）在【时间轴】面板中选择【1.mp4】素材，在【效果控件】面板中展开【Lumetri 颜色】效果，展开【基本校正】/【颜色】，设置【色温】为【−30.0】,【色调】为【−29.0】,接着展开【轻】,设置【曝光度】为【−0.3】，如图6-95所示。

图6-94

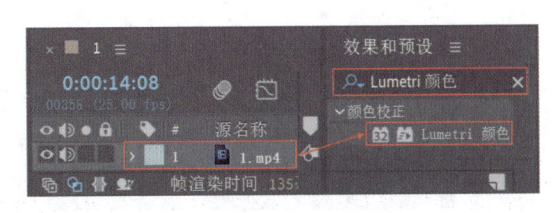

图6-95

（6）此时画面效果如图6-96所示。

（7）展开【创意】/【调整】，设置【淡化胶片】为【2.0】，【锐化】为【8.0】，【自然饱和度】为【-3.0】，如图6-97所示。

图6-96

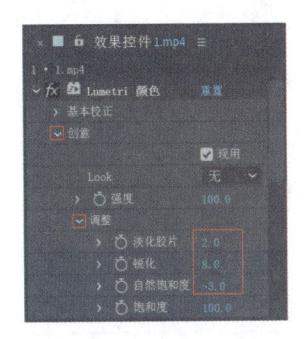

图6-97

（8）此时画面效果如图6-98所示。

（9）展开【曲线】/【RGB 曲线】，单击【RGB 通道】，接着在曲线上添加控制点调整曲线形状，如图6-99所示。

图6-98

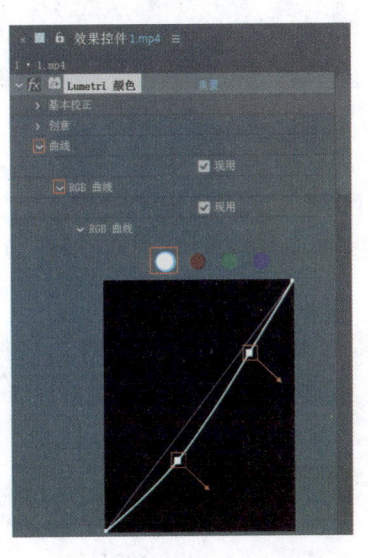

图6-99

(10)此时本综合实例制作完成,画面前后对比效果如图6-100所示。

图6-100

6.4 课后练习:制作老照片效果

文件路径:Chapter 06 常用调色效果→课后练习:制作老照片效果

本课后练习应用【三色调】【杂色】【蒙尘与划痕】和【毛边】效果制作老照片效果。画面效果如图6-101所示。

(1)执行【文件】/【导入】/【文件…】命令,在弹出的对话框中导入全部素材,如图6-102所示。

图6-101

图6-102

(2)将【项目】面板中的【01.mp4】素材拖曳到【时间轴】面板中,如图6-103所示。此时自动生成与素材等大的合成。

(3)此时画面效果如图6-104所示。

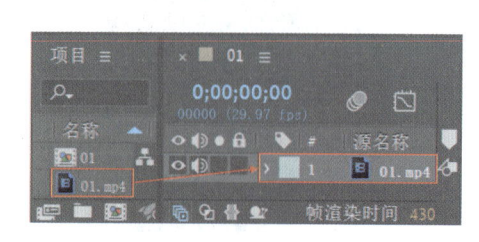

图6-103

图6-104

152

（4）在【效果和预设】面板中搜索【三色调】效果，并将该效果拖曳到【时间轴】面板【01.mp4】素材上，如图6-105所示。

（5）此时画面效果如图6-106所示。

图6-105　　　　　　　　　图6-106

（6）在【效果和预设】面板中搜索【杂色】效果，并将该效果拖曳到【时间轴】面板【01.mp4】素材上，如图6-107所示。

（7）在【时间轴】面板中打开【01.mp4】素材下方的【效果】/【杂色】，设置【杂色数量】为【33.0%】，如图6-108所示。

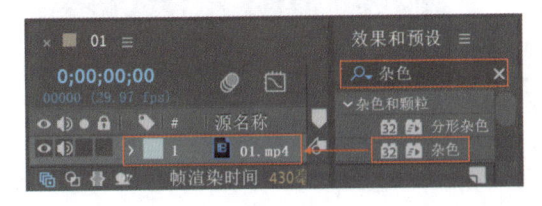

图6-107　　　　　　　　　图6-108

（8）此时画面效果如图6-109所示。

（9）在【效果和预设】面板中搜索【蒙尘与划痕】效果，并将该效果拖曳到【时间轴】面板【01.mp4】素材上，如图6-110所示。

图6-109　　　　　　　　　图6-110

（10）在【时间轴】面板中打开【01.mp4】素材下方的【效果】/【蒙尘与划痕】，设置【半径】为【4】，如图6-111所示。

（11）此时画面效果如图6-112所示。

（12）在【效果和预设】面板中搜索【毛边】效果，并将该效果拖曳到【时间轴】面板【01.mp4】素材上，如图6-113所示。

图6-111 　　　　　　　　　　　　图6-112

（13）在【时间轴】面板中打开【01.mp4】素材下方的【效果】/【毛边】,设置【边界】为【36.00】,【边缘锐度】为【1.15】,如图6-114所示。

（14）此时本课后练习制作完成，画面前后对比效果如图6-115所示。

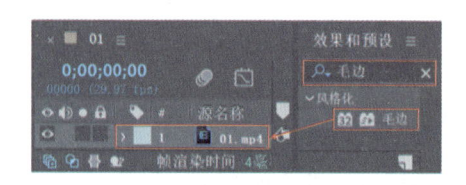

图6-113 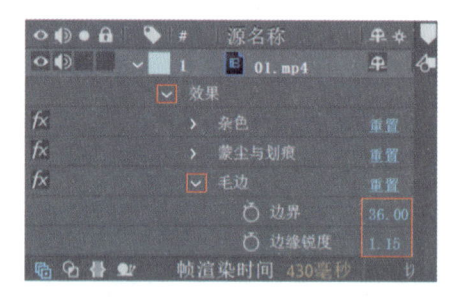　　　　　　　　　　　　图6-114

图6-115

6.5　随堂测试

1. 知识考查

为素材添加相应的调色效果。

2. 实战演练

参考给定作品，添加明亮调色效果。

参考效果	可用工具
	【亮度和对比度】效果、【阴影/高光】效果、【曲线】效果

3. 项目实操

以明亮为要求为偏灰的素材调色。

要求：

（1）使用任意素材，要求素材的色调是灰蒙蒙的。

（2）使用【亮度和对比度】效果改善暗淡的画面色调；使用【阴影/高光】效果均衡画面颜色；使用【曲线】效果使画面颜色呈现得更加明亮。

常用过渡效果

Chapter 07

📣 学时安排

总学时：2学时。
理论学时：1学时。
实践学时：1学时。

📣 教学内容概述

在 After Effects 中使用各种过渡效果可以实现视频片段间的平滑切换。本章将介绍多种视频过渡效果的应用与调整，我们应掌握关键帧动画的使用技巧，以及结合不同效果创建自然流畅的过渡的技巧，提升作品的连贯性和专业度。

📣 教学目标

- 了解视频过渡效果。
- 掌握视频过渡效果的应用。

7.1　什么是过渡

　　After Effects中的过渡是指素材与素材之间的转场动画效果。在制作作品时使用合适的过渡效果，可以提升作品播放的连贯性，呈现出炫酷的动态效果和震撼的视觉效果。例如，影视作品中常用强烈的过渡表达坚定的立场、冲突的镜头；以柔和的过渡表达朦胧的情感、唯美的画面等。

　　【过渡】效果是指在作品中，相邻的两个素材或场景之间平滑衔接的视觉效果。当一个场景淡出时，另一个场景淡入，在视觉上通常会辅助画面传达一系列情感，达到吸引观者兴趣的作用；亦或用于将一个场景连接到另一个场景中，以戏剧性的方式丰富画面，突出画面的亮点，如图7-1所示。

图7-1

实例：使用过渡效果制作美食转场动画

　　文件路径：Chapter 07　常用过渡效果→实例：使用过渡效果制作美食转场动画

　　本实例应用【块溶解】效果和关键帧制作美食转场动画。动画效果如图7-2所示。

扫一扫，看视频

图7-2

　　（1）执行【文件】/【导入】/【文件…】命令，在弹出的对话框中导入全部素材，如图7-3所示。

　　（2）将【项目】面板中的【1.png】素材拖曳到【时间轴】面板中，如图7-4所示。此时自动生成与素材等大的合成。

157

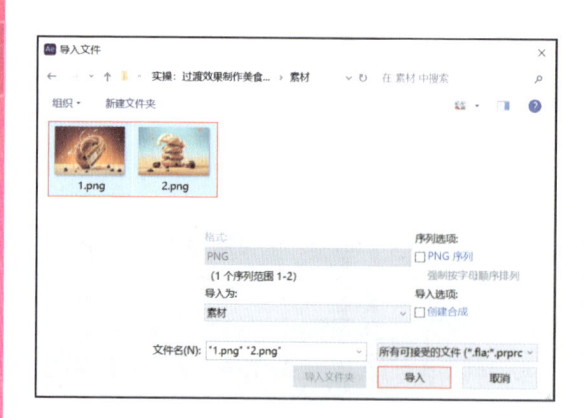

图7-3　　　　　　　　　　　　　图7-4

（3）此时画面效果如图7-5所示。

（4）将【项目】面板中的【2.png】素材拖曳到【时间轴】面板中，如图7-6所示。

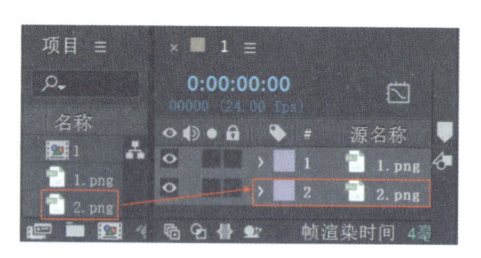

图7-5　　　　　　　　　　　　　图7-6

（5）在【效果和预设】面板中搜索【块溶解】效果，并将该效果拖曳到【时间轴】面板中【1.png】素材上，如图7-7所示。

（6）在【时间轴】面板中打开【1.png】素材下方的【效果】/【块溶解】，将时间线拖动到起始位置处，单击【过渡完成】前方的【时间变化秒表】按钮，设置【过渡完成】为【0%】，将时间线滑动到第1秒位置，设置【过渡完成】为【100%】，接着设置【块宽度】为【50.0】，【块高度】为【50.0】，【羽化】为【10.0】，如图7-8所示。

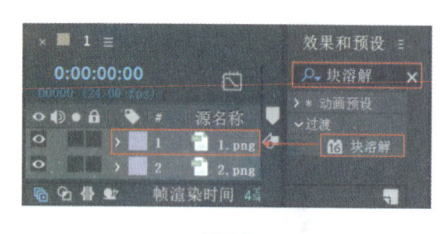

图7-7　　　　　　　　　　　　　图7-8

（7）此时本实例制作完成，滑动时间线查看画面效果，如图7-9所示。

图7-9

7.2 过渡类效果

【过渡】效果可以制作多种切换画面的效果。选择【时间轴】面板中的素材，右击并执行【效果】/【过渡】命令，即可看到包括【渐变擦除】【卡片擦除】【CC Glass Wipe】【CC Grid Wipe】【CC Image Wipe】【CC Jaws】【CC Light Wipe】【CC Line Sweep】【CC Radial Scale Wipe】【CC Scale Wipe】【CC Twister】【CC WarpoMatic】【光圈擦除】【块溶解】【百叶窗】【径向擦除】和【线性擦除】效果，如图7-10所示。

图7-10

7.2.1 渐变擦除

【渐变擦除】效果可以利用图片的明亮度来创建擦除效果，使一个素材逐渐过渡到另一个素材中。添加该效果的画面如图7-11所示。

图7-11

7.2.2 卡片擦除

【卡片擦除】效果可以模拟卡片效果进行过渡。添加该效果的画面如图7-12所示。

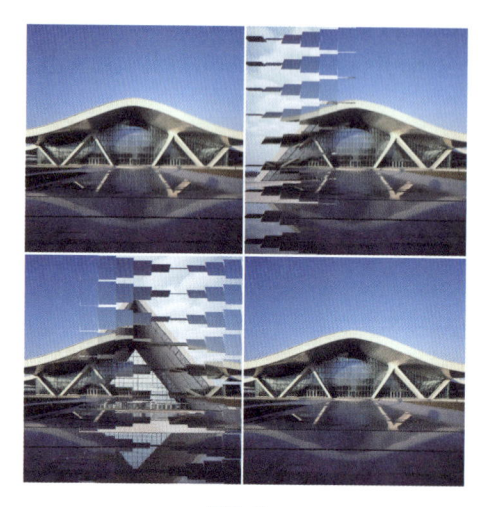

图7-12

7.2.3 CC Glass Wipe（CC玻璃擦除）

【CC Glass Wipe】（CC玻璃擦除）效果可以融化当前层到第2层。添加该效果的画面如图7-13所示。

图7-13

7.2.4 CC Grid Wipe（CC网格擦除）

【CC Grid Wipe】（CC网格擦除）效果可以模拟网格图形进行擦除。添加该效果的画面如图7-14所示。

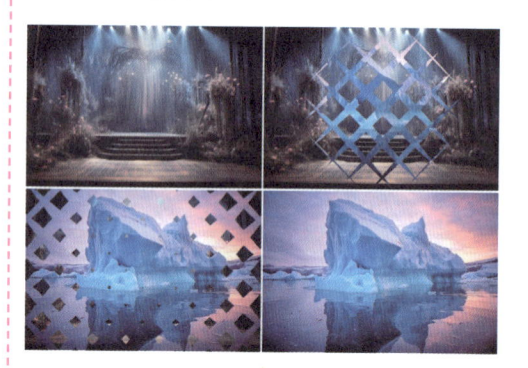

图7-14

7.2.5 CC Image Wipe（CC图像擦除）

【CC Image Wipe】（CC图像擦除）效果可以擦除当前图层。添加该效果的画面如图7-15所示。

图 7-15

7.2.6 CC Jaws(CC 锯齿)

【CC Jaws】（CC锯齿）效果可以模拟锯齿形状进行擦除。添加该效果的画面如图7-16所示。

图 7-16

7.2.7 CC Light Wipe(CC 光线擦除)

【CC Light Wipe】（CC光线擦除）效果可以模拟光线擦拭的效果，以正圆形状逐渐变形到下一素材中。添加该效果的画面如图7-17所示。

图 7-17

7.2.8 CC Line Sweep(CC 行扫描)

【CC Line Sweep】（CC行扫描）效果可以对图像进行逐行扫描擦除。添加该效果的画面如图7-18所示。

图 7-18

7.2.9 CC Radial Scale Wipe(CC 径向缩放擦除)

【CC Radial Scale Wipe】（CC径向缩放擦除）效果可以径向弯曲图层进行画面过渡。添加该效果的画面如图7-19所示。

图 7-19

7.2.10 CC Scale Wipe(CC 缩放擦除)

【CC Scale Wipe】（CC缩放擦除）效果可以通过指定中心点进行拉伸擦除。添加该效果的画面如图7-20所示。

图 7-20

7.2.11 CC Twister（CC 扭曲）

【CC Twister】（CC扭曲）效果可以在选定图层进行扭曲，从而产生画面的切换过渡。添加该效果的画面如图 7-21 所示。

图 7-21

7.2.12 CC WarpoMatic（CC 变形过渡）

【CC WarpoMatic】（CC变形过渡）效果可以使图像产生弯曲变形，并逐渐变为透明的过渡效果。添加该效果的画面如图 7-22 所示。

图 7-22

7.2.13 光圈擦除

【光圈擦除】效果可以通过修改Alpha通道执行星形擦除。添加该效果的画面如图 7-23 所示。

图 7-23

7.2.14 块溶解

【块溶解】效果可以使图层在随机块中消失。添加该效果的画面如图 7-24 所示。

图 7-24

7.2.15 百叶窗

【百叶窗】效果可以通过修改Alpha通道执行定向条纹擦除。添加该效果的画面如图 7-25 所示。

图 7-25

7.2.16 径向擦除

【径向擦除】效果可以通过修改 Alpha 通道进行径向擦除。添加该效果的画面如图 7-26 所示。

图 7-26

7.2.17 线性擦除

【线性擦除】可以通过修改 Alpha 通道进行线性擦除。添加该效果的画面如图 7-27 所示。

图 7-27

7.3 课后练习：制作百叶窗过渡效果

文件路径：Chapter 07　常用过渡效果→课后练习：制作百叶窗过渡效果

本课后练习应用【百叶窗】效果和关键帧制作百叶窗过渡效果。过渡效果如图7-28所示。

（1）执行【文件】/【导入】/【文件...】命令，在弹出的对话框中导入全部素材，如图7-29所示。

图7-28 　　　　　　　　　　　　　图7-29

（2）将【项目】面板中的【1.png】素材拖曳到【时间轴】面板中，如图7-30所示。此时自动生成与素材等大的合成。

（3）此时画面效果如图7-31所示。

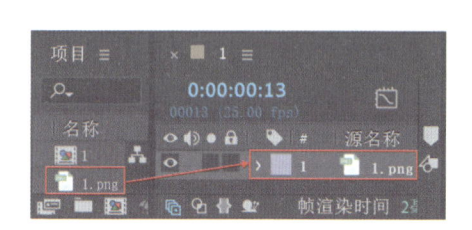

图7-30 　　　　　　　　　　　　　图7-31

（4）将【项目】面板中的【2.png】素材拖曳到【时间轴】面板中，如图7-32所示。

（5）在【效果和预设】面板中搜索【百叶窗】效果，并将该效果拖曳到【时间轴】面板中【2.png】素材上，如图7-33所示。

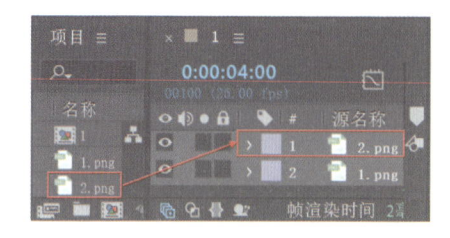

图7-32 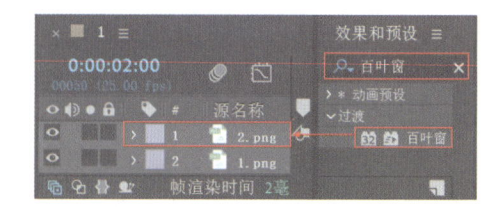　　　　　　　　　　　　　图7-33

（6）在【时间轴】面板中打开【2.png】素材下方的【效果】/【百叶窗】，将时间线拖动到第3秒位置处,单击【过渡完成】前方的【时间变化秒表】按钮,设置【过渡完成】为【0%】,将时间线滑动到第4秒位置,设置【过渡完成】为【100%】,接着设置【方向】为【0x–125.0°】,【宽度】为【111】,【羽化】为【16.0】,如图7-34所示。

(7)此时滑动时间线查看画面效果,如图7-35所示。

图7-34 　　　　　　　　　　　　　图7-35

(8)将【项目】面板中的【3.png】素材拖曳到【时间轴】面板中,如图7-36所示。

(9)此时画面效果如图7-37所示。

图7-36 　　　　　　　　　　　　　图7-37

(10)在【效果和预设】面板中搜索【百叶窗】效果,并将该效果拖曳到【时间轴】面板中【3.png】素材上,如图7-38所示。

(11)在【时间轴】面板中打开【3.png】素材下方的【效果】/【百叶窗】,将时间线拖动到第1秒位置处,单击【过渡完成】前方的【时间变化秒表】按钮,设置【过渡完成】为【0%】,将时间线滑动到第2秒位置,设置【过渡完成】为【100%】,接着设置【方向】为【0x+42.0°】,【宽度】为【111】,【羽化】为【16.0】,如图7-39所示。

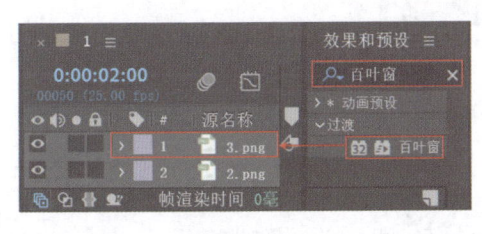

图7-38 　　　　　　　　　　　　　图7-39

（12）将【项目】面板中的【配乐.mp3】素材拖曳到【时间轴】面板中，如图7-40所示。
（13）此时本课后练习制作完成，滑动时间线查看画面效果，如图7-41所示。

图7-40 　　　　　　　　　　　　　　　图7-41

7.4　随堂测试

1. 知识考查

（1）为素材添加视频过渡效果，制作过渡特效。
（2）制作关键帧动画，制作动态过渡。

2. 实战演练

参考给定作品，制作结冰动画效果。

参考效果	可用工具
	【CC WarpoMatic】效果、关键帧动画

3. 项目实操

制作结冰动态转场效果。
要求：
（1）使用任意视频、图片素材。
（2）可应用【CC WarpoMatic】效果，并创建关键帧动画，制作结冰动画效果。

Chapter 08

关键帧动画

🔊 学时安排

总学时：6学时。
理论学时：1学时。
实践学时：5学时。

🔊 教学内容概述

关键帧动画是After Effects的核心技术，通过设置不同时间点的属性值，可以创建平滑的动画过渡。本章将介绍如何在时间轴上添加和编辑关键帧、关键帧的插值类型（如线性、缓入、缓出等），以及表达式的使用方法。

🔊 教学目标

- 认识关键帧动画。
- 掌握创建、编辑关键帧。
- 掌握表达式的基本应用。
- 掌握利用关键帧制作动画效果。

8.1 了解关键帧动画

关键帧动画是通过为素材的不同时刻设置不同的属性，使该过程中产生动画的变换效果。

8.1.1 什么是关键帧

"帧"是动画中的单幅影像画面，是最小的计量单位。影片是由一张张连续的图片组成的，每幅图片就是一帧，PAL制式每秒25帧，NTSC制式每秒30帧。而"关键帧"是指动画的关键时刻，至少有两个关键时刻才能构成动画，可以通过设置动作、效果、音频及多种其他属性参数使画面形成连贯的动画效果。

8.1.2 时间轴面板中与动画相关的操作和工具

1. 拖动时间线

在【时间轴】面板中，按住鼠标左键并拖曳时间线即可移动时间线的位置，如图8-1和图8-2所示。

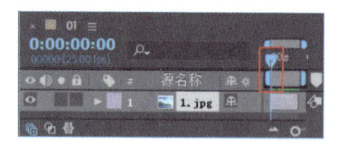

图8-1

图8-2

2. 快速跳转到某一帧

在【时间轴】面板左上角单击即可输入时间，输入完成后右侧的时间线会自动跳转到该时刻，如图8-3所示。图8-4所示为小时、分钟、秒、帧的显示。

图8-3

图8-4

3. 快速跳转前一帧、后一帧快捷键

在【时间轴】面板中，按Page Up键会将时间轴向前跳转一帧，按Page Down键会将时间轴向后跳转一帧，如图8-5和图8-6所示。

图8-5

图8-6

4. 缩小时间和放大时间

多次单击【放大时间】按钮 ，即可将每帧之间的间隔拉大，从而可以看到该时间线附近更细致的细节，如图8-7所示。相反，若单击【缩小时间】按钮 ，时间轴上的显示将更加紧凑，有助于从整体上查看动画的结构和进度，如图8-8所示。

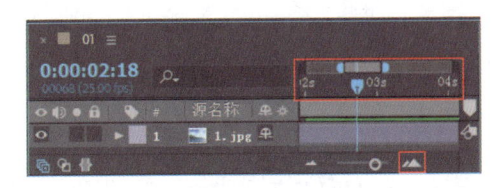

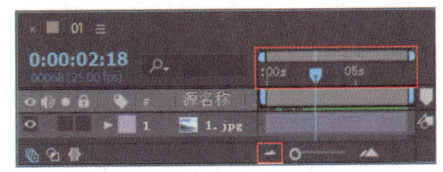

图 8-7

图 8-8

5. 播放和暂停视频

在【时间轴】面板中按空格键可以使【合成】面板中的视频进行播放和暂停。如果文件制作相对简单时，播放会很流畅，但是如果文件制作非常复杂，按空格键无法流畅地观看视频效果时，可以按小键盘上的0键，当时间轴全部变为绿色时，此时的视频播放将会非常流畅，如图8-9所示。

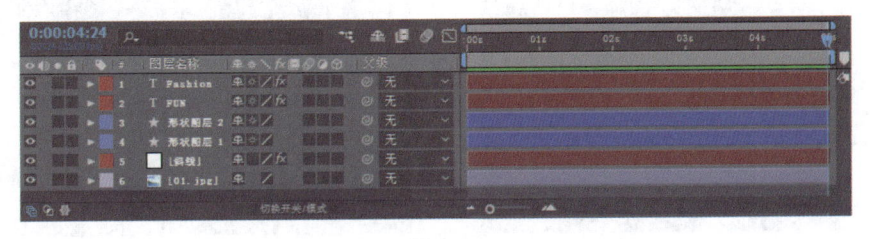

图 8-9

6. 使视频预览更流畅的操作

当制作的文件特效比较多或文件素材尺寸较大时，在【合成】面板中观看视频是非常卡的。那么就需要在【合成】面板中将【放大率弹出式菜单】和【分辨率/向下采样系数弹出式菜单】设置得更小些，这样视频播放时较调整之前会变得更加流畅，如图8-10所示。

图 8-10

8.2 关键帧的基本操作

在制作动画的过程中，掌握了关键帧的应用，就相当于掌握了动画制作的基础和关键。创建关键帧后，我们还可以通过一些关键帧的基本操作来调整当前的关键帧状态，使画面达到更为流畅、更加赏心悦目的视觉效果。

8.2.1 移动关键帧

在设置关键帧后，当画面效果过于急促或缓慢时，可在【时间轴】面板中对相应关键帧进行适当移动，以调整画面的视觉效果，使画面更为完美。

1. 移动单个关键帧

在【时间轴】面板中打开已经添加了关键帧的属性，将鼠标指针定位在需要移动的关键帧上，然后按住鼠标左键并拖曳至合适位置处，释放鼠标左键即完成移动操作，如图8-11和图8-12所示。

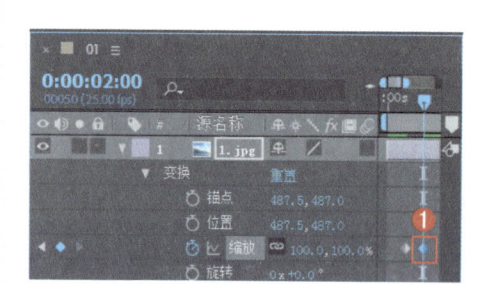

图 8-11 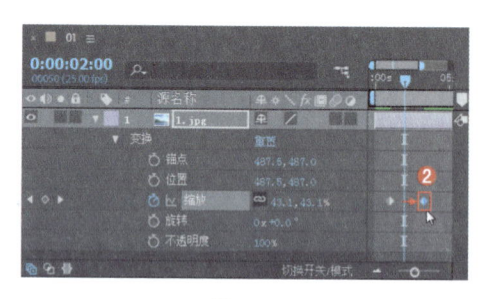　　　　　　　　　　图 8-12

2. 移动多个关键帧

在【时间轴】面板中按住鼠标左键并拖曳对关键帧进行框选，如图8-13所示。再将鼠标指针定位在任意选中的关键帧上，按住鼠标左键并拖曳至合适位置处，释放鼠标左键即完成移动操作，如图8-14所示。

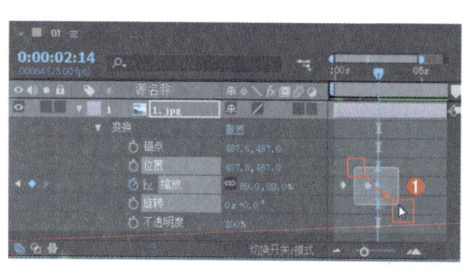

图 8-13 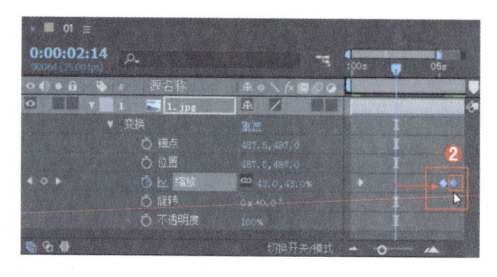　　　　　　　　　　图 8-14

当需要移动的关键帧不相连时，在按住Shift键的同时依次单击需要移动的关键帧，如图8-15所示。再将鼠标指针定位在任意选中的关键帧上，按住鼠标左键并拖曳至合适位置处，释放鼠标左键即完成移动操作，如图8-16所示。

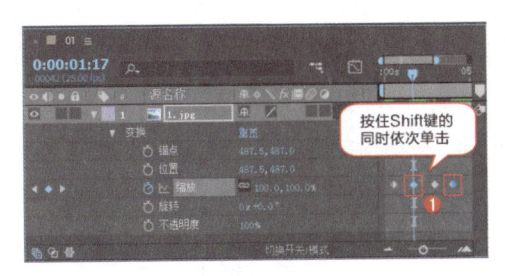

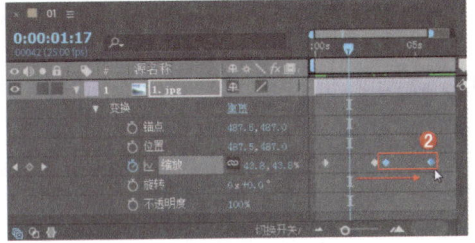

图 8-15　　　　　　　　　　　　　　图 8-16

8.2.2 复制关键帧

在【时间轴】面板中将时间线拖曳至需要复制的关键帧的位置处，然后选中需要复制的关键帧。接着使用【复制】和【粘贴】快捷键Ctrl+C、Ctrl+V，此时在时间线相应位置处得到相同关键帧，如图8-17和图8-18所示。

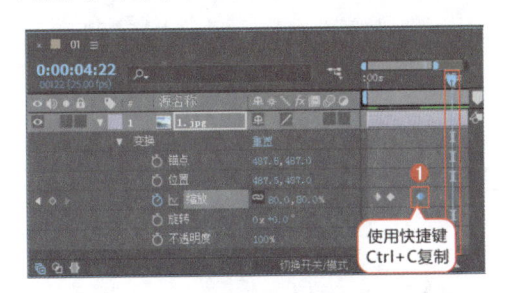

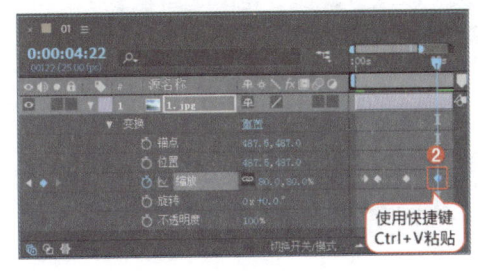

图 8-17　　　　　　　　　　　　　　图 8-18

8.2.3 删除关键帧

删除关键帧有以下两种方法。

方法1：使用快捷键直接删除。在【时间轴】面板中选中需要删除的关键帧，按Delete键即可删除。

方法2：手动删除。在【时间轴】面板中将时间线拖曳至需要删除的关键帧位置处，然后单击【属性】前的【在当前时间添加或移除关键帧】按钮 ◀◆▶ 即可删除当前时间的关键帧，如图8-19所示。

图 8-19

实例：创建关键帧动画

文件路径：Chapter 08　关键帧动画→实例：创建关键帧动画

本实例要为素材添加关键帧并制作关键帧动画。动画效果如图8-20所示。

（1）执行【文件】/【导入】/【文件...】命令，在弹出的对话框中导入全部素材，如图8-21所示。

图 8-20

图 8-21

（2）将【项目】面板中的素材1拖曳到【时间轴】面板中，如图8-22所示。此时自动生成与素材等大的合成。

（3）此时画面效果如图8-23所示。

图 8-22

图 8-23

（4）将【项目】面板中的素材2拖曳到【时间轴】面板中，如图8-24所示。

（5）此时画面效果如图8-25所示。

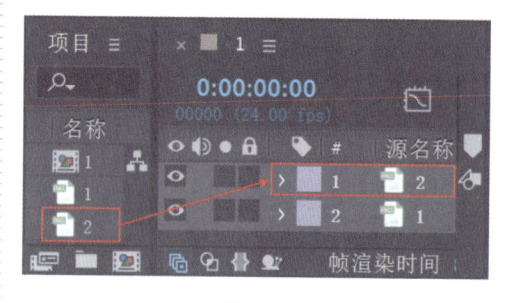

图 8-24

图 8-25

（6）在【时间轴】面板中打开素材 2 图层下方的【变换】，将时间线拖动到起始位置处，单击【位置】和【缩放】前方的【时间变化秒表】按钮，设置【位置】为【1236.0,100.0】,【缩放】为【80.0,80.0%】，如图 8-26 所示。将时间线拖动到第 1 秒位置处，设置【位置】为【740.0,420.0】，【缩放】为【120.0,120.0%】，将时间线拖动到第 2 秒位置处，设置【位置】为【-100.0,200.0】,【缩放】为【50.0,50.0%】。

（7）此时本实例制作完成，滑动时间线查看画面效果，如图 8-27 所示。

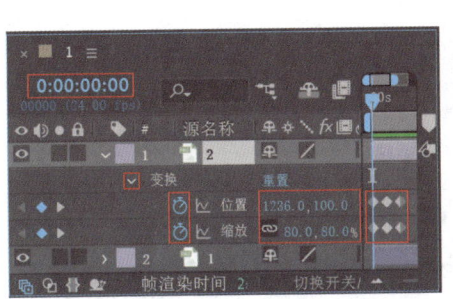

图 8-26

图 8-27

8.3 编辑关键帧

设置关键帧后，在【时间轴】面板中选中需要编辑的关键帧，并将鼠标指针定位在该关键帧上，右击即可在弹出的属性栏中设置需要编辑的属性参数，如图 8-28 所示。

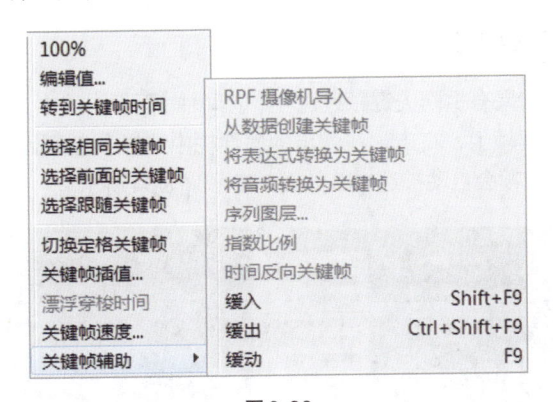

图 8-28

8.3.1 编辑值

设置关键帧后，在【时间轴】面板中选中需要编辑的关键帧，并将鼠标指针定位在该关键帧上，右击，在弹出的【属性】面板中设置相关属性参数，如图 8-29 和图 8-30 所示。

173

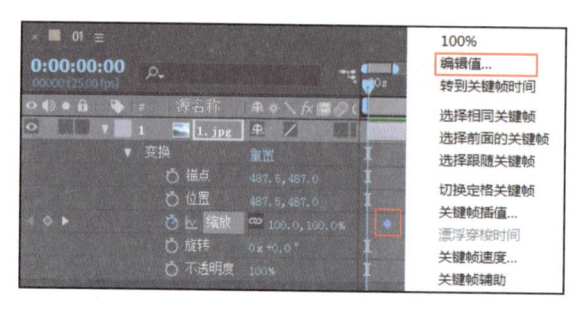

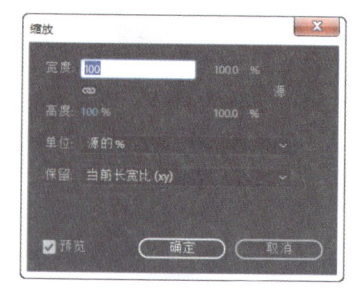

图 8-29

图 8-30

8.3.2 转到关键帧时间

设置关键帧后，在【时间轴】面板中选中需要编辑的关键帧，并将鼠标指针定位在该关键帧上，右击，在弹出的属性栏中选择【转到关键帧时间】，可将时间线自动转到当前关键帧时间处，如图8-31和图8-32所示。

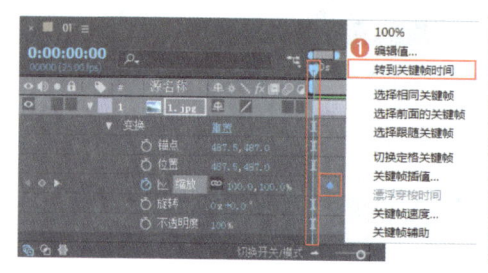

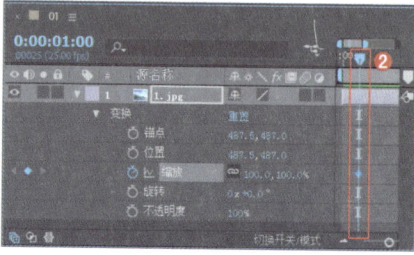

图 8-31

图 8-32

8.3.3 选择相同关键帧

设置关键帧后，如果有相同关键帧，可在【时间轴】面板中选中其中一个关键帧，并将鼠标指针定位在该关键帧上，右击，在弹出的属性栏中选择【选择相同关键帧】，此时可以看到另一个相同的关键帧会自动被选中，如图8-33和图8-34所示。

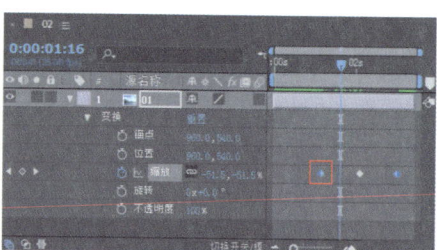

图 8-33

图 8-34

8.3.4 选择前面的关键帧

设置关键帧后，在【时间轴】面板中选中需要编辑的关键帧，并将鼠标指针定位在该关键帧上，右击，在弹出的属性栏中选择【选择前面的关键帧】，即可选中该关键帧前的所有关键帧，如图8-35和图8-36所示。

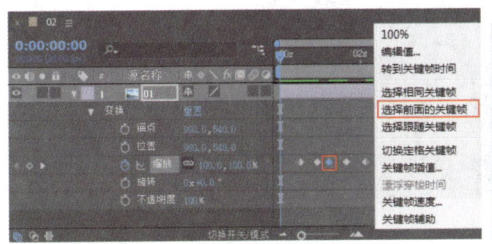

图 8-35

图 8-36

8.3.5 选择跟随关键帧

设置关键帧后，在【时间轴】面板中选中需要编辑的关键帧，将鼠标指针定位在该关键帧上，右击，在弹出的属性栏中选择【选择跟随关键帧】，即可选中该关键帧后所有的关键帧，如图8-37和图8-38所示。

图 8-37

图 8-38

8.3.6 切换定格关键帧

设置关键帧后，在【时间轴】面板中单击需要编辑的关键帧，将鼠标指针定位在该关键帧上，右击，在弹出的属性栏中选择【切换定格关键帧】，可将该关键帧切换为定格关键帧，如图8-39和图8-40所示。

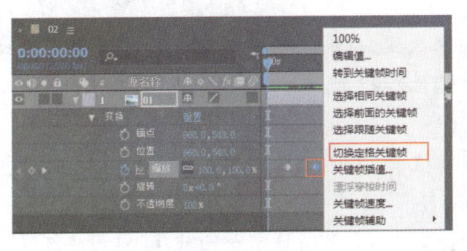

图 8-39

图 8-40

8.3.7 关键帧插值

在【时间轴】面板中单击【图表编辑器】按钮，即可查看当前动画图表，如图8-41所示。

175

图8-41

设置关键帧后，选中需要编辑的关键帧，并将鼠标指针定位在该关键帧上，右击，在弹出的属性栏中选择【关键帧插值】，如图8-42所示。在弹出的【关键帧插值】对话框中可设置相关属性，如图8-43所示。

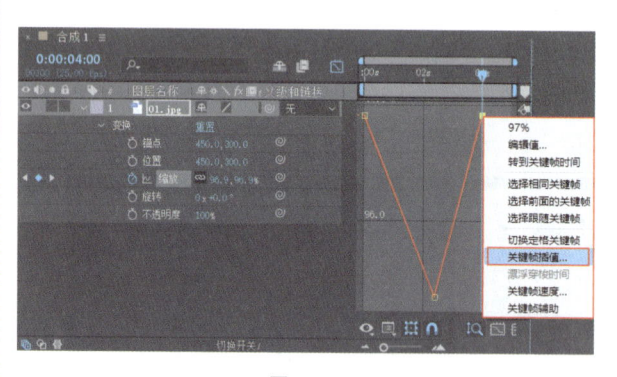

图8-42　　　　　　　　　　　图8-43

- 【临时差值】：可控制关键帧在时间线上的速度变化状态，其属性菜单如图8-44所示。
    - 【当前设置】：保持【临时差值】为【当前设置】。
    - 【线性】：设置【临时插值】为【线性】，此时动画效果节奏性较强，相对机械。
    - 【贝塞尔曲线】：设置【临时插值】为【贝塞尔曲线】，可以通过调整单个控制杆来改变曲线形状和运动路径，具有较强的可塑性和控制性。

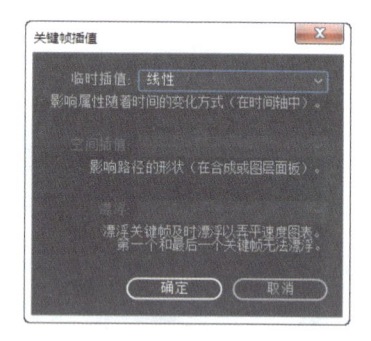

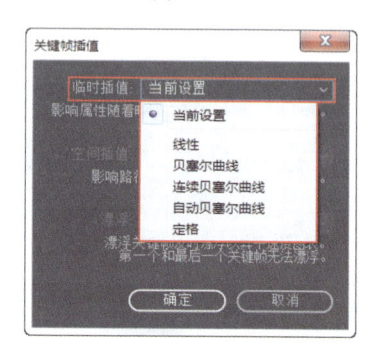

图8-44

    - 【连续贝塞尔曲线】：设置【临时插值】为【连续贝塞尔曲线】，可以通过调整整个控制杆来改变曲线形状和运动路径。
    - 【自动贝塞尔曲线】：设置【临时插值】为【自动贝塞尔曲线】，可以产生平稳的变化率，它可以将关键帧两端的控制杆自动调节为平稳状态。如手动操作控制杆，自动贝塞尔曲线会转换为连续贝塞尔曲线。
    - 【定格】：设置【临时插值】为【定格】，关键帧之间没有任何过渡，当前关键帧保持不变，直到下一个关键帧的位置处才突然发生转变。

176

- 【空间差值】：可将大幅度运动的动画效果表现得更加流畅或将流畅的动画效果以剧烈的方式呈现出来，效果较为明显。
- 【漂浮】：主要作用是在关键帧之间实现平滑过渡，第一个和最后一个关键帧无法漂浮。

8.3.8 漂浮穿梭时间

设置关键帧后，在【时间轴】面板中选中需要编辑的关键帧，并将鼠标指针定位在该关键帧上，右击，在弹出的属性栏中选择【漂浮穿梭时间】，即可切换空间图层属性的漂浮穿梭时间，如图8-45所示。

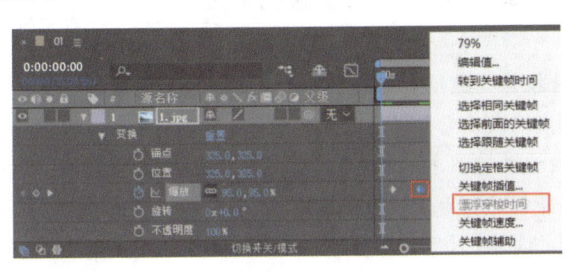

图 8-45

8.3.9 关键帧速度

设置关键帧后，在【时间轴】面板中选中需要编辑的关键帧，并将鼠标指针定位在该关键帧上，右击，在弹出的属性栏中选择【关键帧速度】，如图8-46所示。接着在弹出的【关键帧速度】对话框中设置相关参数，如图8-47所示。

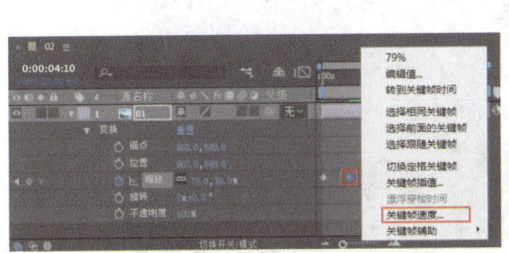

图 8-46 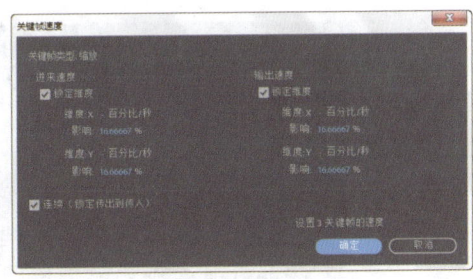　　　　　　　　　　图 8-47

8.3.10 关键帧辅助

设置关键帧后，在【时间轴】面板中选中需要编辑的关键帧，并将鼠标指针定位在该关键帧上，右击，在弹出的属性栏中选择【关键帧辅助】，如图8-48所示。

- 【RPF摄像机导入】：选择【RPF摄像机导入】时，可以导入来自第三方3D建模应用程序的RPF摄像机数据。
- 【从数据创建关键帧】：选择【从数据创建关键帧】时，可以基于数据层中的数值自动生成关键帧。

177

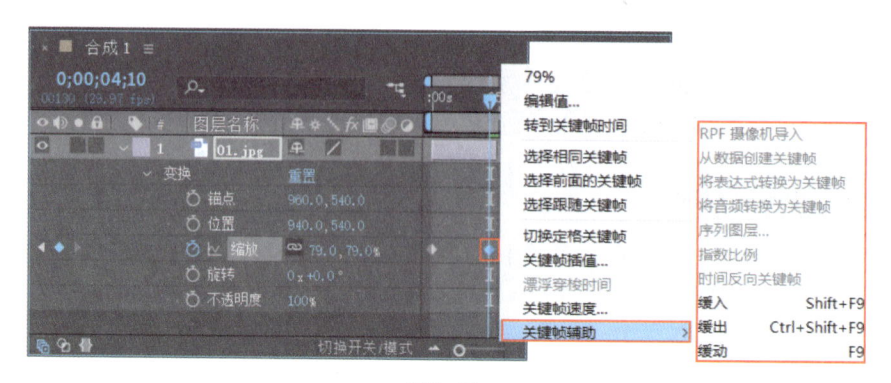

图8-48

- 【将表达式转换为关键帧】：选择【将表达式转换为关键帧】时，可以分析当前表达式，并创建关键帧以表示它所描述的属性值。
- 【将音频转换为关键帧】：选择【将音频转换为关键帧】时，可以在合成工作区域中分析振幅，并创建表示音频的关键帧。
- 【序列图层】：选择【序列图层】时，可以打开序列图层助手。
- 【指数比例】：选择【指数比例】时，可以调节关键帧从线性到指数转换比例的变化速率。
- 【时间反向关键帧】：选择【时间反向关键帧】时，可以按时间反转当前选定的两个或两个以上的关键帧属性效果。
- 【缓入】：选择【缓入】时，选中关键帧样式为 ，关键帧节点前将变成缓入的曲线效果，当滑动时间线播放动画时，可使动画在进入该关键帧时速度逐渐减缓，消除因速度波动大而产生的画面不稳定感，如图8-49所示。

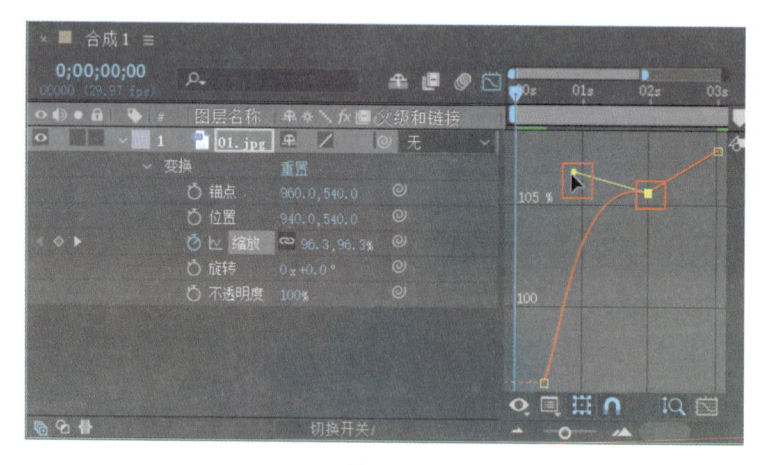

图8-49

- 【缓出】：选择【缓出】时，选中关键帧样式为 ，关键帧节点前将变成缓出的曲线效果。当播放动画时，可以使动画在离开该关键帧时速率减缓，消除因速度波动大而产生的画面不稳定感，与【缓入】是相同的道理。
- 【缓动】：选择【缓动】时，选中关键帧样式为 ，关键帧节点两端将变成平缓的曲线效果。

▶ 技巧提示：可以在【合成】面板中调整动画效果

（1）选中文字图层，并拖曳【时间轴】上的关键帧，可以看到在【合成】面板中已经显示出了动画的运动路径，路径非常完整，如图8-50所示。但在播放动画时，动画并不流畅。

（2）为了使动画更流畅，可以在【合成】面板中单击并拖曳关键帧的切线点，使曲线变得更光滑，如图8-51所示。再次播放视频就流畅很多。

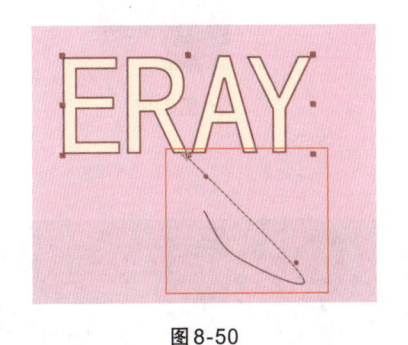

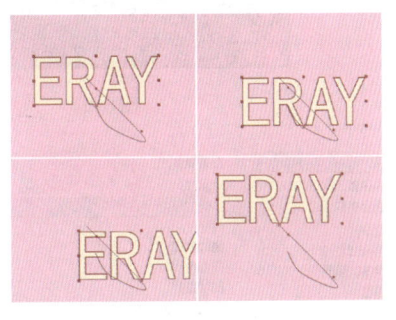

图8-50　　　　　　　　　　　　图8-51

实例：动画预设

动画预设可以为素材添加很多种类的预设效果，After Effects中自带的动画预设效果非常强大，可以模拟出很精彩的动画。

扫一扫，看视频

文件路径：Chapter 08　关键帧动画→实例：动画预设

本实例应用【动画预设】中的【幻影】效果制作动画。动画效果如图8-52所示。

（1）执行【文件】/【导入】/【文件...】命令，在弹出的对话框中导入全部素材，如图8-53所示。

图8-52　　　　　　　　　　　　图8-53

（2）将【项目】面板中的【1.mp4】素材拖曳到【时间轴】面板中，如图8-54所示。此时自动生成与素材等大的合成。

（3）此时画面效果如图8-55所示。

（4）在【时间轴】面板中的空白位置处右击，在弹出的快捷菜单中执行【新建】/【纯色】命令，如图8-56所示，并在弹出的窗口中单击【确定】按钮。

（5）在【效果和预设】面板中搜索【幻影】效果，并将该效果拖曳到【时间轴】面板中【白色 纯色1】图层上，如图8-57所示。

（6）在【时间轴】面板中设置【白色 纯色1】图层的【模式】为【屏幕】，如图8-58所示。

（7）此时本实例制作完成，滑动时间线查看画面效果，如图8-59所示。

179

图 8-54

图 8-55

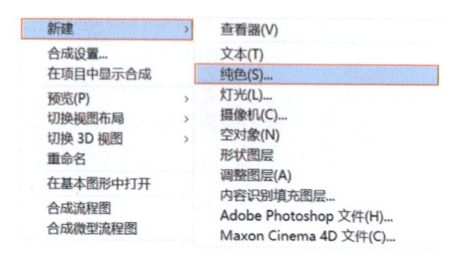

图 8-56

图 8-57

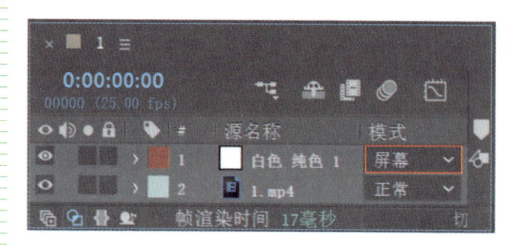

图 8-58

图 8-59

8.4 表达式

8.4.1 什么是表达式

在After Effects中表达式是由数字、算符、数字分组符号（即括号）、自由变量和约束变量等可以求得数值的排列方法所得的组合。约束变量在表达式中表示已经被指定的数值，而自由变量则可以另行指定其他数值。

8.4.2 为什么要使用表达式

在创建和链接复杂的动画，但想避免手动创建数十乃至数百个关键帧时，可尝试使用表达式。使用表达式可以提高创作作品的效率，又能制作难度较大的效果。例如，我们需要创建一个图层不透明度随机变化的动画，如果使用关键帧动画的方法制作，那需要花费大量时间去设置关键帧和参数，而使用一段很短的表达式即可完成动画创作。

8.4.3 表达式工具

表达式工具包括4个按钮，分别是【启用表达式】【显示后表达式图表】【表达式关联器(将参考插入目标)】【表达式语言菜单】，如图8-60所示。

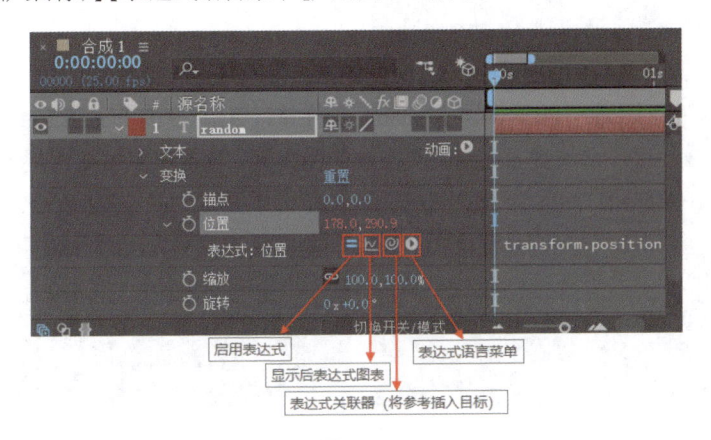

图 8-60

- 【启用表达式】按钮■：该按钮为■状态时，表示该表达式可用。该按钮为■状态时，则表示暂时关闭使用该表达式效果，如图8-61和图8-62所示。

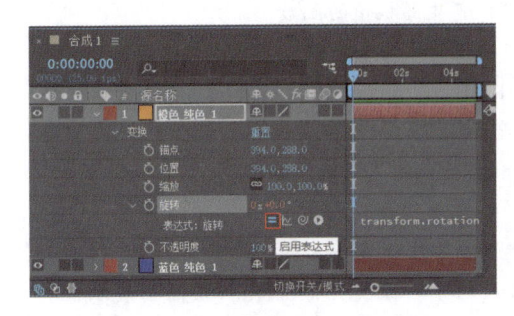

图 8-61 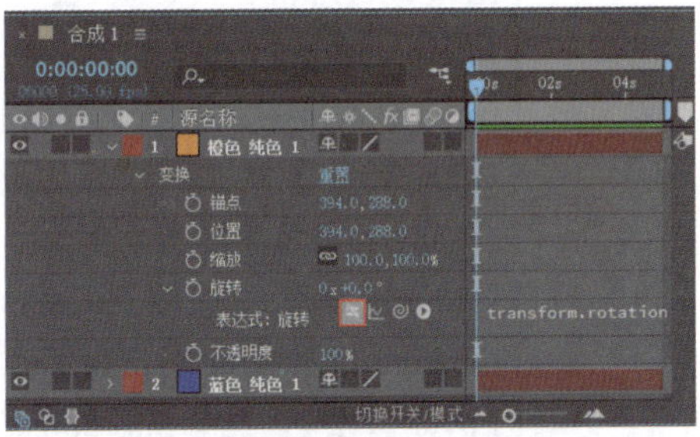　　　　　　　　　　　　　图 8-62

- 【显示后表达式图表】按钮■：开启该按钮可以在【图表编辑器】中查看当前表达式的变化曲线，如图8-63和图8-64所示。

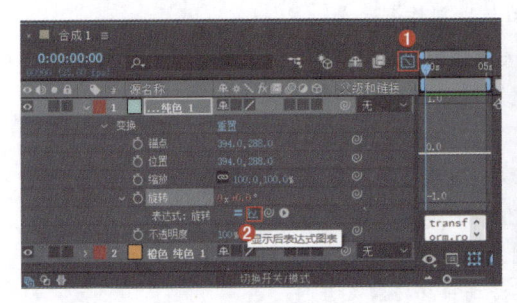

图 8-63 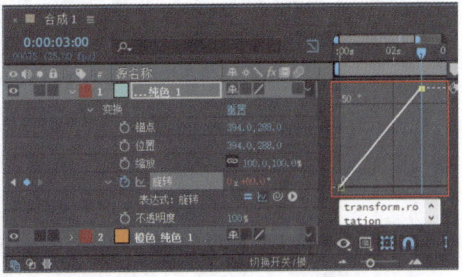　　　　　　　　　　　　　图 8-64

181

- 【表达式关联器（将参考插入目标）】按钮 ：开启该按钮可以建立当前属性参数与其他属性参数的链接。在该按钮上按住鼠标左键并拖动，然后将线条拖到其他属性上，即可建立两个属性参数之间的链接关系，如图8-65所示。
- 【表达式语言菜单】按钮 ：单击该按钮即可弹出很多表达式的分类，如图8-66所示，可以添加需要的表达式。

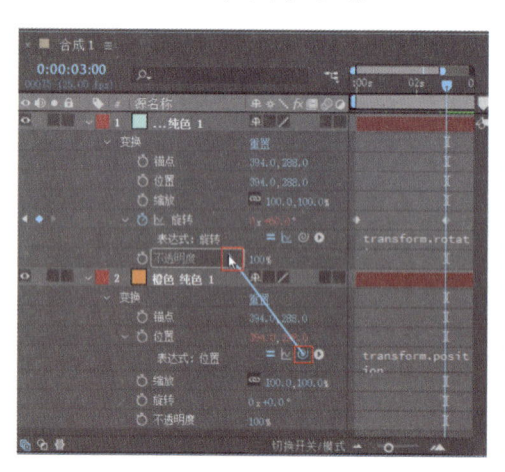

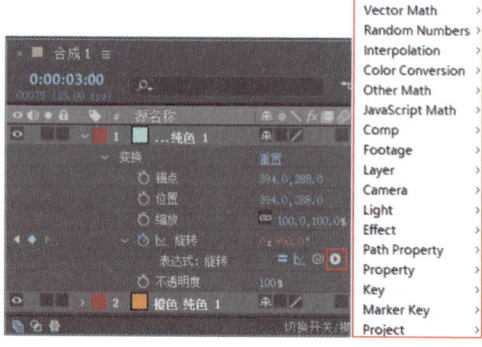

图8-65　　　　　　　　　　　图8-66

▶ 【Global】（全局）：用于指定表达式的全局对象设置。

▶ 【Vector Math】（向量数学）：可以运算相关数学函数。

▶ 【Random Numbers】（随机数）：可以产生随机值的函数。

▶ 【Interpolation】（插值）：可以利用插值的方法来制作相关表达式函数。

▶ 【Color Conversion】（颜色转换）：RGB、Alpha和HSL、Alpha的色彩空间转换。

▶ 【Other Math】（其他数学）：包括度和弧度的相互转换。

▶ 【JavaScript Math】（脚本方法）：JavaScript相关的数学函数。

▶ 【Comp】（合成）：利用合成的相关参数制作表达式。

▶ 【Footage】（素材）：利用脚本的属性和方法制作表达式。

▶ 【Layer】（层）：包含Sub-object（层的子对象类）、General（层的一般属性类）、Properties（层的特殊属性类）、3D（三维层类）、Space Transforms（层的空间转换类）五种层的类型，并可以分别利用各层的相关属性制作表达式。

▶ 【Camera】（摄像机）：利用摄像机的相关属性制作表达式。

▶ 【Light】（灯光）：利用灯光的相关属性制作表达式。

▶ 【Effect】（效果）：利用效果的相关属性制作表达式。

▶ 【Path Property】（路径性质）：将所选属性的路径描述为另一个所参考的属性下的路径。

▶ 【Property】（特征）：用于制作速度、速率、抖动等效果的表达式。

▶ 【Key】（关键帧）：利用关键帧的值、时间和指数制作表达式。

▶ 【Marker Key】（标记关键帧）：利用标记点关键帧的方法制作表达式。

▶ 【Project】（合成）：快速访问和修改项目的设置和属性。

8.4.4 添加表达式

在After Effects中添加表达式有3种方法。

方法1：

（1）打开本书配套文件【01.aep】素材文件。此时没有设置动画效果，如图8-67所示。

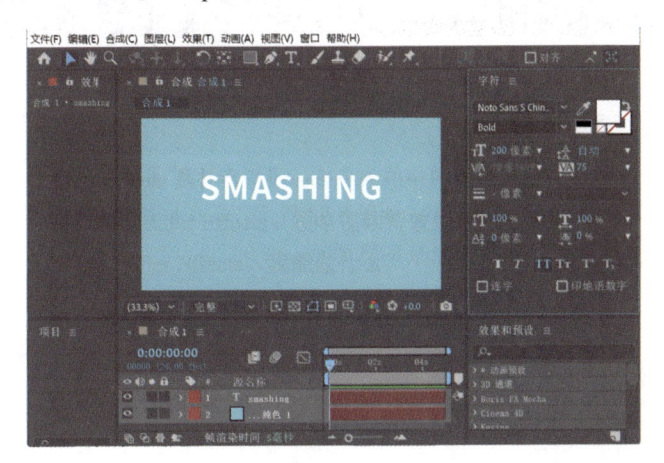

图8-67

（2）选择需要使用表达式的属性，然后选择菜单，执行【动画】/【添加表达式】命令，如图8-68所示。

（3）此时可以输入表达式，比如输入【wiggle(5,300)】，注意括号和逗号等符号要在英文半角模式下输入，如图8-69所示。

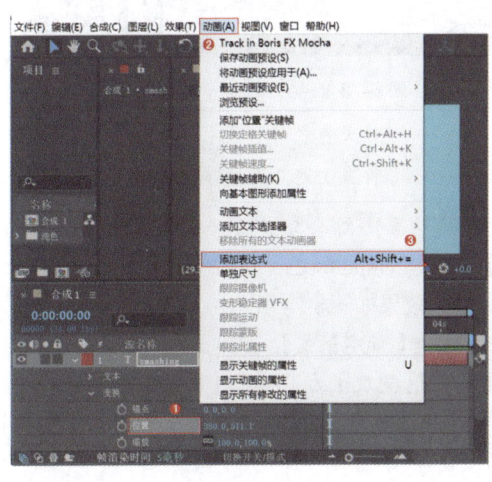

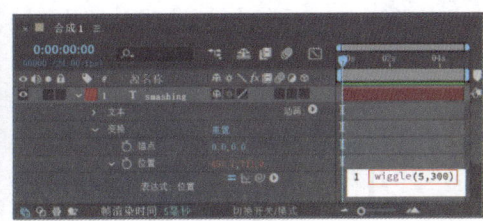

图8-68　　　　　　　　　　图8-69

方法2：选择需要使用表达式的属性，然后按下快捷键Alt+Shift+=，最后输入表达式，如图8-70所示。

方法3：按住Alt键的同时单击属性前方的【时间变化秒表】按钮，最后输入表达式，如图8-71所示。

183

图8-70　　　　　　　　　图8-71

> **技巧提示：删除表达式的方法**
>
> 　　如果要在一个动画属性中移除制作的表达式，可以在【时间轴】面板中选择该属性，然后执行【动画】/【移除表达式】命令，如图8-72所示。或在按住Alt键的同时，单击该属性前方的【时间变化秒表】按钮，如图8-73所示。

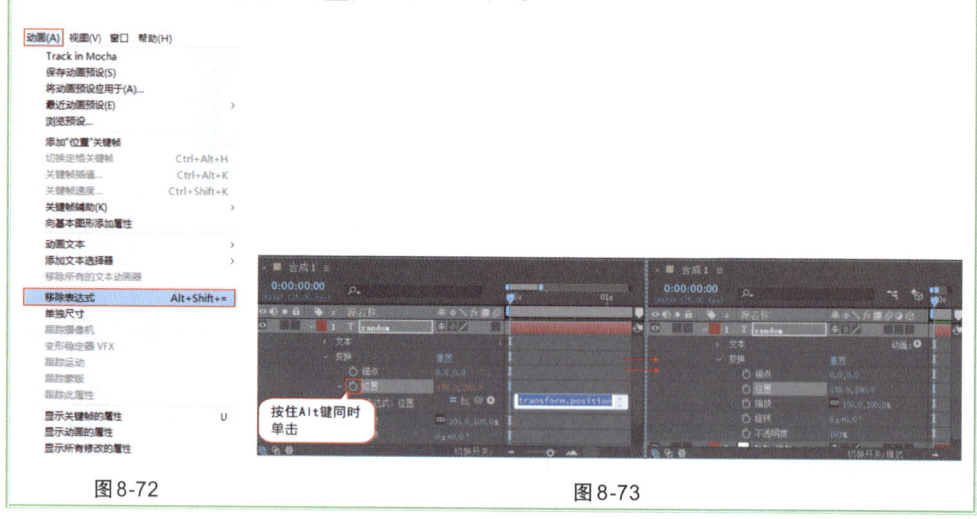

图8-72　　　　　　　　　图8-73

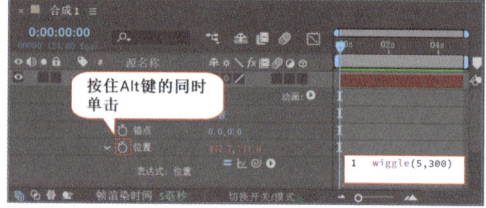

综合实例1：趣味展示动画

文件路径：Chapter 08　关键帧动画→综合实例1：趣味展示动画

扫一扫，看视频

　　本综合实例应用【照片滤镜】效果更改画面颜色，然后使用【钢笔工具】绘制蒙版，制作旅行滑动蒙版动画。动画效果如图8-74所示。

　　（1）在【项目】面板中，右击并选择【新建合成】，在弹出的【合成设置】对话框中设置【合成名称】为【01】，【预设】为【自定义】，【宽度】为1344px，【高度】为896px，【像素长宽比】为【方形像素】，【帧速率】为25帧/秒，【持续时间】为5秒。执行【文件】/【导入】/【文件...】命令，导入全部素材，如图8-75所示。

　　（2）在【时间轴】面板中的空白位置处右击，在弹出的快捷菜单中执行【新建】/【纯色】命令，如图8-76所示。

　　（3）在弹出的对话框中设置【颜色】为深青色，并单击【确定】按钮，如图8-77所示。

　　（4）此时画面效果如图8-78所示。

　　（5）在【效果和预设】面板中搜索【梯度渐变】效果，并将该效果拖曳到【时间轴】面板中【深青色 纯色1】图层上，如图8-79所示。

184

图8-74

图8-75

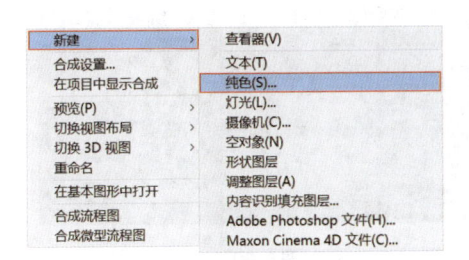

图8-76

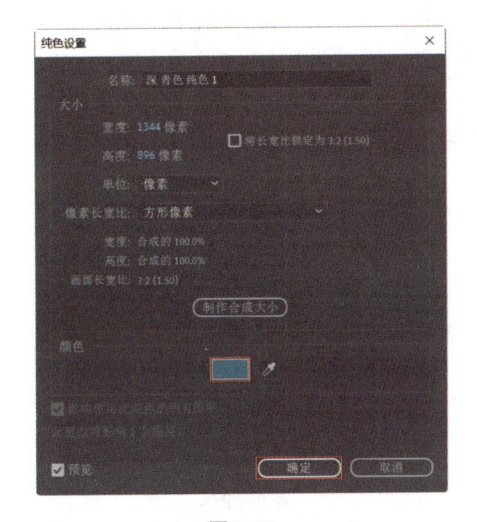

图8-77

图8-78

图8-79

（6）在【时间轴】面板中打开【深青色 纯色1】图层下方的【效果】/【梯度渐变】，设置【起始颜色】为青色，【结束时间】为深青色，【渐变形状】为【径向渐变】，如图8-80所示。

（7）此时画面效果如图8-81所示。

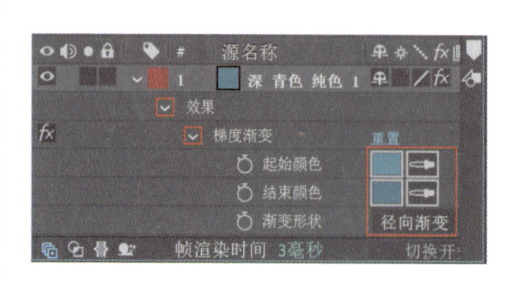

图8-80　　　　　　　　　　　　　　　图8-81

（8）在不选中任何图层的状态下，单击【工具】面板中的【椭圆工具】按钮，并设置【填充颜色】为青色，接着在【合成】面板的合适位置按住Shift键绘制一个正圆，如图8-82所示。

（9）在【时间轴】面板中打开【形状图层1】下方的【变换】，将时间线拖动到起始位置处，单击【位置】前方的【时间变化秒表】按钮，设置【位置】为【672.0,448.0】，将时间线滑动到第5帧位置，设置【位置】为【672.0,275.0】；将时间线滑动到第9帧位置，设置【位置】为【672.0,474.3】；将时间线滑动到第13帧位置，设置【位置】为【672.0,304.8】；将时间线滑动到第15帧位置，设置【位置】为【672.0,448.0】。接着单击【不透明度】前方的【时间变化秒表】按钮，设置【不透明度】为【100%】，将时间线滑动到第18帧位置,设置【不透明度】为【0%】，如图8-83所示。

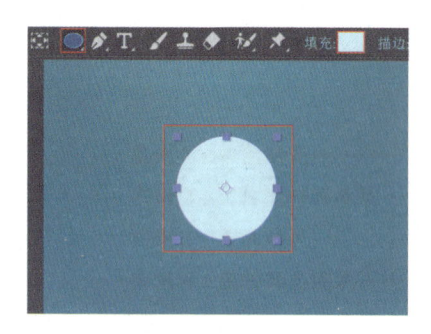

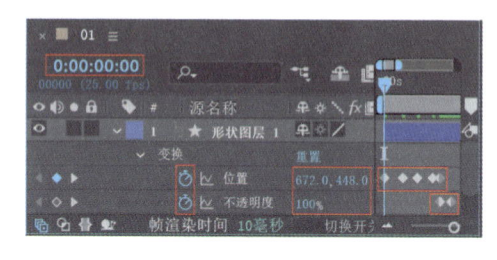

图8-82　　　　　　　　　　　　　　　图8-83

（10）在【时间轴】面板中选择【位置】的所有关键帧，右击并执行【关键帧辅助】/【缓动】命令，如图8-84所示。

（11）此时滑动时间线查看画面效果，如图8-85所示。

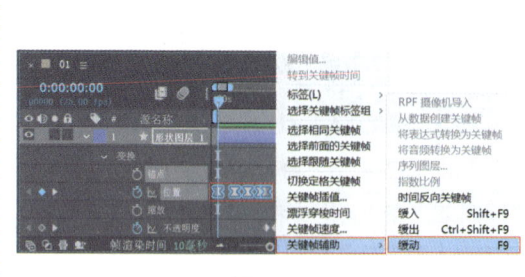

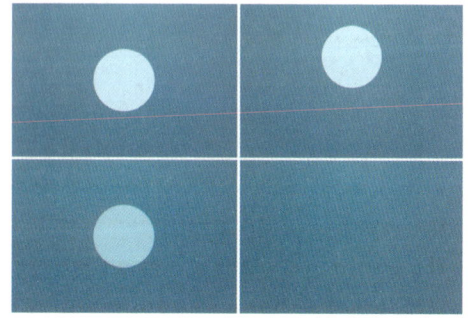

图8-84　　　　　　　　　　　　　　　图8-85

（12）在不选中任何图层状态下，单击【工具】面板中的【圆角矩形工具】按钮，并设置【填充颜色】为紫色，接着在【合成】面板的合适位置绘制一个圆角矩形，如图8-86所示。

（13）在【时间轴】面板中单击【形状图层2】下方的【变换】，将时间线拖动到第17帧位置处，单击【不透明度】前方的【时间变化秒表】按钮，设置【不透明度】为【0%】，将时间线滑动到第21帧位置，设置【不透明度】为【100%】，单击【位置】前方的【时间变化秒表】按钮，设置【位置】为【672.0,448.0】；将时间线滑动到第1秒02帧位置，设置【位置】为【672.0,290.0】；将时间线滑动到第1秒08帧位置，设置【位置】为【672.0,598.0】；将时间线滑动到第1秒14帧位置，设置【位置】为【672.0,450.0】；将时间线滑动到第1秒20帧位置，设置【位置】为【672.0,336.0】；将时间线滑动到第2秒01帧位置，设置【位置】为【672.0,454.0】，接着设置【不透明度】为【100%】，单击【缩放】前方的【时间变化秒表】按钮，设置【缩放】为【100.0,100.0%】；将时间线滑动到第2秒07帧位置，设置【缩放】为【510.0,510.0%】，设置【不透明度】为【0%】，如图8-87所示。

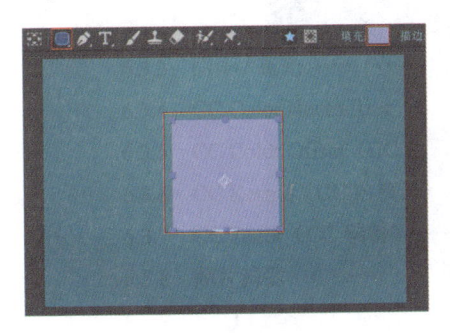

图8-86 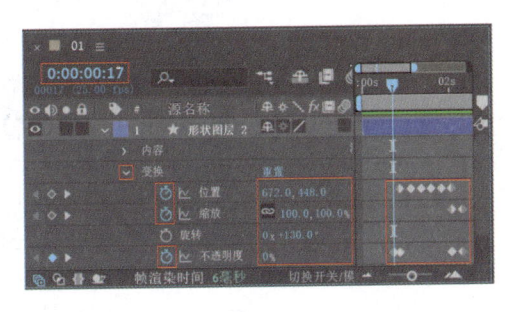　　　　　图8-87

（14）此时滑动时间线查看画面效果，如图8-88所示。
（15）将【项目】面板中的【01.png】素材拖曳到【时间轴】面板中，如图8-89所示。
（16）此时画面效果如图8-90所示。

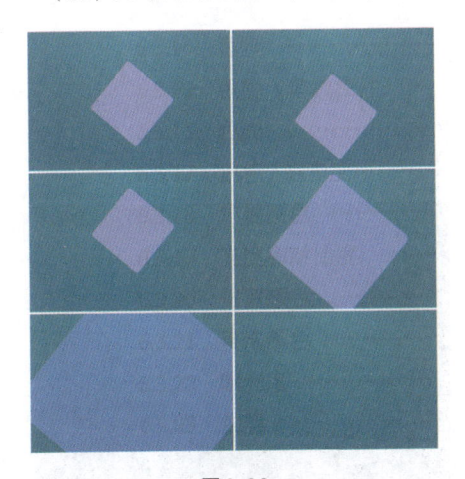

图8-88 　　　　　图8-89

（17）在【时间轴】面板中打开【01.png】图层下方的【变换】，将时间线拖动到第2秒06帧位置处，单击【不透明度】前方的【时间变化秒表】按钮，设置【不透明度】为【0%】，如图8-91所示。将时间线滑动到第2秒10帧位置，设置【不透明度】为【100%】。

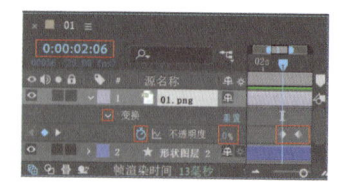

图8-90

图8-91

（18）此时本综合实例制作完成，滑动时间线查看画面效果，如图8-92所示。

图8-92

综合实例2：片头文字动画

文件路径：Chapter 08　关键帧动画→综合实例2：片头文字动画

本综合实例应用【径向擦除】效果并使用关键帧动画制作动画效果。动画效果如图8-93所示。

（1）在【项目】面板中，单击鼠标右键选择【新建合成】，在弹出来的【合成设置】面板中设置【合成名称】为合成1，【预设】为自定义，【宽度】为1280px，【高度】为1280px，【像素长宽比】为方形像素，【帧速率】为25帧/秒，【持续时间】为5秒，如图8-94所示。

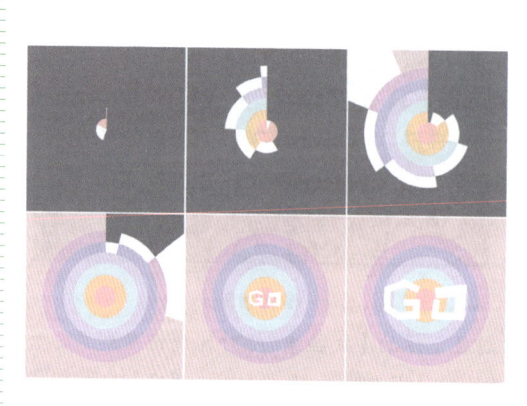

图8-93

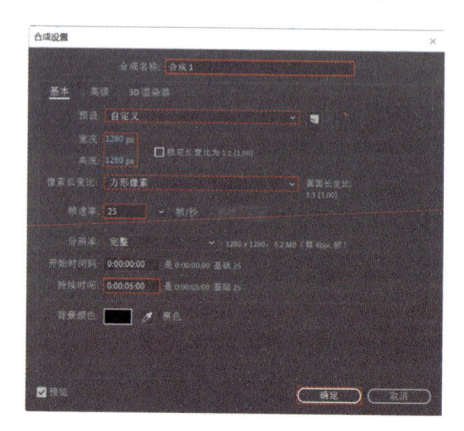

图8-94

（2）在【时间轴】面板的空白位置处右击，在弹出的快捷菜单中执行【新建】/【纯色】命令，如图8-95所示。

（3）在弹出的对话框中设置【颜色】为灰色，并单击【确定】按钮，如图8-96所示。

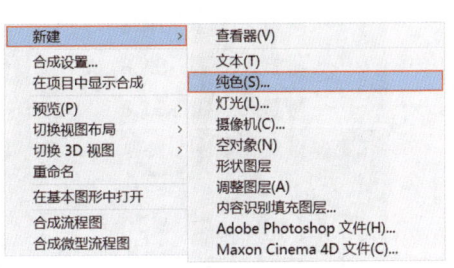

图8-95

图8-96

（4）此时画面效果如图8-97所示。

（5）在不选中任何图层的状态下，单击【工具】面板中的【椭圆工具】按钮，设置【填充颜色】为白色，接着在【合成】面板的合适位置按住Shift键的同时按住鼠标左键拖动绘制一个正圆，如图8-98所示。

图8-97

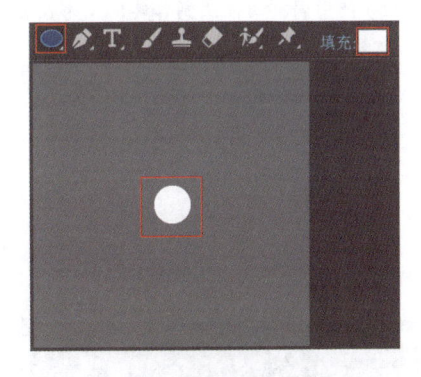

图8-98

（6）在【效果和预设】面板中搜索【径向擦除】效果，并将该效果拖曳到【时间轴】面板中【白色1】图层上，如图8-99所示。

（7）在【时间轴】面板中打开【白色1】图层下方的【效果】/【径向擦除】，将时间线拖动到起始位置处，单击【过渡完成】前方的【时间变化秒表】按钮，设置【过渡完成】为【100%】，如图8-100所示。将时间线滑动到第20帧位置，设置【过渡完成】为【0%】。

（8）在【时间轴】面板中选择【过渡完成】的所有关键帧，右击并执行【关键帧辅助】/【缓动】命令，如图8-101所示。

（9）此时滑动时间线查看画面效果，如图8-102所示。

189

图8-99

图8-100

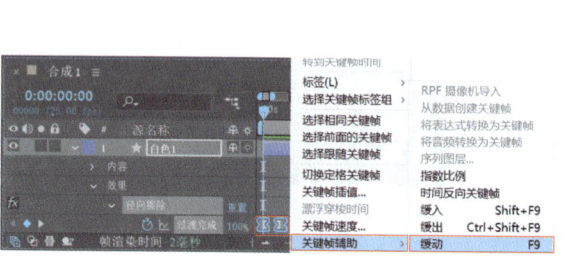

图8-101

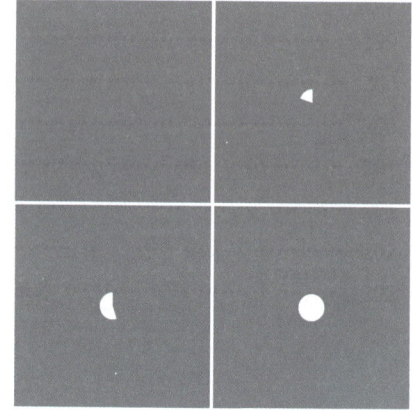

图8-102

（10）使用【椭圆工具】在画面中绘制图形，并添加【径向擦除】效果和关键帧，接着在【时间轴】面板中设置【形状图层1】的起始时间为第3帧，如图8-103所示。

（11）使用同样的方法制作其他图形及效果，此时滑动时间线查看画面效果，如图8-104所示。

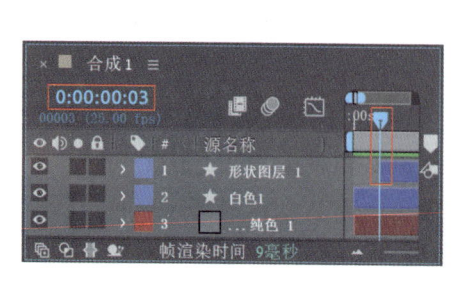

图8-103

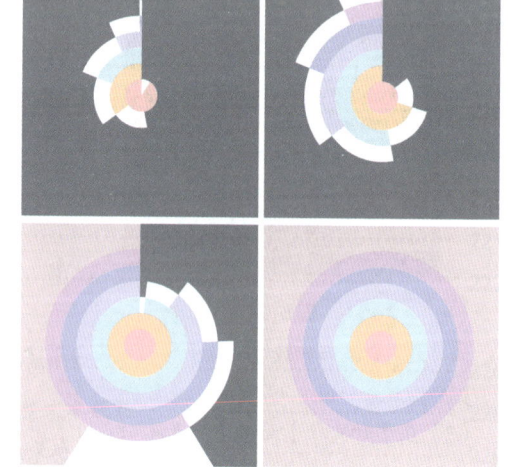

图8-104

（12）在【工具】面板中单击【横排文字工具】按钮，接着在【合成】面板中单击并输入文本，在【字符】面板中设置合适的字体，设置【字体大小】为【534像素】，【字距】为【113】，如图8-105所示。

（13）在【时间轴】面板中打开文字图层下方的【变换】，将时间线滑动至第 2 秒 17 帧位置处，单击【缩放】前方的【时间变化秒表】按钮，设置【缩放】为【0.0,0.0%】，如图 8-106 所示。将时间线滑动至第 2 秒 22 帧，设置【缩放】为【100.0,100.0%】。

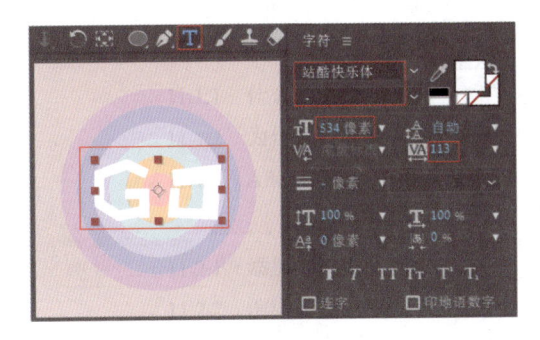

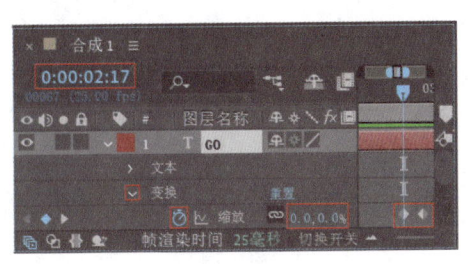

图 8-105　　　　　　　　　　图 8-106

（14）此时本综合实例制作完成，滑动时间线查看画面效果，如图 8-107 所示。

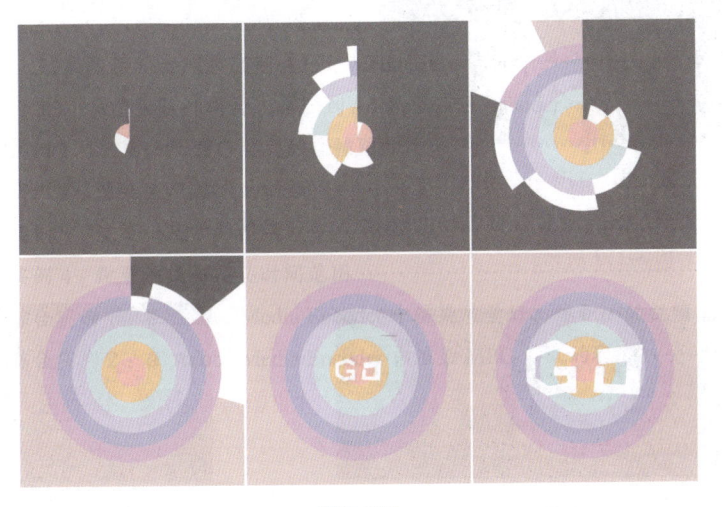

图 8-107

8.5　课后练习：制作旅行滑动蒙版动画

扫一扫，看视频

文件路径：Chapter 08　关键帧动画→课后练习：制作旅行滑动蒙版动画

本课后练习应用【照片滤镜】效果更改画面颜色，然后使用【钢笔工具】绘制蒙版，制作旅行滑动蒙版动画。动画效果如图 8-108 所示。

（1）执行【文件】/【导入】/【文件...】命令，在弹出的对话框中导入全部素材，如图 8-109 所示。

（2）将【项目】面板中的【1.mp4】素材拖曳到【时间轴】面板中，并设置结束时间为第 2 秒 01 帧，如图 8-110 所示。此时自动生成与素材等大的合成。

（3）此时画面效果如图 8-111 所示。

（4）在【效果和预设】面板中搜索【照片滤镜】效果，并将该效果拖曳到【时间轴】面板中【1.mp4】素材上，如图 8-112 所示。

191

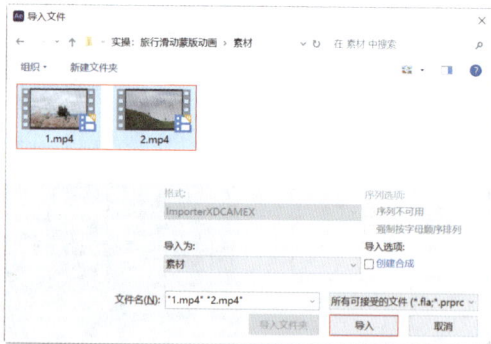

图8-108

图8-109

图8-110

图8-111

（5）在【时间轴】面板中打开【1.mp4】图层下方的【效果】/【照片滤镜】，设置【密度】为【79.0%】，如图8-113所示。

图8-112

图8-113

（6）此时画面效果如图8-114所示。

（7）将【项目】面板中的【1.mp4】素材拖曳到【时间轴】面板中，如图8-115所示。

图8-114

图8-115

（8）单击【工具】面板中的【横排文字工具】按钮，在【合成】面板的合适位置处单击并输入文本，接着在【字符】面板中设置合适的字体，设置【字体大小】为【360像素】，设置【字符间距】为【77】，如图8-116所示。

192

（9）在【时间轴】面板中选中【图层1】和【图层2】，右击，在弹出的快捷菜单中执行【预合成】命令，如图8-117所示。在弹出的对话框中单击【确定】按钮。

（10）在【时间轴】面板中设置【预合成1】的结束时间为第2秒01帧，如图8-118所示。

（11）在【时间轴】面板中选择【预合成1】图层，接着在【工具】面板中单击【钢笔工具】，在【合成】面板中画面左侧合适位置绘制蒙版，如图8-119所示。

图8-116 　　　　　　　　　　图8-117

图8-118 　　　　　　　　　　图8-119

（12）将时间线滑动至起始位置，在【时间轴】面板中打开【预合成1】下方的【蒙版】/【蒙版1】，单击【蒙版路径】前方的【时间变化秒表】按钮，添加关键帧，如图8-120所示。

（13）将时间线滑动至第2秒位置处，接着在【合成】面板中将蒙版移动至画面右侧空白位置处，如图8-121所示。

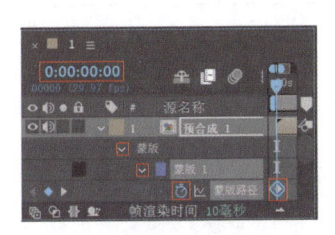

图8-120 　　　　　　　　　　图8-121

（14）此时滑动时间线查看画面效果，如图8-122所示。

图8-122

（15）使用同样的方法制作【2.mp4】素材，滑动时间线查看画面效果，如图8-123所示。

（16）此时本课后练习制作完成，滑动时间线查看画面效果，如图8-124所示。

图 8-123　　　　　　　　　　　　　图 8-124

8.6　随堂测试

1. 知识考查

用关键帧动画制作动画特效。

2. 实战演练

参考给定作品，制作凸出弹出动画特效。

参考效果	可用工具
	关键帧动画、【凸出】效果、【波纹】效果

3. 项目实操

制作一个有凸出弹出动画特效的视频。

要求：

（1）使用任意素材。

（2）可应用【凸出】效果、【波纹】效果制作素材的凸出弹出动画效果。

抠像

Chapter 09

📢 学时安排

总学时：2学时。
理论学时：1学时。
实践学时：1学时。

📢 教学内容概述

抠像技术用于将前景对象从背景中分离出来，常用于影视特效合成。本章将介绍如何使用 Keylight (1.2)、线性颜色键等抠像效果来创建透明背景，如何将多个图层合成到一个场景中，创建无缝的合成效果。

📢 教学目标

- 认识抠像。
- 掌握抠像效果的应用。
- 掌握为素材抠像的技巧。

9.1 抠像概述

在影视作品中，我们常常可以看到很多夸张的、震撼的、虚拟的镜头画面，尤其是美国好莱坞的特效电影。有些特效电影中的人物在高楼间来回穿梭、跳跃，演员无法完成这些动作，但可以借助技术手段处理画面，从而达到想要的效果。这就要用到抠像，图9-1和图9-2就是运用抠像技术的作品。

图9-1 　　　　　　　　　　　　　图9-2

9.1.1 什么是抠像

抠像是将画面中的某一种颜色进行抠除转换为透明色，是影视制作领域较为常见的技术手段，如图9-3所示。如果演员在绿色或蓝色的背景前表演，但是在影片中看不到这些背景，这就是运用了抠像的技术手段。在影视制作过程中，背景的颜色不只局限于绿色和蓝色，而是任何与演员服饰、妆容等区分开来的纯色都可以。

图9-3

9.1.2 为什么要抠像

抠像的最终目的是将人物与背景进行融合。使用其他背景素材替换绿色等纯色背景，也可以再添加一些相应的前景元素，使其与原始图像相互融合，形成二层或多层画面的叠加合成，如图9-4所示。

图9-4

9.2 抠像类效果

【抠像】效果可以将蓝色或绿色等纯色背景图像的背景进行抠除，以便替换其他背景，包括【Keying】组里的【Keylight (1.2)】与【抠像】组里的【Advanced Spill Suppressor】【CC Simple Wire Removal】【Key Cleaner】【内部/外部键】【差值遮罩】【提取】【线性颜色键】【颜色范围】和【颜色差值键】，如图9-5所示。

图9-5

9.2.1 Keylight (1.2)

【Keylight (1.2)】效果主要用于进行蓝、绿屏的抠像操作。选中素材，在菜单栏中执行【效果】/【Keying】/【Keylight (1.2)】命令，此时参数设置如图9-6所示。为素材添加该效果的前后对比如图9-7所示。

图9-6　　　　　　　　　图9-7

- 【View】（预览）：设置预览方式。
- 【Screen Colour】（屏幕颜色）：设置需要抠除的背景颜色。
- 【Screen Balance】（屏幕平衡）：在抠像后设置合适的数值可提升抠像效果。
- 【Despill Bias】（色彩偏移）：可去除溢色的偏移程度。
- 【Alpha Bias】（Alpha偏移）：设置透明度偏移程度。
- 【Lock Biases Together】（锁定偏移）：锁定偏移参数。
- 【Screen Pre-blur】（屏幕模糊）：设置模糊程度。
- 【Screen Matte】（屏幕遮罩）：设置屏幕遮罩的具体参数。
- 【Inside Mask】（内测遮罩）：设置参数，使其与图像更好地融合。
- 【Outside Mask】（外侧遮罩）：设置参数，使其与图像更好地融合。
- 【Foreground Colour Correction】（前景颜色校正）：用于调整被抠出区域（前景）的色

彩和影调。
- 【Edge Colour Correction】（边缘颜色校正）：用于对抠像边缘的颜色进行微调，以达到更自然、更精确的抠像效果。
- 【Source Crops】（源作物）：用于对源素材进行裁剪和调整，以便更好地进行抠像处理。

9.2.2 Advanced Spill Suppressor（高级溢出抑制器）

【Advanced Spill Suppressor】效果可以去除用于颜色抠像的彩色背景中前景主题的颜色溢出。选中素材，在菜单栏中执行【效果】/【抠像】/【Advanced Spill Suppressor】命令，此时参数设置如图9-8所示。为素材添加该效果的前后对比如图9-9所示。

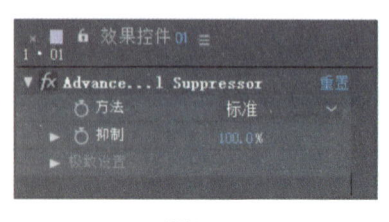

图9-8　　　　　　　　　　　图9-9

- 【方法】：可设置溢出方法为标准或极致。
- 【抑制】：设置抑制程度。
- 【极致设置】：设置算法，增强精准度。

9.2.3 CC Simple Wire Removal（CC简单金属丝移除）

【CC Simple Wire Removal】效果可以简单地将线性形状进行模糊或替换。选中素材，在菜单栏中执行【效果】/【抠像】/【CC Simple Wire Removal】命令，此时参数设置如图9-10所示。为素材添加该效果的前后对比如图9-11所示。

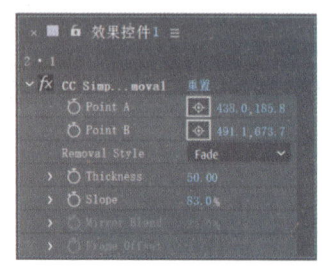

图9-10　　　　　　　　　　　图9-11

- 【Point A】（点A）：设置简单金属丝移除的点A。
- 【Point B】（点B）：设置简单金属丝移除的点B。
- 【Removal Style】（擦除风格）：设置简单金属丝移除风格。
- 【Thickness】（密度）：设置简单金属丝移除的密度。
- 【Slope】（倾斜）：设置水平偏移程度。
- 【Mirror Blend】（镜像混合）：对图像进行镜像或混合处理。
- 【Frame Offset】（帧偏移量）：设置帧偏移程度。

9.2.4 Key Cleaner(抠像清除器)

【Key Cleaner】效果可以改善杂色素材的抠像效果，同时保留细节，只影响Alpha通道。选中素材，在菜单栏中执行【效果】/【抠像】/【Key Cleaner】命令，此时参数设置如图9-12所示。使用该效果前后的对比，如图9-13所示。

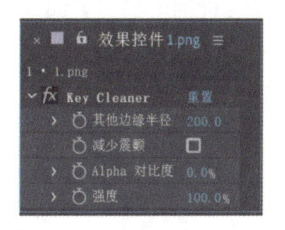

图9-12

图9-13

9.2.5 内部/外部键

【内部/外部键】效果可以基于内部和外部路径从图像提取对象，除了可在背景中对柔化边缘的对象使用蒙版以外，还可修改边界周围的颜色，以移除沾染背景的颜色。选中素材，在菜单栏中执行【效果】/【抠像】/【内部/外部键】命令，此时参数设置如图9-14所示。使用该效果前后的对比如图9-15所示。

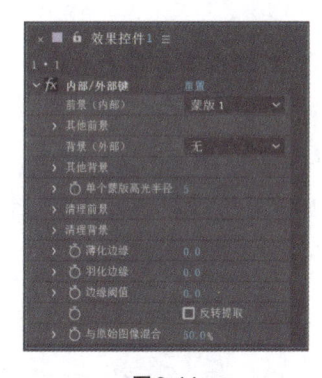

图9-14

图9-15

- 【前景(内部)】：设置前景遮罩。
- 【其他前景】：添加其他前景。
- 【背景(外部)】：设置背景遮罩。
- 【其他背景】：添加其他背景。
- 【单个蒙版高光半径】：设置单独通道的高光半径。
- 【清理前景】：根据遮罩路径清除前景色。
- 【清理背景】：根据遮罩路径清除背景色。
- 【薄化边缘】：设置边缘薄化程度。
- 【羽化边缘】：设置边缘羽化值。
- 【边缘阈值】：设置边缘阈值，使其更加锐利。
- 【反转提取】：勾选此选项，可以反转提取效果。

199

- 【与原始图像混合】：设置源图像与混合图像之间的混合程度。

9.2.6 差值遮罩

【差值遮罩】效果适用于抠除移动对象后面的静态背景，然后将此对象放在其他背景上。选中素材，在菜单栏中执行【效果】/【抠像】/【差值遮罩】命令，此时参数设置如图9-16所示。使用该效果前后的对比如图9-17所示。

- 【视图】：设置视图方式，其中包括【最终输出】【仅限源】【仅限遮罩】。
- 【差值图层】：设置用于比较的差值图层。
- 【如果图层大小不同】：用于调整图层一致性。
- 【匹配容差】：设置匹配范围。

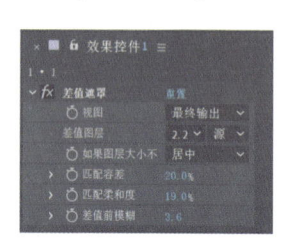

图9-16　　　　　　　　　　图9-17

- 【匹配柔和度】：设置匹配柔和程度。
- 【差值前模糊】：可清除图像杂点。

9.2.7 提取

【提取】效果可以创建透明度，是基于一个通道的范围进行抠像。选中素材，在菜单栏中执行【效果】/【抠像】/【提取】命令，此时参数设置如图9-18所示。为素材添加该效果的前后对比如图9-19所示。

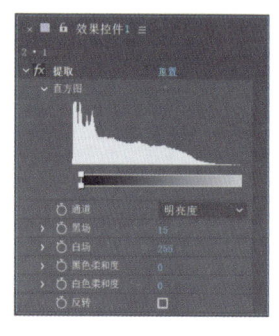

图9-18　　　　　　　　　　图9-19

- 【直方图】：通过直方图可以了解图像各个影调的分布情况。
- 【通道】：设置抽取键控通道。其中包括【明亮的】【红色】【绿色】【蓝色】【Alpha】。
- 【黑场】：设置黑点数值。
- 【白场】：设置白点数值。
- 【黑色柔和度】：设置暗部区域的柔和程度。

- 【白色柔和度】：设置亮部区域的柔和程度。
- 【反转】：勾选此选项，可反转键控区域。

9.2.8 线性颜色键

【线性颜色键】效果可以使用 RGB、色相或色度信息来创建指定主色的透明度，抠除指定颜色的像素。选中素材，在菜单栏中执行【效果】/【抠像】/【线性颜色键】命令，此时参数设置如图 9-20 所示。为素材添加该效果的前后对比如图 9-21 所示。

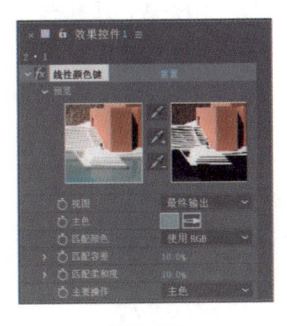

图 9-20 　　　　　　　　　　图 9-21

- 【预览】：可以直接观察键控选取效果。
- 【视图】：设置【合成】面板中的观察效果。
- 【主色】：设置键控基本色。
- 【匹配颜色】：设置匹配颜色空间。
- 【匹配容差】：设置匹配范围。
- 【匹配柔和度】：设置匹配柔和程度。
- 【主要操作】：可设置主要操作方式为主色或保持颜色。

9.2.9 颜色范围

【颜色范围】效果可以基于颜色范围进行抠像操作。选中素材，在菜单栏中执行【效果】/【抠像】/【颜色范围】命令，此时参数设置如图 9-22 所示。为素材添加该效果的前后对比如图 9-23 所示。

图 9-22 　　　　　　　　　　图 9-23

- 【预览】：可以直接观察键控选取效果。
- 【模糊】：设置模糊程度。
- 【色彩空间】：可设置色彩空间为Lab、YUV或RGB。
- 【最小值/最大值（L,Y,R）/（a,U,G）/（b,V,B）】：可准确设置色彩空间参数。

9.2.10 颜色差值键

【颜色差值键】效果可以将图像分成A、B两个遮罩，并将其相结合，使画面出现将背景变透明的第3种蒙版效果。选中素材，在菜单栏中执行【效果】/【抠像】/【颜色差值键】命令，此时参数设置如图9-24所示。为素材添加该效果的前后对比如图9-25所示。

图9-24

图9-25

- 【吸管工具】：在图像中单击可吸取需要抠除的颜色。
- 【加吸管】：可增加吸取范围。
- 【减吸管】：可减少吸取范围。
- 【预览】：可以直接观察键控选取效果。
- 【视图】：设置【合成】面板中的观察效果。
- 【主色】：设置键控基本色。
- 【颜色匹配准确度】：设置颜色匹配的精准程度。

综合实例：使用Keylight(1.2)效果合成宠物照片

文件路径：Chapter 09　抠像→综合实例：使用 Keylight(1.2) 效果合成宠物照片

本综合实例使用【Keylight(1.2)】效果去除动物背景，使粉色的光斑背景显现出来。画面效果如图9-26所示。

（1）在【项目】面板中，右击并选择【新建合成】，在弹出的【合成设置】对话框中设置【合成名称】为【1】,【预设】为【自定义】,【宽度】为1500px,【高度】为918px,【像素长宽比】为【方形像素】,【帧速率】为24帧/秒,【持续时间】为5秒。执行【文件】/【导入】

202

/【文件...】命令，导入【1.jpg】【2.jpg】素材文件，如图9-27所示。

（2）在【项目】面板中将【1.jpg】【2.jpg】素材文件拖曳到【时间轴】面板中，如图9-28所示。

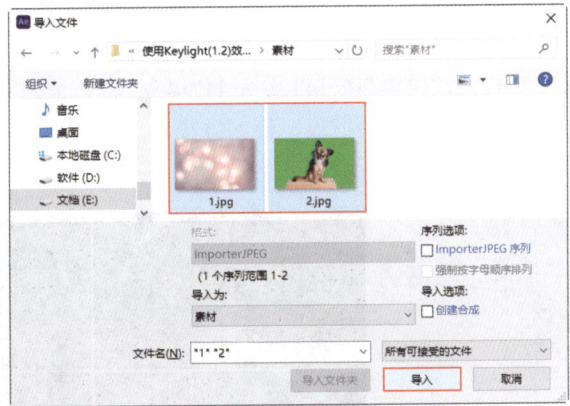

图9-26　　　　　　　　　　　图9-27

（3）在【效果和预设】面板搜索框中搜索【Keylight(1.2)】，将该效果拖曳到【时间轴】面板中【2.jpg】图层上，如图9-29所示。

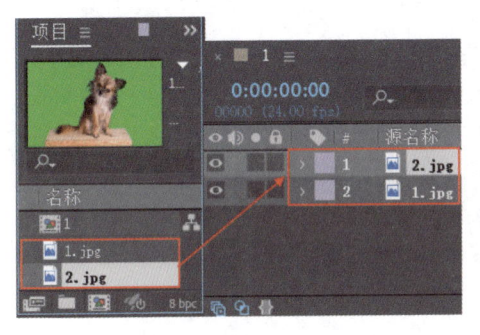

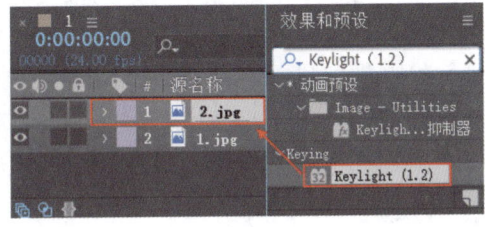

图9-28　　　　　　　　　　　图9-29

（4）在【时间轴】面板中选择【2.jpg】图层，在【效果控件】面板中展开【Keylight(1.2)】效果，单击【Screen Colour】后方的【吸管工具】按钮，然后将鼠标指针移动到【合成】面板中绿色背景处，单击进行吸取，如图9-30所示。此时画面效果如图9-31所示。

图9-30　　　　　　　　　　　图9-31

203

9.3 课后练习：制作AI智能屏幕效果

文件路径：Chapter 09　抠像→课后练习：制作 AI 智能屏幕效果

本课后练习主要使用【发光】效果及【高斯模糊】效果制作画面中心的圆形元素，使用【Keylight(1.2)】效果抠除视频素材背景，使用【曲线】效果以及【三色调】效果调整颜色。画面效果如图9-32所示。

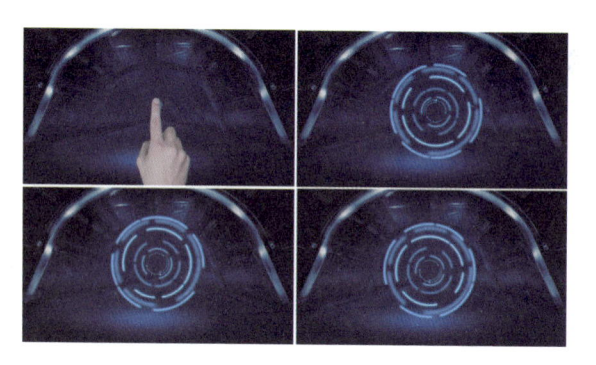

图9-32

（1）在【项目】面板中，右击并选择【新建合成】，在弹出的【合成设置】对话框中设置【合成名称】为【合成1】，【预设】为【自定义】，【宽度】为1280px，【高度】为720px，【像素长宽比】为【方形像素】，【帧速率】为23.976帧/秒，【分辨率】为【完整】，【持续时间】为16秒，执行【文件】/【导入】/【文件...】命令，导入全部素材文件。在【项目】面板中分别将【01.png】~【06.png】素材文件拖曳到【时间轴】面板中，如图9-33所示。在【时间轴】面板中单击【02.png】~【06.png】图层前的【隐藏/显现】按钮，将图层进行隐藏，如图9-34所示。

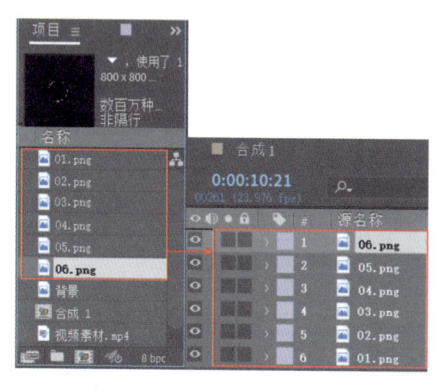

图9-33 　　　　　　　　　　图9-34

（2）打开【01.png】图层下方的【变换】属性，设置【缩放】为【10.0,10.0%】，将时间线滑动到起始帧位置，单击【旋转】前的【时间变化秒表】按钮，开启自动关键帧，设置【旋转】为【0x+45.0°】，如图9-35所示。继续将时间线滑动到结束帧位置，设置【旋转】为【3x+45.0°】。接着在【效果和预设】面板搜索框中搜索【发光】，将该效果拖曳到【时间轴】面板中的【01.png】图层上，如图9-36所示。

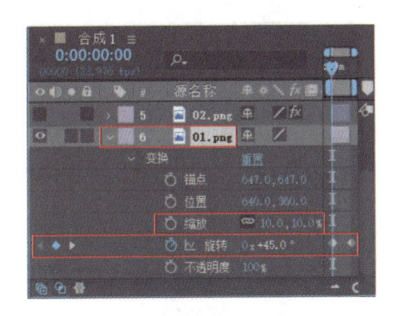

图9-35 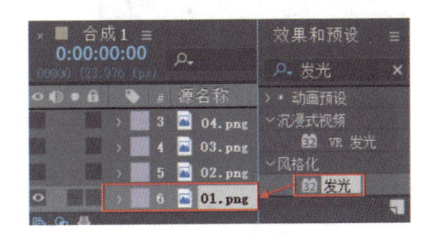　　　　　　　　　　　　　图9-36

（3）在【时间轴】面板中打开【01.png】图层下方的【效果】/【发光】，设置【发光阈值】为【100.0%】，【发光半径】为【20.0】，【颜色A】为天蓝色，【颜色B】为深蓝色，如图9-37所示。此时动画效果如图9-38所示。

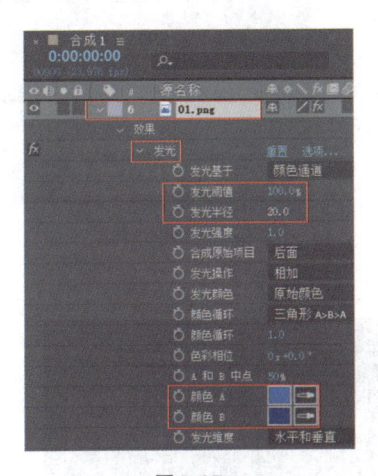

图9-37 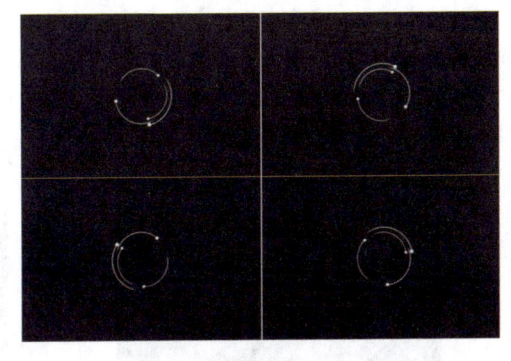　　　　　　　　　　　　　图9-38

（4）显现并选择【02.png】图层，打开该图层下方的【变换】，设置【缩放】为【60.0,60.0%】，将时间线滑动到起始帧位置，单击【旋转】前的【时间变化秒表】按钮，开启自动关键帧，设置【旋转】为【0x+20.0°】。继续将时间线滑动到结束帧位置，设置【旋转】为【1x+20.0°】，如图9-39所示。在【效果和预设】面板搜索框中搜索【高斯模糊】，将该效果拖曳到【时间轴】面板中的【02.png】图层上，如图9-40所示。

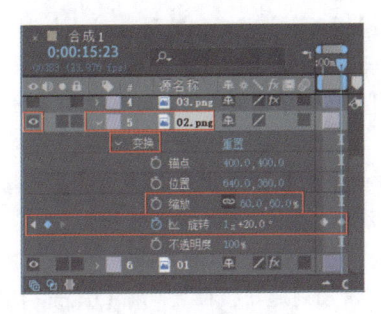

图9-39 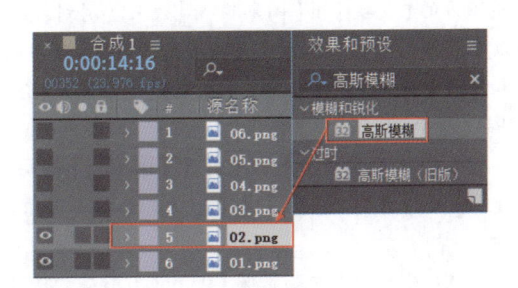　　　　　　　　　　　　　图9-40

（5）打开【02.png】图层下方的【效果】/【高斯模糊】，设置【模糊度】为【20.0】，如图9-41所示。滑动时间线查看当前画面效果，如图9-42所示。

205

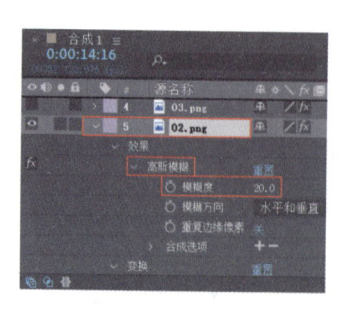

图9-41

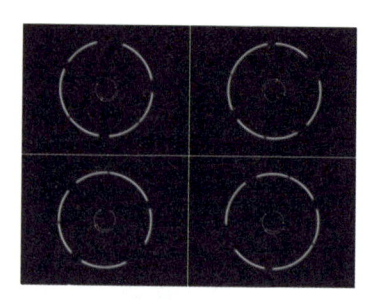

图9-42

（6）打开【02.png】图层，将时间线滑动到起始帧位置，选择【变换】属性，使用快捷键Ctrl+C复制，接着显现并选择【03.png】图层，使用快捷键Ctrl+V粘贴，继续选择【02.png】图层下方的【效果】/【高斯模糊】，复制该效果，选择【03.png】图层，再次进行粘贴，如图9-43所示。

（7）打开【03.png】图层下方的【变换】，将时间线滑动到起始帧位置，更改【旋转】为【$0_x+60.0°$】，将时间线滑动到结束帧位置，更改【旋转】为【$6_x+60.0°$】，然后展开【效果】/【高斯模糊】，更改【模糊度】为【40.0】，如图9-44所示。此时动画效果如图9-45所示。

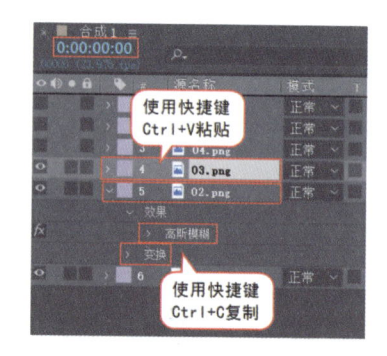

图9-43

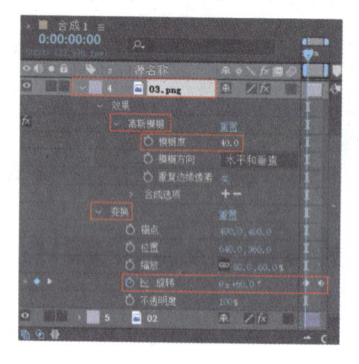

图9-44

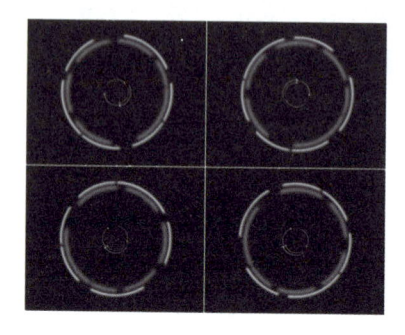

图9-45

（8）显现并选择【04.png】图层，将时间线滑动到起始帧位置，用同样的方式将【03.png】图层下方的【变换】和【高斯模糊】效果复制到【04.png】图层上。将时间线滑动到结束帧位置，更改【旋转】为【$5_x+60.0°$】，更改【高斯模糊】下方的【模糊度】为【5.0】，如图9-46所示。在【效果和预设】面板搜索框中搜索【发光】，将该效果拖曳到【时间轴】面板中的【04.png】图层上，如图9-47所示。

（9）在【时间轴】面板中打开【04.png】图层下方的【效果】/【发光】，设置【发光阈值】为【100.0%】，【发光半径】为【20.0】，如图9-48所示。滑动时间线查看当前画面效果，如图9-49所示。

（10）用同样的方式显现【05.png】图层，将时间线滑动到起始帧位置，将【04.png】图层下方的【变换】和【高斯模糊】效果复制到【05.png】图层上，然后在当前位置更改【05.png】图层【旋转】为【$0_x-50.0°$】，继续将时间线滑动到结束帧位置，更改【旋转】为【$2_x+310.0°$】，然后更改【高斯模糊】下方的【模糊度】为【21.2】，如图9-50所示。画面效果如图9-51所示。

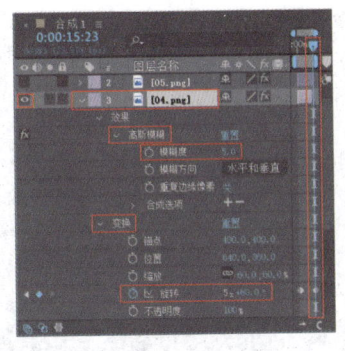

图9-46

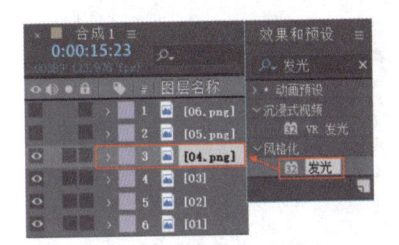

图9-47

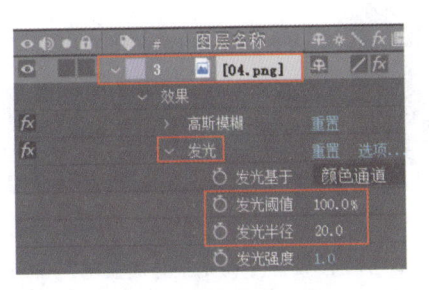

图9-48

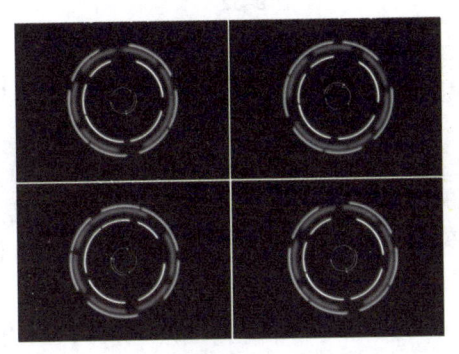

图9-49

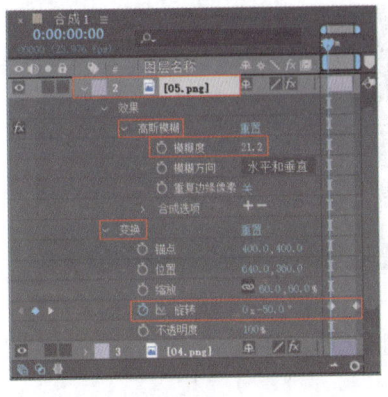

图9-50

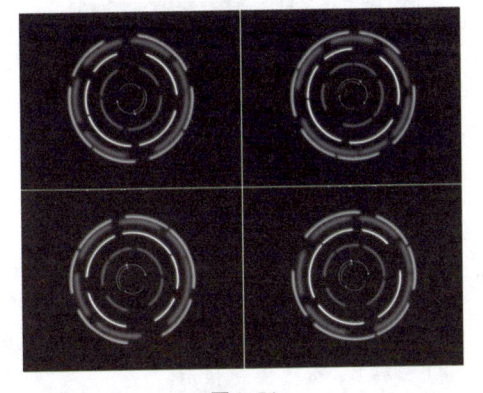

图9-51

（11）显现【06.png】图层，将时间线滑动到起始帧位置，将【04.png】图层下方的【变换】和【发光】效果复制到【06.png】图层上，在当前位置更改【06.png】图层下方的【旋转】为【0x+45.0°】。继续将时间线滑动到结束帧位置，更改【旋转】为【5x+315.0°】，如图9-52所示。画面效果如图9-53所示。

（12）在【时间轴】面板中选择全部素材文件，使用快捷键Ctrl+Shift+C调出【预合成】对话框，如图9-54所示。

（13）在【效果和预设】面板搜索框中搜索【三色调】，将该效果拖曳到【时间轴】面板中【预合成1】图层上，如图9-55所示。

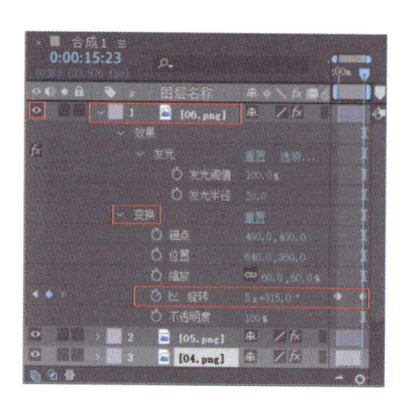

图9-52 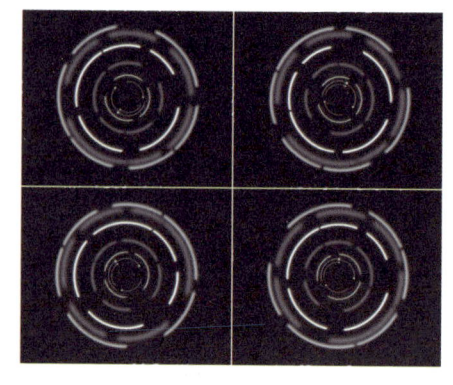　　　　　　　　　　　图9-53

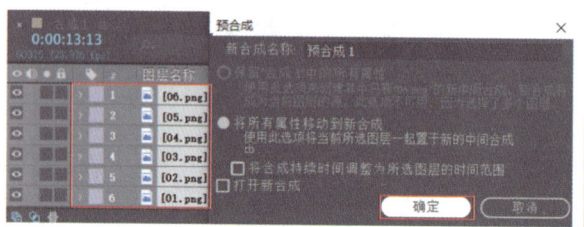

图9-54 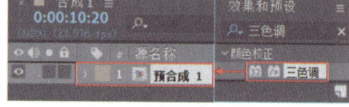　　　　　　　　　　　图9-55

（14）打开【预合成1】图层下方的【效果】/【三色调】，设置【高光】为浅蓝色，【中间调】为湖蓝色，【阴影】为深蓝色，如图9-56所示。此时画面效果如图9-57所示。

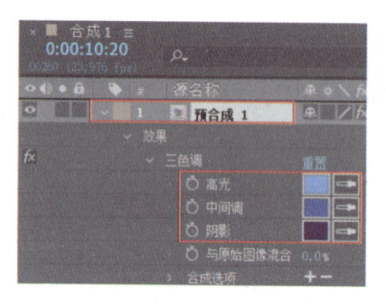

图9-56 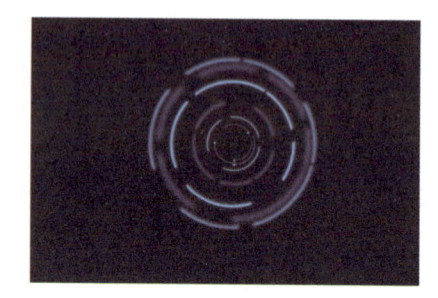　　　　　　　　　　　图9-57

（15）在【效果和预设】面板搜索框中搜索【发光】，将该效果拖曳到【时间轴】面板中【预合成1】图层上，如图9-58所示。

（16）打开【预合成1】图层下方的【效果】/【发光】，设置【发光半径】为【5.0】，【发光强度】为【0.5】，如图9-59所示。此时画面效果如图9-60所示。

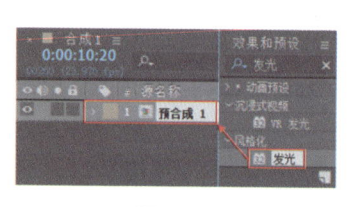

图9-58 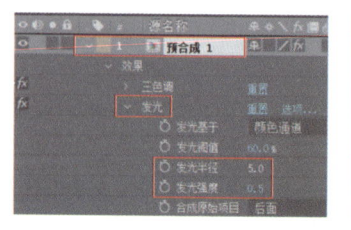　　　　　图9-59 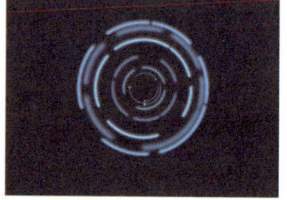　　　　　图9-60

208

（17）展开【预合成1】图层下方的【变换】，按住Alt键的同时单击【位置】前的【时间变化秒表】按钮，此时出现表达式，如图9-61所示。单击【表达式：位置】后方的【表达式语言菜单】按钮，在菜单中选择【Property】/【wiggle(freq,amp,octaves=1,amp_mult=.5,t=time)】，如图9-62所示。

图9-61　　　　　　　　　　　图9-62

（18）在【时间轴】面板中【wiggle】后方括号内编辑参数为【1.5,50】，如图9-63所示。将时间线滑动到起始帧位置，单击【缩放】前的【时间变化秒表】按钮，设置【缩放】为【10.0,10.0%】，如图9-64所示。将时间线滑动到第1秒16帧位置，设置【缩放】同样为【10.0,10.0%】，最后将时间线滑动到第2秒06帧位置，设置【缩放】为【100.0，100.0%】。

图9-63 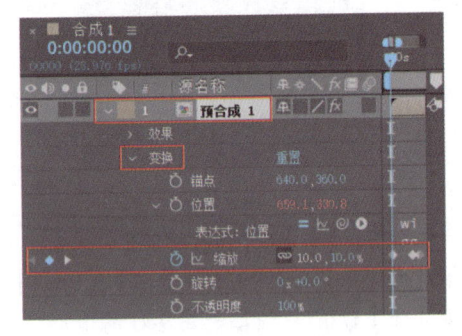　　　　　　　　　　　图9-64

（19）滑动时间线查看当前画面效果，如图9-65所示。

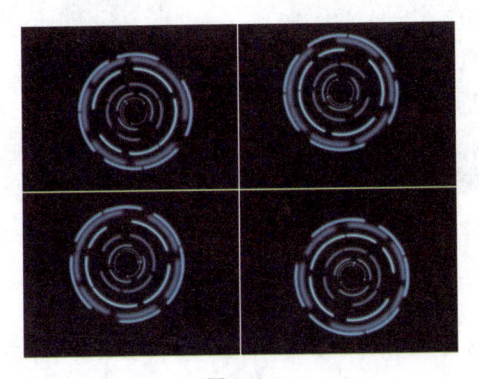

图9-65

（20）在【项目】面板中将【背景】素材文件拖曳到【时间轴】面板中【预合成1】图层下方，如图9-66所示。在【效果和预设】面板搜索框中搜索【曲线】，将该效果拖曳到【时间轴】面板中的【背景】图层上，如图9-67所示。

209

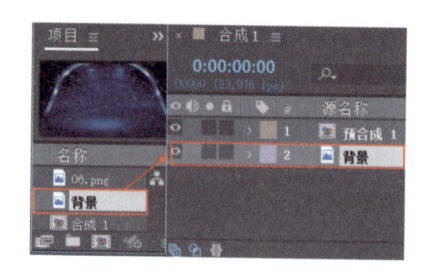

图9-66 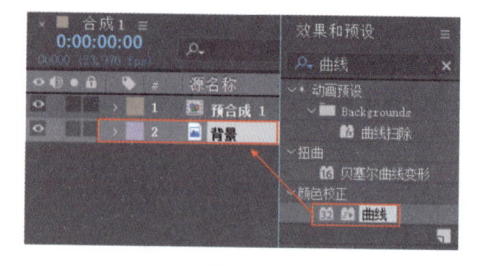　　　　　　　　　　　　　　图9-67

（21）在【时间轴】面板中选择【背景】图层，在【效果控件】面板中展开【曲线】效果，设置【通道】为【RGB】，在下方曲线上添加两个控制点并适当向右下角拖动，如图9-68所示。此时画面效果如图9-69所示。

图9-68 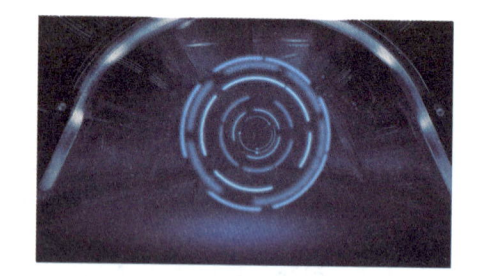　　　　　　　　　　　　　　图9-69

（22）在【项目】面板中将【视频素材.mp4】拖曳到【时间轴】面板最上层，如图9-70所示。在【时间轴】面板中打开【视频素材.mp4】下方的【变换】，设置【位置】为【668.7,564.5】,【缩放】为【57.0,57.0%】，如图9-71所示。

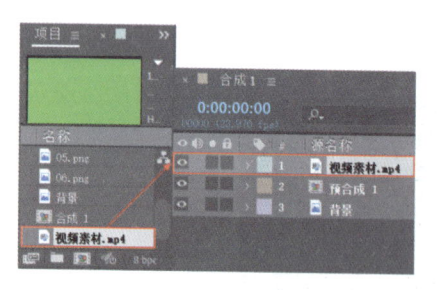

图9-70 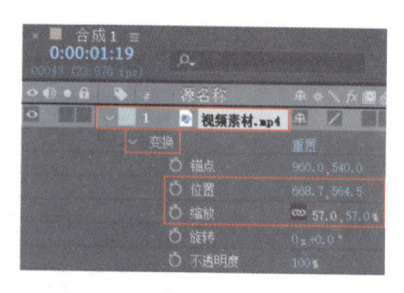　　　　　　　　　　　　　　图9-71

（23）在【效果和预设】面板搜索框中搜索【Keylight (1.2)】，将效果拖曳到【时间轴】面板中的视频素材图层上，如图9-72所示。

（24）在【时间轴】面板中选择【视频素材.mp4】，在【效果控件】面板中打开【Keylight (1.2)】效果，单击【Screen Colour】后方的【吸管】按钮，然后在【合成】面板中的绿色背景上单击，如图9-73所示。

（25）在【效果和预设】面板搜索框中搜索【曲线】，将效果拖曳到【时间轴】面板中【视频素材.mp4】图层上，如图9-74所示。

210

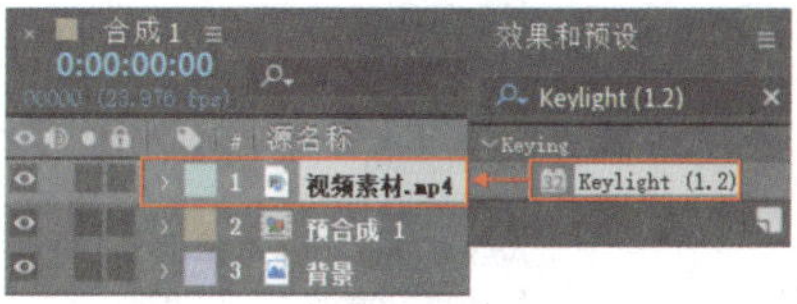

图 9-72 　　　　　　　　　　　　　图 9-73

（26）在【时间轴】面板中选择【视频素材.mp4】图层，在【效果控件】面板中展开【曲线】效果，设置【通道】为【RGB】，在下方曲线上合适位置单击添加一个控制点并向左上角拖动，如图 9-75 所示。此时画面效果如图 9-76 所示。

（27）打开【预合成 1】图层下方的【效果】，选择【三色调】，使用快捷键 Ctrl+C 复制，接着选择【视频素材.mp4】图层，使用快捷键 Ctrl+V 粘贴，然后打开该图层下方的【三色调】，设置【与原始图像混合】为【80.0%】，如图 9-77 所示。调色后的画面效果如图 9-78 所示。

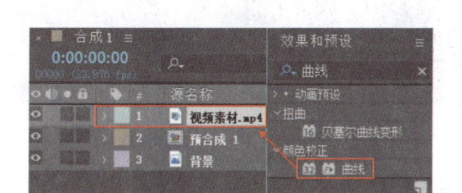

图 9-74 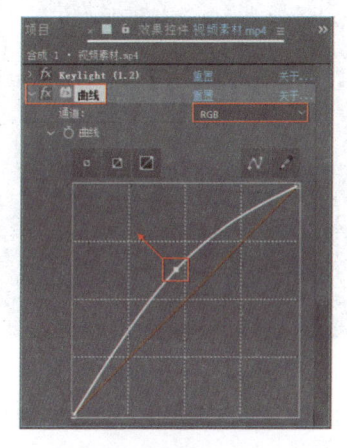　　　　　　　　　　　　　图 9-75

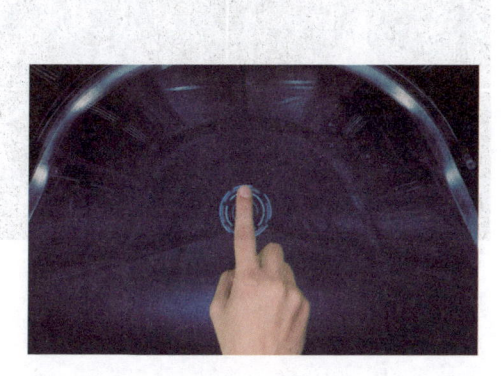

图 9-76 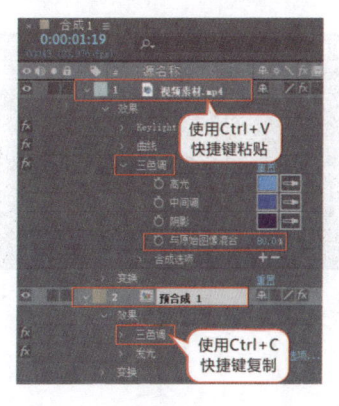　　　　　　　　　　　　　图 9-77

211

（28）在【时间轴】面板下方的空白位置处右击，执行【新建】/【摄像机】命令，如图9-79所示。在弹出的【摄像机设置】对话框中单击【确定】按钮，如图9-80所示。

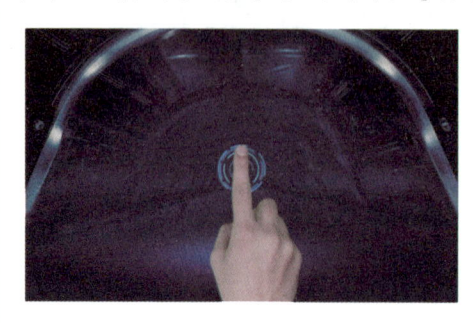

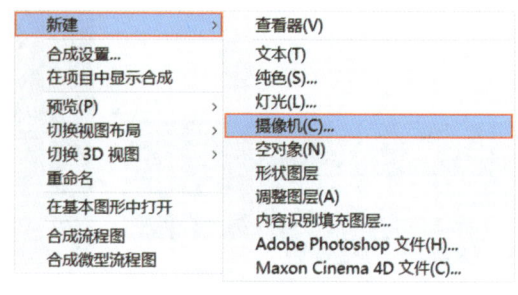

图9-78

图9-79

（29）打开【摄像机1】图层下方的【变换】，设置【目标点】为【659.1,330.8,0.0】,【位置】为【659.1,330.8,-840.0】，如图9-81所示。接着展开【摄像机选项】，设置【缩放】为【853.3像素（73.7° H）】,【景深】为【开】,【焦距】为【853.3像素】,【光圈】为【103.1像素】，如图9-82所示。

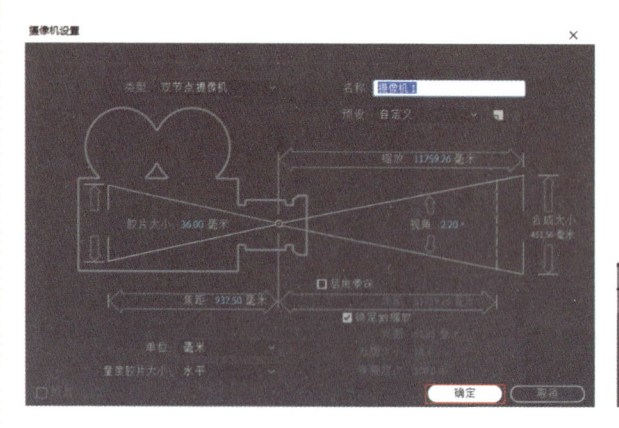

图9-80

图9-81

（30）本课后练习制作完成，滑动时间线查看画面效果，如图9-83所示。

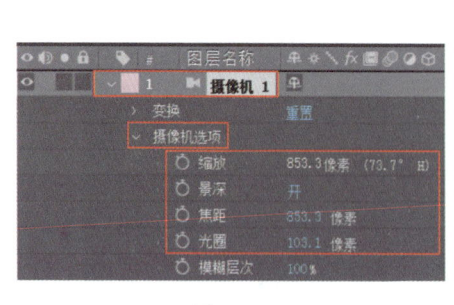

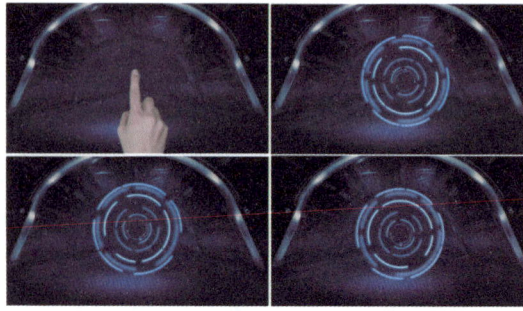

图9-82

图9-83

212

9.4 随堂测试

1. 知识考查

（1）为素材抠除背景。
（2）合成背景，并制作动画。

2. 实战演练

参考给定作品，制作清爽感风格的动画效果。

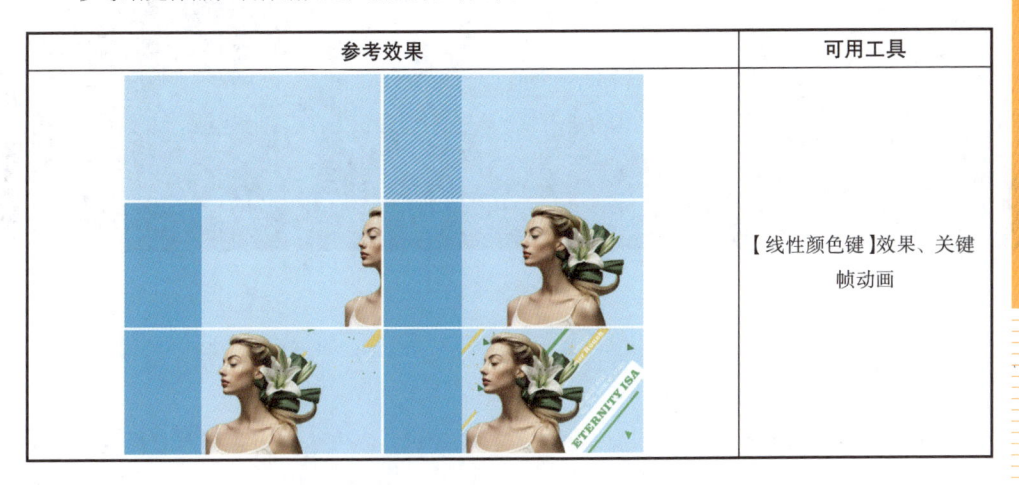

参考效果	可用工具
	【线性颜色键】效果、关键帧动画

3. 项目实操

制作清爽感风格的广告动画。
要求：
（1）使用任意素材，要求人像背景为蓝色或绿色。
（2）可应用【线性颜色键】效果将人像素材抠除背景。
（3）制作动画。

常用文字效果

Chapter 10

🔊 **学时安排**

总学时：6 学时。
理论学时：1 学时。
实践学时：5 学时。

🔊 **教学内容概述**

文字工具在 After Effects 中非常强大，可以创建和动画化文本。本章将介绍如何添加和编辑文本图层，使用各种文本属性（如字体、大小、颜色）进行设计，以及应用文本动画预设和手动创建文字动画效果。

🔊 **教学目标**

- 掌握文字的创建及编辑。
- 掌握创建不同文字效果的方法。
- 掌握文本动画应用。

10.1 创建文字

无论在何种视觉媒体中，文字都是必不可缺的设计元素之一，它能准确地表达作品所阐述的信息，同时也是丰富画面的重要元素。在After Effects中，创建文字的方式有两种，分别是利用文本图层和使用文字工具。

10.1.1 利用文本图层创建文字

创建文本图层的方法有两种，具体如下。

方法1：在【时间轴】面板中创建文本图层

（1）在【时间轴】面板中的空白位置处右击并执行【新建】/【文本】命令，如图10-1所示。

（2）新建完成后，可以看到在【合成】面板中出现一个鼠标指针符号，此时处于输入文字状态，如图10-2所示。

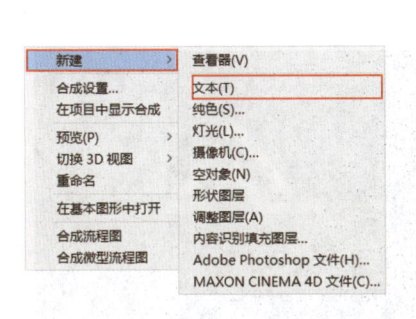

图10-1 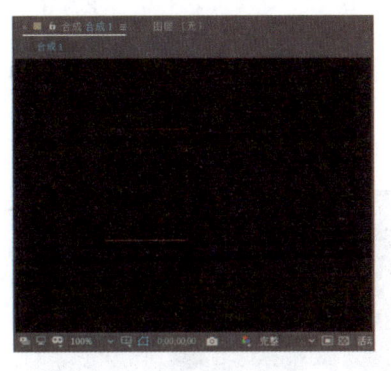　　　　　　　　　　　　　图10-2

方法2：在菜单栏中（或使用快捷键）创建文本图层

在菜单栏中执行【图层】/【新建】/【文本】命令，或使用快捷键Ctrl+Alt +Shift +T，即可创建文本图层，如图10-3所示。

图10-3

10.1.2 使用文字工具创建文字

实例1：创建横排文字

文件路径：Chapter 10　常用文字效果→实例1：创建横排文字

扫一扫，看视频

215

本实例使用【文字工具】制作横排文字，并在【字符】面板中为文字设置合适的参数。画面效果如图10-4所示。

（1）执行【文件】/【导入】/【文件...】命令，在弹出的对话框中导入全部素材，如图10-5所示。

图10-4 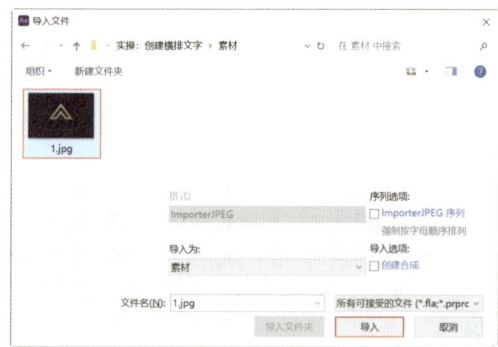　　　　　　　　　　　　　　图10-5

（2）将【项目】面板中的【1.jpg】素材拖曳到【时间轴】面板中，如图10-6所示。此时自动生成与素材等大的合成。

（3）此时画面效果如图10-7所示。

图10-6 　　　　　　　　　　　　　　图10-7

（4）单击【工具】面板中的【横排文字工具】按钮，在【合成】面板的合适位置处单击并输入文本，如图10-8所示。

（5）选中文字，在【字符】面板中设置合适的字体，设置【填充颜色】为土黄色，【字体大小】为【130像素】，【字间距】为【50】，并单击下方的【全部大写字母】按钮 TT，如图10-9所示。

（6）此时本实例制作完成，画面效果如图10-10所示。

图10-8 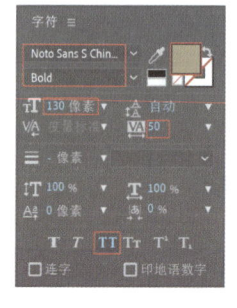　　　　　图10-9 　　　　　图10-10

实例2：创建直排文字

文件路径：Chapter 10　常用文字效果→实例2：创建直排文字

本实例使用【文字工具】制作直排文字，并在【字符】面板中为文字设置合适的参数。画面效果如图10-11所示。

（1）执行【文件】/【导入】/【文件...】命令，在弹出的对话框中导入全部素材，如图10-12所示。

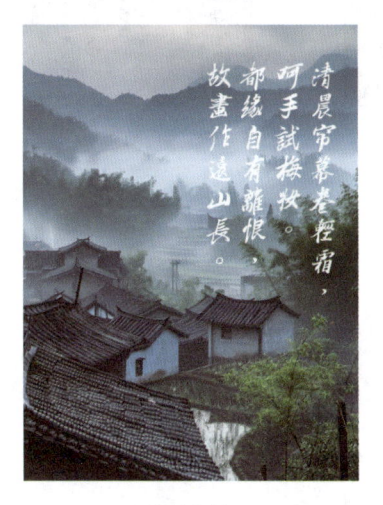

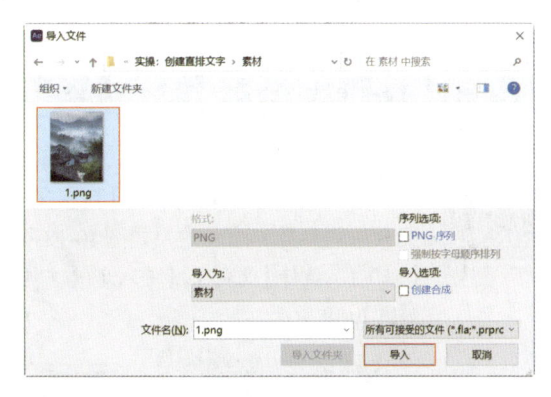

图10-11

图10-12

（2）将【项目】面板中的【1.png】素材拖曳到【时间轴】面板中，如图10-13所示。此时自动生成与素材等大的合成。

（3）此时画面效果如图10-14所示。

图10-13

图10-14

（4）单击【工具】面板中的【直排文字工具】按钮，在【合成】面板的合适位置处单击并输入文本，如图10-15所示。

（5）选中文字，在【字符】面板中设置合适的字体，设置【字体大小】为【80像素】,【字间距】为【50】,并单击下方的【仿斜体】按钮 *T*，如图10-16所示。

（6）此时本实例制作完成，画面效果如图10-17所示。

图10-15 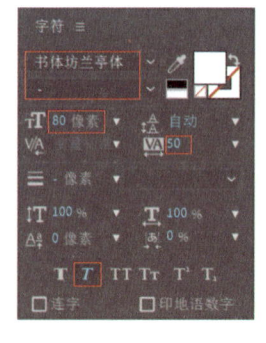　　　　　　　　　图10-16 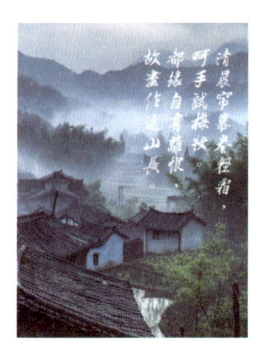　　　　　　　　　图10-17

实例3：创建段落文字

文件路径：Chapter 10　常用文字效果→实例3：创建段落文字

本实例使用【文字工具】制作文字，并在【字符】面板和【段落】面板中设置合适的参数。画面效果如图10-18所示。

（1）执行【文件】/【导入】/【文件...】命令，在弹出的对话框中导入全部素材，如图10-19所示。

图10-18 　　　　　　　　　　　　　　　　图10-19

（2）将【项目】面板中的【1.png】素材拖曳到【时间轴】面板中，如图10-20所示。此时自动生成与素材等大的合成。

（3）此时画面效果如图10-21所示。

图10-20 　　　　　　　　　　　　　　　　图10-21

（4）单击【工具】面板中的【横排文字工具】按钮，在【合成】面板的合适位置按住鼠标左键拖动绘制文本框，如图10-22所示。

（5）在文本框内输入合适的文本，如图10-23所示。

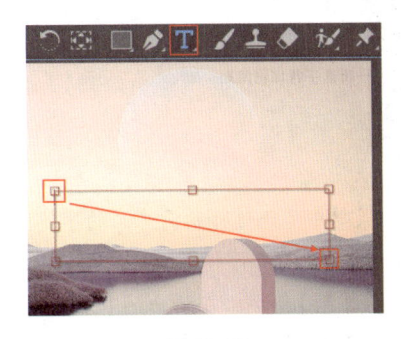

图10-22 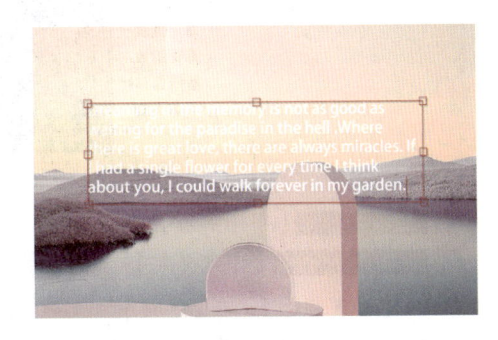　　　　　　　　　　图10-23

（6）在【时间轴】面板中选中文字图层，在【字符】面板中设置合适的字体，设置【填充颜色】为肉粉色，设置【字体大小】为【24像素】，如图10-24所示。

（7）在【段落】面板中设置【对齐方式】为【最后一行左对齐】，设置【首行缩进】为【50像素】，如图10-25所示。

（8）此时本实例制作完成，画面效果如图10-26所示。

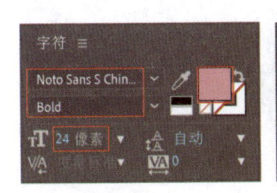

图10-24 　　　　　图10-25 　　　　　图10-26

10.2　设置文字参数

在After Effects中创建文字后，可以进入字符面板和段落面板修改文字效果。

10.2.1　字符面板

在创建文字后，可以在【字符】面板中对文字的【字体系列】【字体样式】【填充颜色】【描边颜色】【字体大小】【行距】【两个字符间的字偶间距】【所选字符的字符间距】【描边宽度】【描边类型】【垂直缩放】【水平缩放】【基线偏移】【所选字符比例间距】和【字体类型】进行设置。【字符】面板如图10-27所示。

219

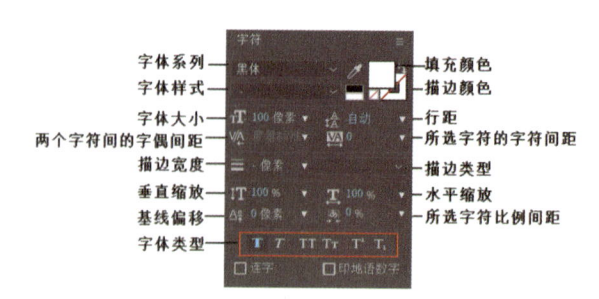

图10-27

- ![黑体] 【字体系列】：在【字体系列】下拉菜单中可以选择所需应用的字体类型。
- ![-] 【字体样式】：在设置【字体系列】后，有些字体还有样式可供选择。
- ![□] 【填充颜色】：在【字符】面板中单击【填充颜色】色块，在弹出的【文本颜色】面板中设置合适的填充颜色，也可以使用【吸管工具】直接吸取所需颜色。
- ![□] 【描边颜色】：在【字符】面板中双击【描边颜色】色块，在弹出的【文本颜色】面板中设置合适的描边颜色，也可以使用【吸管工具】直接吸取所需颜色。
- ![iT] 【字体大小】：可以在【字体大小】下拉菜单中选择预设的字体大小，也可以在数值处按住鼠标左键并左右拖动或在数值处单击直接输入数值。
- ![tA] 【行距】：用于段落文字，设置行距数值，可调节行与行之间的距离。图10-28所示为设置【行距】为【50】和【70】的对比效果。
- ![VA] 【两个字符间的字偶间距】：设置左右字符的间距。图10-29所示为设置【字偶间距】为【-100】和【280】的对比效果。

(a)行距：50　　　　(b)行距：70　　　　(c)字偶间距：-100　　　　(d)字偶间距：280

图10-28　　　　　　　　　　　　图10-29

- ![VA] 【所选字符的字符间距】：设置所选字符的字符间距。图10-30所示为设置【字符间距】为【0】和【200】的对比效果。
- ![≡] 【描边宽度】：设置描边的宽度。图10-31所示为设置【描边宽度】为【2】和【10】的对比效果。

(a)字符间距：0　　　　(b)字符间距：200　　　　(c)描边宽度：2　　　　(d)描边宽度：10

图10-30　　　　　　　　　　　　图10-31

- ▭【描边类型】：单击【描边类型】下拉菜单可设置描边类型。图10-32所示为选择不同描边类型的对比效果。
- ▭【垂直缩放】：可以垂直拉伸文本。
- ▭【水平缩放】：可以水平拉伸文本。
- ▭【基线偏移】：可上下平移所选字符。
- ▭【所选字符比例间距】：设置所选字符之间的比例间距。
- ▭【字体类型】：设置字体类型，包括【仿粗体】▭、【仿斜体】▭、【全部大写字母】▭、【小型大写字母】▭、【上标】▭和【下标】▭。图10-33所示为选择【仿斜体】和【全部大写字母】的对比效果。

（a）描边类型：在描边上填充　（b）描边类型：在填充上描边

图10-32

（a）字体类型：仿斜体　（b）字体类型：全部大写字母

图10-33

10.2.2 【段落】面板

在【段落】面板中可以设置段落对齐方式、段落缩进和边距。【段落】面板如图10-34所示。

1. 段落对齐方式

在【段落】面板中一共包含7种段落对齐方式，分别为【居左对齐文本】【居中对齐文本】【居右对齐文本】【最后一行左对齐】【最后一行居中对齐】【最后一行右对齐】【两端对齐】，如图10-35所示。

图10-34

图10-35

图10-36所示为设置对齐方式为【居左对齐文本】和【居右对齐文本】的对比效果。

（a）居左对齐文本　　　　（b）居右对齐文本

图10-36

2. 段落缩进和边距

在【段落】面板中包括【缩进左边距】【缩进右边距】和【首行缩进】三种段落缩进方式，以及【段前添加空格】和【段后添加空格】两种边距设置方式，如图10-37所示。

221

图10-37

图10-38所示为段落设置参数的前后对比效果。

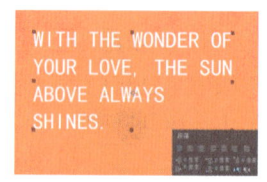

（a）设置前 　　　　　　　（b）设置后

图10-38

实例：制作可爱的路径文字效果

在创建文本图层后，可以为文本图层添加遮罩路径，使该图层内的文字沿绘制的路径进行排列，从而产生路径文字效果。

文件路径：Chapter 10　常用文字效果→实例：制作可爱的路径文字效果

本实例使用【文字工具】制作文字，然后使用【钢笔工具】绘制路径制作蒙版路径，并设置合适的参数制作可爱的路径文字效果。画面效果如图10-39所示。

（1）执行【文件】/【导入】/【文件...】命令，在弹出的对话框中导入全部素材，如图10-40所示。

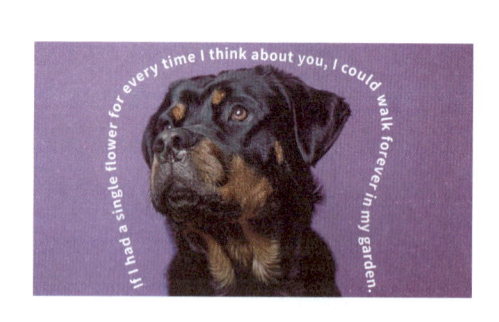

图10-39 　　　　　　　　　　　　　图10-40

（2）将【项目】面板中的【1.png】素材拖曳到【时间轴】面板中，如图10-41所示。此时自动生成与素材等大的合成。

（3）此时画面效果如图10-42所示。

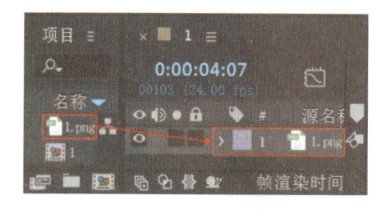

图10-41 　　　　　　　　　　　　　图10-42

（4）单击【工具】面板中的【横排文字工具】按钮，在【合成】面板的合适位置处单击并输入文本，接着在【字符】面板中设置合适的字体，设置【字体大小】为【45像素】，如图10-43所示。

（5）在【时间轴】面板中选择该文本图层，并在【工具】面板中选择【钢笔工具】，接着在【合成】面板中绘制一条路径，如图10-44所示。

图10-43

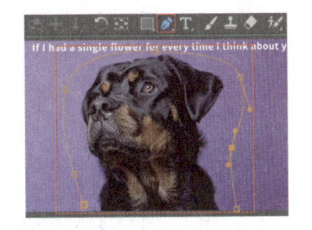

图10-44

（6）在【时间轴】面板中打开该文本图层下方的【文本】/【路径选项】，设置【路径】为【蒙版1】，如图10-45所示。

（7）此时本实例制作完成，画面效果如图10-46所示。

图10-45

图10-46

为文本图层添加路径后，可以在【时间轴】面板中设置路径下的相关参数来调整文本状态，包括【路径选项】和【更多选项】，如图10-47所示。

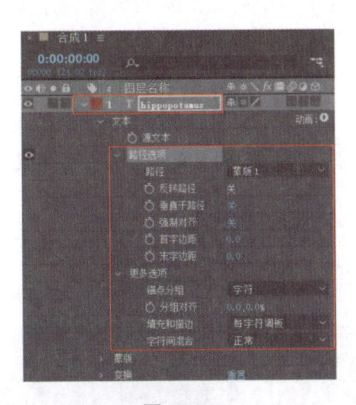

【路径选项】包括以下内容。

- 【路径】：设置文本跟随的路径。
- 【反转路径】：设置是否反转路径。图10-48所示为设置【反转路径】为关和开的对比效果。
- 【垂直于路径】：设置文字是否垂直于路径。图10-49所示为设置【垂直于路径】为关和开的对比效果。

图10-47

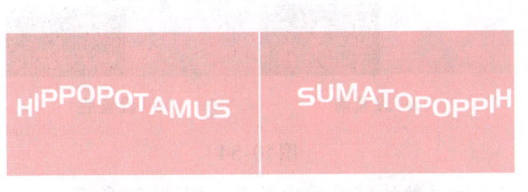

（a）反转路径：关　　（b）反转路径：开

图10-48

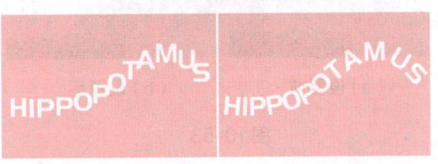

（a）垂直于路径：关　　（b）垂直于路径：开

图10-49

Chapter 10　常用文字效果

223

- 【强制对齐】：设置文字与路径首尾是否对齐。图10-50所示为设置【强制对齐】为关和开的对比效果。
- 【首字边距】：设置首字的边距大小。图10-51所示为设置【首字边距】为【0】和【180】的对比效果。

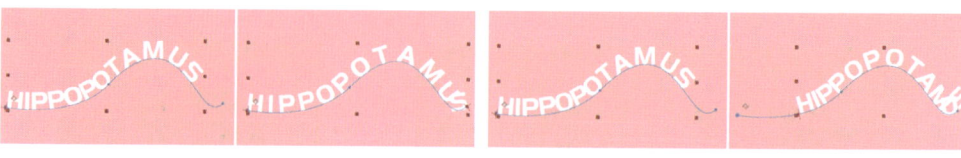

（a）强制对齐：关　　（b）强制对齐：开　　　　（a）首字边距：0　　（b）首字边距：180

图10-50　　　　　　　　　　　　　　　　图10-51

- 【末字边距】：设置末字的边距大小。

【更多选项】包括以下内容。

- 【锚点分组】：对文字锚点进行分组。
- 【分组对齐】：设置锚点分组对齐的程度。
- 【填充和描边】：设置文本填充和描边的次序。
- 【字符间混合】：设置字符之间的混合模式。

10.3　添加文字属性

在创建文本图层后，在【时间轴】面板中打开文本图层下的属性，可以对文字动画进行设置，也可以为文字添加不同的属性，并设置合适的参数，来制作相关动画效果。图10-52所示为文字属性面板。

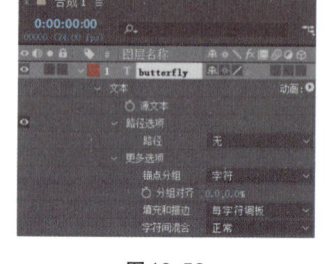

- 【启用逐字3D化】：将文字逐字开启三维图层模式。
- 【锚点】：制作文字中心定位点变换的动画。设置该属性参数的前后对比效果如图10-53所示。
- 【位置】：调整文本位置。
- 【缩放】：对文字进行放大或缩小等缩放设置。设置该属性参数的前后对比效果如图10-54所示。

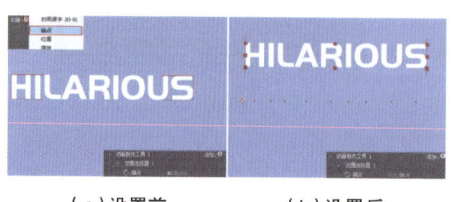

图10-52

（a）设置前　　（b）设置后　　　　（a）设置前　　（b）设置后

图10-53　　　　　　　　　　　　　　　　图10-54

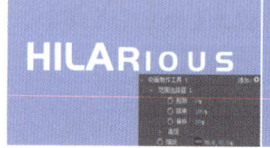

- 【倾斜】：设置文本倾斜程度。设置该属性参数的前后对比效果如图10-55所示。
- 【旋转】：设置文本旋转角度。设置该属性参数的前后对比效果如图10-56所示。

224

(a)设置前　　　(b)设置后　　　　　　(a)设置前　　　(b)设置后

图10-55　　　　　　　　　　　　图10-56

- 【不透明度】：设置文本透明程度。设置该属性参数的前后对比效果如图10-57所示。
- 【全部变换属性】：将所有属性都添加到范围选择器中。
- 【填充颜色】：设置文字的填充颜色。
  - 【RGB】：文字填充颜色的RGB数值。
  - 【色相】：文字填充的色相。
  - 【饱和度】：文字填充的饱和度。
  - 【亮度】：文字填充的亮度。
  - 【不透明度】：文字填充的不透明度。

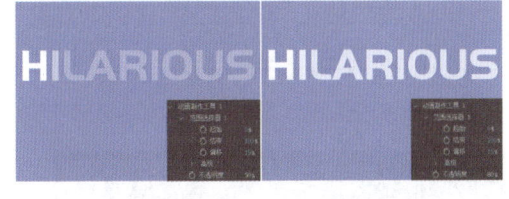

(a)设置前　　　(b)设置后

图10-57

- 【描边颜色】：设置文字的描边颜色。
  - 【RGB】：文字描边颜色的RGB数值。
  - 【色相】：文字描边颜色的色相数值。
  - 【饱和度】：文字描边颜色的饱和度数值。
  - 【亮度】：文字描边颜色的亮度数值。
  - 【不透明度】：文字描边颜色的不透明度数值。
- 【描边宽度】：设置文字的描边粗细。
- 【字符间距】：设置文字之间的距离。设置该属性参数的前后对比效果如图10-58所示。
- 【行锚点】：设置文本的对齐方式，当数值为0%时为左对齐，当数值为50%时为居中对齐，当数值为100%时为居右对齐。
- 【行距】：设置段落文字行与行之间的距离。设置该属性参数的前后对比效果如图10-59所示。

(a)设置前　　　(b)设置后　　　　　　(a)设置前　　　(b)设置后

图10-58　　　　　　　　　　　　图10-59

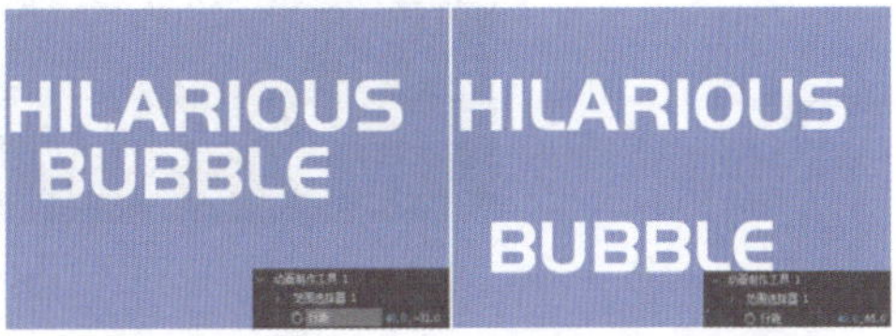

- 【字符位移】：按照统一的字符编码标准对文字进行位移。
- 【字符值】：按照统一的字符编码标准，统一替换或设置字符值所对应的字符。
- 【模糊】：对文字进行模糊效果的处理，其中包括【垂直】和【水平】两种模式。设置该属性参数的前后对比效果如图10-60所示。

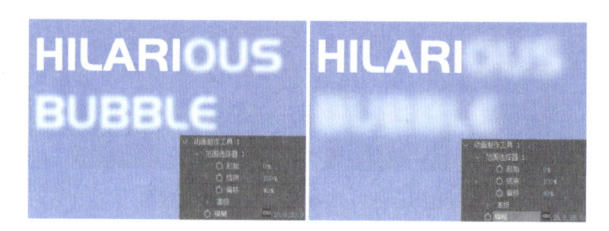

（a）设置前　　　　　　（b）设置后

图10-60

- 【范围】：单击可添加【范围选择器】。此时【时间轴】面板如图10-61所示。
- 【摆动】：单击可添加【摆动选择器】。此时【时间轴】面板如图10-62所示。

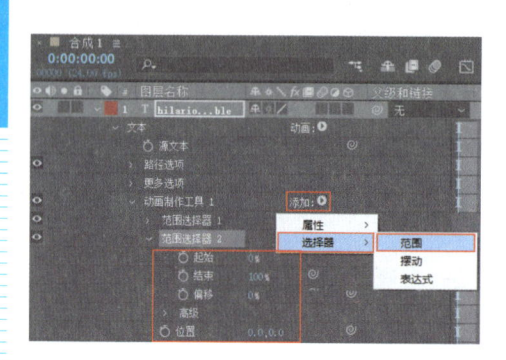

图10-61　　　　　　　　　　　图10-62

- 【表达式】：单击可添加【表达式选择器】。此时【时间轴】面板如图10-63所示。

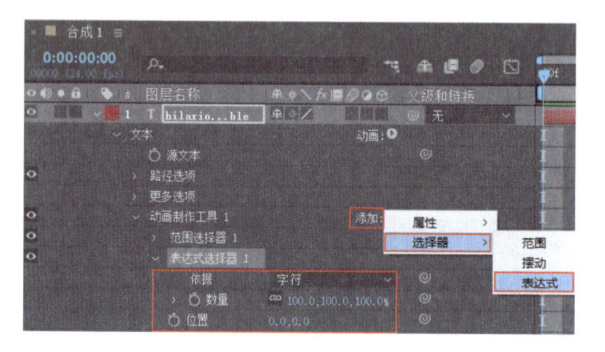

图10-63

综合实例1：制作文字翻转出现动画

文件路径：Chapter 10　常用文字效果→综合实例1：制作文字翻转出现动画

扫一扫，看视频

本综合实例使用【文字工具】制作文字，并为文字添加【旋转】动画属性，制作文字翻转出现动画。动画效果如图10-64所示。

（1）执行【文件】/【导入】/【文件...】命令，在弹出的对话框中导入全部素材，如图10-65所示。

226

（2）将【项目】面板中的【1.png】素材拖曳到【时间轴】面板中，如图10-66所示。此时自动生成与素材等大的合成。

（3）此时画面效果如图10-67所示。

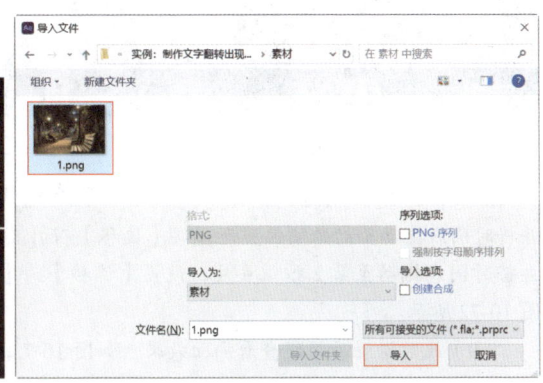

图10-64

图10-65

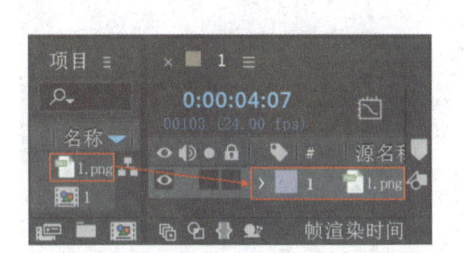

图10-66

图10-67

（4）在【效果和预设】面板中搜索【三色调】效果，并将该效果拖曳到【时间轴】面板的文字图层上，如图10-68所示。

（5）此时画面效果如图10-69所示。

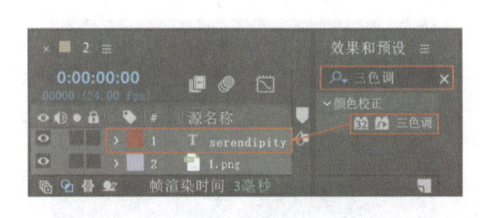

图10-68

图10-69

（6）单击【工具】面板中的【横排文字工具】按钮，在【合成】面板的合适位置处单击输入文本，接着在【字符】面板中设置合适的字体，设置【字体大小】为【150像素】，单击【全部大写字母】按钮 TT，如图10-70所示。

（7）在【时间轴】面板中单击文本图层的【文本】右侧的【动画：❍】，在弹出的属性栏中选择【旋转】，如图10-71所示。

227

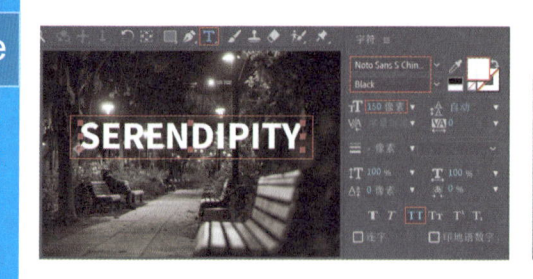

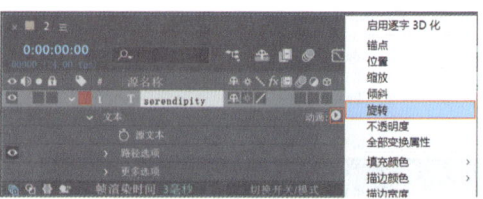

图10-70

图10-71

（8）在【时间轴】面板中打开文本图层下方的【文本】/【动画制作工具1】/【范围选择器1】，并将时间线拖动至起始帧位置处，单击【偏移】前的【时间变化秒表】按钮，设置【偏移】为【0%】，再将时间线拖动至第2秒位置处，设置【偏移】为【100%】，设置【旋转】为【0x+180.0°】，如图10-72所示。

（9）此时滑动时间线查看画面效果，如图10-73所示。

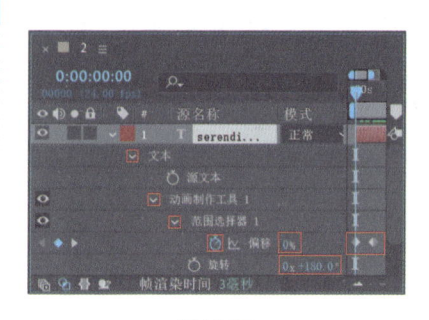

图10-72

图10-73

综合实例2：使用3D文字属性调整文本效果

（1）创建文本后，在【时间轴】面板中单击该图层的【3D图层】按钮下方相对应的位置，即可将该图层转换为3D图层，如图10-74所示。

（2）单击打开该文本图层下方的【变换】，即可设置参数数值，调整文本状态，如图10-75所示。

图10-74

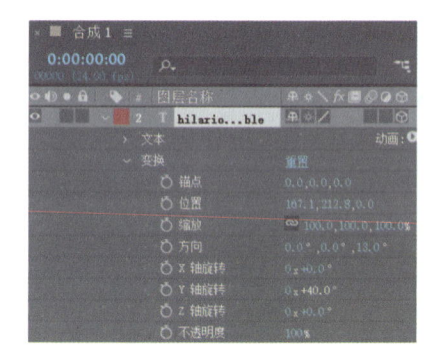

图10-75

（3）图10-76所示为调整后的文本效果。

【变换】包括以下内容。

- 【锚点】：设置文本在三维空间内的中心点位置。
- 【位置】：设置文本在三维空间内的位置。图10-77所示为设置【位置】为不同数值的对比效果。
- 【缩放】：将文本在三维空间内进行放大、缩小等拉伸操作。
- 【方向】：设置文本在三维空间内的方向。图10-78所示为设置【方向】为不同数值的对比效果。

图10-76

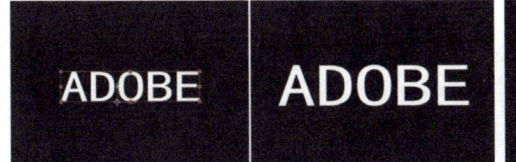

图10-77　　　　　　　　　　图10-78

- 【X轴旋转】：设置文本以X轴为中心的旋转程度。图10-79所示为设置【X轴旋转】为不同数值的对比效果。
- 【Y轴旋转】：设置文本以Y轴为中心的旋转程度。图10-80所示为设置【Y轴旋转】为不同数值的对比效果。

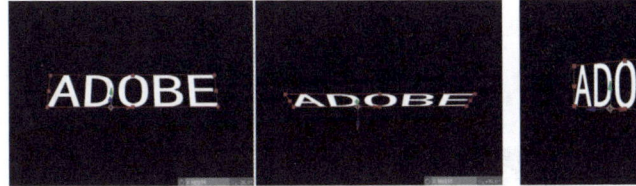

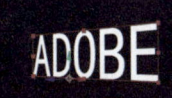

图10-79　　　　　　　　　　图10-80

- 【Z轴旋转】：设置文本以Z轴为中心的旋转程度。图10-81所示为设置【Z轴旋转】为不同数值的对比效果。
- 【不透明度】：设置文本的透明程度。图10-82所示为设置【不透明度】为【50%】和【100%】的对比效果。

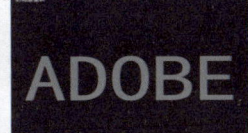

图10-81　　　　　　　　　　图10-82

综合实例3：使用文字预设制作趣味动画

After Effects中有很多预设的文字效果，这些预设可以模拟非常绚丽的、复杂的文字动画。创建文字后，在【效果和预设】面板中，展开【动画预设】下的

【Text】，即可看到包含十几种文字效果的分组类型。

文件路径：Chapter 10　常用文字效果→综合实例3：使用文字预设制作趣味动画

本综合实例使用【文字工具】制作文字，并为文字添加【3D按随机顺序振动进入】效果制作文字动画。动画效果如图10-83所示。

（1）执行【文件】/【导入】/【文件...】命令，在弹出的对话框中导入全部素材，如图10-84所示。

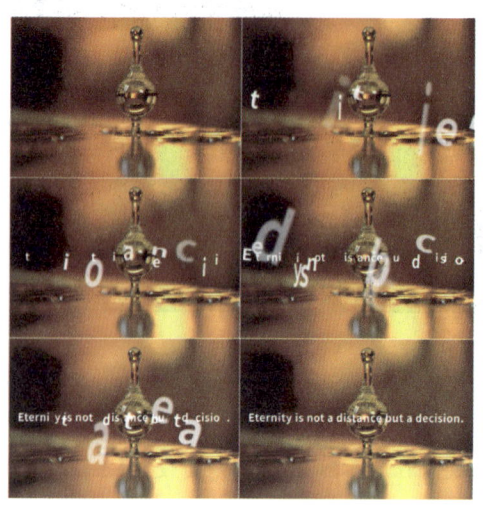

图10-83 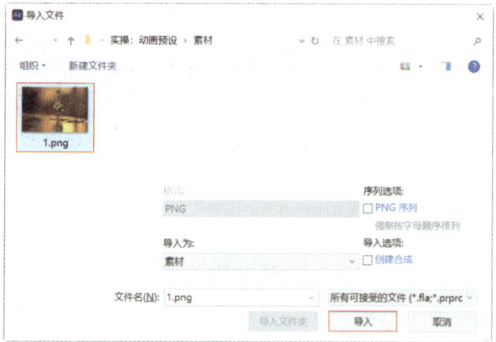　　　　　　　　　　　　　　图10-84

（2）将【项目】面板中的【1.png】素材拖曳到【时间轴】面板中，如图10-85所示。此时自动生成与素材等大的合成。

（3）此时画面效果如图10-86所示。

图10-85 　　　　　　　　　　　　　　图10-86

（4）单击【工具】面板中的【横排文字工具】按钮，在【合成】面板的合适位置单击输入文本，接着在【字符】面板中设置合适的字体，设置【字体大小】为【60像素】，设置【字符间距】为【30】，如图10-87所示。

（5）在【效果和预设】面板中搜索【3D按随机顺序振动进入】效果，并将该效果拖曳到【时间轴】面板的文字图层上，如图10-88所示。

（6）此时本综合实例制作完成，滑动时间线查看画面效果，如图10-89所示。

图 10-87

图 10-88 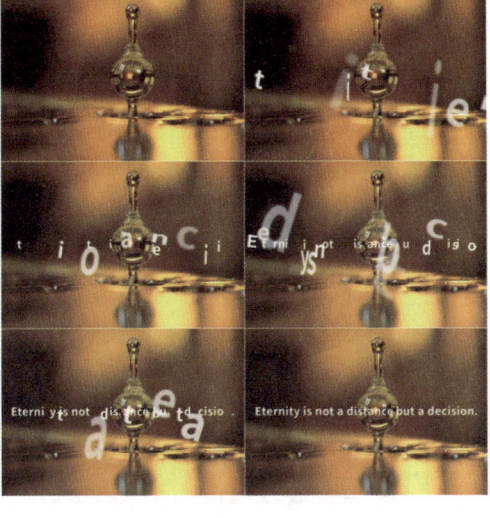　　　　　　　　　　　　　　图 10-89

10.4　常用的文字质感

使用图层样式制作文字效果，可使文字呈现出一定的质感。

1. 投影

使用【投影】效果可增大文字空间感，使画面层次分明。在【时间轴】面板中选择文本图层，然后在菜单栏中执行【图层】/【图层样式】/【投影】命令。文字效果如图 10-90 所示。

2. 内阴影

使用【内阴影】效果可在文字内侧制作出阴影，使其呈现出一种向上凸起的视觉感。在【时间轴】面板中选择文本图层，然后在菜单栏中执行【图层】/【图层样式】/【内阴影】命令。文字效果如图 10-91 所示。

图 10-90 　　　　　　　　　　　　　　图 10-91

3. 外发光

使用【外发光】效果可在文字外边缘处制作出类似发光的效果，使文字更加突出。在【时间轴】面板中选择文本图层，然后在菜单栏中执行【图层】/【图层样式】/【外发光】命令。

文字效果如图 10-92 所示。

4. 内发光

【内发光】效果与【外发光】效果使用方法相同，【内发光】效果作用于文字内侧，向内侧填充效果。在【时间轴】面板中选择文本图层，然后在菜单栏中执行【图层】/【图层样式】/【内发光】命令。文字效果如图 10-93 所示。

图 10-92

图 10-93

5. 斜面和浮雕

使用【斜面和浮雕】效果可刻画文字内部细节，制作出隆起的文字效果。在【时间轴】面板中选择文本图层，然后在菜单栏中执行【图层】/【图层样式】/【斜面和浮雕】命令。文字效果如图 10-94 所示。

6. 光泽

使用【光泽】效果可为文字创建光滑的磨光或金属效果。在【时间轴】面板中选择文本图层，然后在菜单栏中执行【图层】/【图层样式】/【光泽】命令。文字效果如图 10-95 所示。

图 10-94

图 10-95

7. 颜色叠加

使用【颜色叠加】效果可在文字上方叠加一种颜色，以改变文字本身颜色。在【时间轴】面板中选择文本图层，然后在菜单栏中执行【图层】/【图层样式】/【颜色叠加】命令。文字效果如图 10-96 所示。

8. 渐变叠加

使用【渐变叠加】效果可在文字上方叠加渐变颜色。在【时间轴】面板中选择文本图层，然后在菜单栏中执行【图层】/【图层样式】/【渐变叠加】命令。文字效果如图 10-97 所示。

图 10-96 　　　　　　　　　　　图 10-97

9. 描边

使用【描边】效果可在文字边缘位置制作出描边效果，使文字变得更加厚重。在【时间轴】面板中选择文本图层，然后在菜单栏中执行【图层】/【图层样式】/【描边】命令。文字效果如图 10-98 所示。

图 10-98

综合实例 1：粉笔字效果

文件路径：Chapter 10　常用文字效果→综合实例 1：粉笔字效果

本综合实例使用【文字工具】制作文字，使用【从文字创建形状】命令将文字转换为图形，并为文字添加【涂写】效果制作【粉笔字】效果。画面效果如图 10-99 所示。

扫一扫，看视频

（1）执行【文件】/【导入】/【文件...】命令，在弹出的对话框中导入全部素材，如图 10-100 所示。

图 10-99 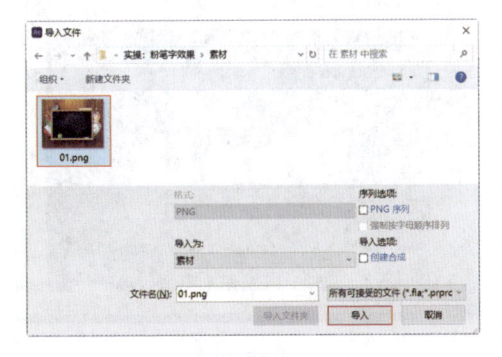　　　　　　　　　　　图 10-100

233

（2）将【项目】面板中的【01.png】素材拖曳到【时间轴】面板中，如图10-101所示。此时自动生成与素材等大的合成。

（3）此时画面效果如图10-102所示。

图10-101

图10-102

（4）单击【工具】面板中的【横排文字工具】按钮，在【合成】面板的合适位置处单击并输入文本，接着在【字符】面板中设置合适的字体，设置【字体大小】为【236像素】，设置【字符间距】为【77】，如图10-103所示。

（5）在【时间轴】面板中选中文字图层，接着右击，在弹出的快捷菜单中执行【创建】/【从文字创建形状】命令，如图10-104所示。

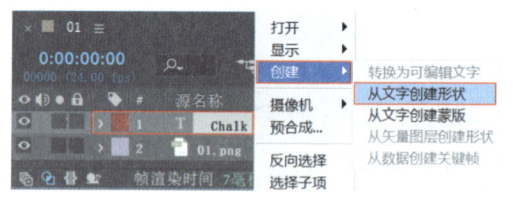

图10-103

图10-104

（6）此时文字变为图形，画面效果如图10-105所示。

（7）在【效果和预设】面板中搜索【涂写】效果，并将该效果拖曳到【时间轴】面板中图层1上，如图10-106所示。

图10-105

图10-106

（8）在【时间轴】面板中打开图层1下方的【效果】/【涂写】，设置【涂抹】为【所有蒙版】，【描边宽度】为【3.5】；展开【描边选项】，设置【曲度】为【21%】，【曲度变化】为【0%】，【间距】为【9.8】，【间距变化】为【4.8】，【路径重叠变化】为【0.0】；设置【摆动类型】为【跳跃性】，【摇摆/秒】为【4.80】，【随机植入】为【24】，如图10-107所示。

（9）此时本综合实例制作完成，滑动时间线查看画面效果，如图10-108所示。

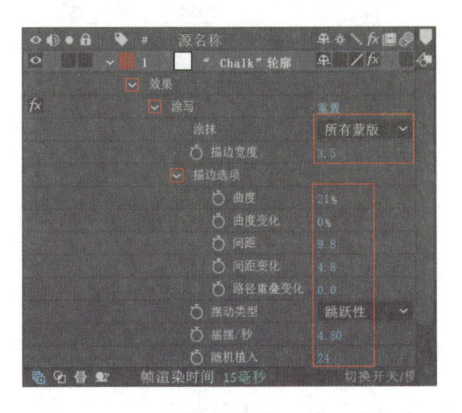

图10-107 　　　　　　　　　　图10-108

综合实例2：卡通文字填充动画

文件路径：Chapter 10　常用文字效果→综合实例2：卡通文字填充动画

本综合实例使用【文字工具】制作文字，然后使用【钢笔工具】绘制图形并设置合适的【轨道遮罩】作为文字的蒙版，添加合适的关键帧，制作卡通文字填充动画。动画效果如图10-109所示。

扫一扫，看视频

（1）执行【文件】/【导入】/【文件…】命令，在弹出的对话框中导入全部素材，如图10-110所示。

图10-109 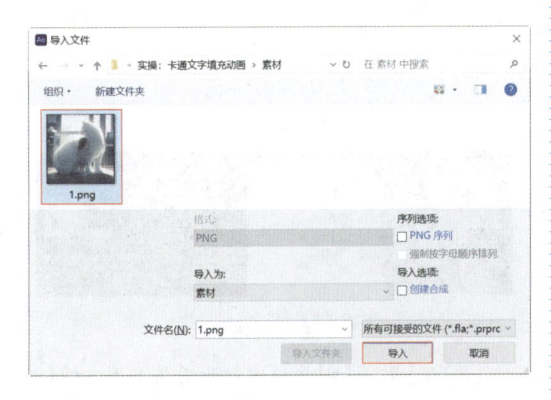　　　　　　　　　　图10-110

（2）将【项目】面板中的【1.png】素材拖曳到【时间轴】面板中，如图10-111所示。此时自动生成与素材等大的合成。

235

（3）此时画面效果如图10-112所示。

图10-111

图10-112

（4）单击【工具】面板中的【横排文字工具】按钮，在【合成】面板的合适位置处单击并输入文本，接着在【字符】面板中设置合适的字体，设置【字体大小】为【102像素】，设置【填充颜色】为黄色，如图10-113所示。

（5）在【时间轴】面板中选择文字图层，使用快捷键Ctrl+D将文字图层复制一份，如图10-114所示。

图10-113

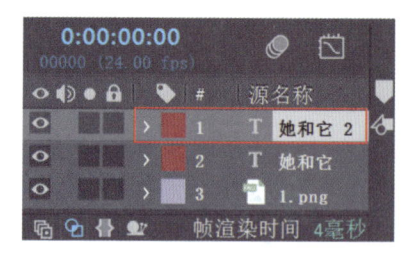

图10-114

（6）选择复制的文字图层，在【字符】面板中更改文字的【填充颜色】为青色，如图10-115所示。

（7）在不选中任何图层的状态下，单击【工具】面板中的【钢笔工具】按钮，设置【填充颜色】为蓝色，接着在【合成】面板文字上方绘制图形，如图10-116所示。

图10-115

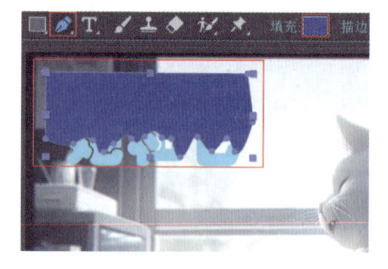

图10-116

（8）在【时间轴】面板中打开图层1下方的【变换】，将时间线拖动到起始位置处，单击【旋转】和【不透明度】前方的【时间变化秒表】按钮，设置【旋转】为【0x+25.0°】，【不透明度】为【0%】，将时间线滑动到第3秒位置，设置【旋转】为【0x+0.0°】，【不透明度】为【100%】，接着设置复制的文字图层的【轨道遮罩】为【形状图层1】，如图10-117所示。

（9）此时文字效果如图10-118所示。

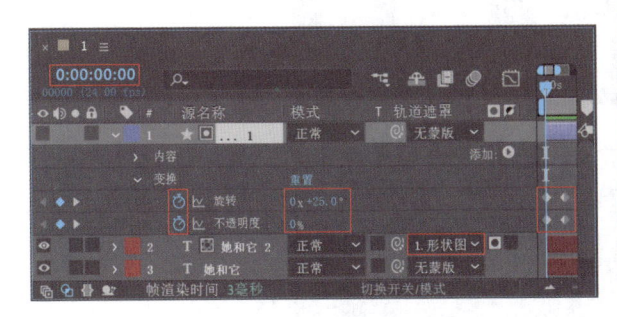

图10-117

图10-118

（10）在【时间轴】面板中选择【图层1】~【图层3】，右击并在弹出的快捷菜单中执行【预合成】命令，如图10-119所示。在弹出的对话框中单击【确定】按钮。

（11）在【时间轴】面板中打开【预合成1】下方的【变换】，设置【位置】为【653.1,682.4】，【缩放】为【136.0,136.0%】，如图10-120所示。

图10-119

图10-120

（12）在【时间轴】面板中选择【预合成1】，右击并在弹出的快捷菜单中执行【图层样式】/【斜面和浮雕】命令，如图10-121所示。

（13）在【时间轴】面板中打开【预合成1】下方的【图层样式】/【斜面和浮雕】，设置【大小】为【19.0】，【柔化】为【1.6】，【角度】为【$0_x+159.0°$】，【加亮颜色】为黄色，【阴影颜色】为青色，如图10-122所示。

图10-121

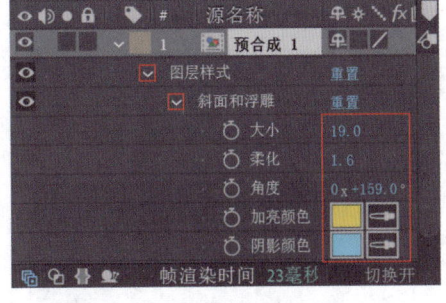

图10-122

（14）此时本综合实例制作完成，滑动时间线查看画面效果，如图10-123所示。

237

图10-123

10.5 课后练习：制作中国风片头文字效果

文件路径：Chapter 10　常用文字效果→课后练习：制作中国风片头文字效果

本课后练习使用【文字工具】制作文字，并为文字添加合适的动画预设效果，制作中国风片头文字。画面效果如图10-124所示。

（1）执行【文件】/【导入】/【文件…】命令，在弹出的对话框中导入全部素材，如图10-125所示。

图10-124

图10-125

（2）将【项目】面板中的【1.mp4】素材拖曳到【时间轴】面板中，如图10-126所示。此时自动生成与素材等大的合成。

（3）此时画面效果如图10-127所示。

图10-126

图10-127

（4）单击【工具】面板中的【横排文字工具】按钮，在【合成】面板的合适位置处单击并输入文本，接着在【字符】面板中设置合适的字体，设置【字体大小】为【642像素】，如图10-128所示。

（5）在【效果和预设】面板中搜索【溶解-蒸汽】效果，并将该效果拖曳到【时间轴】面板的文字图层上，如图10-129所示。

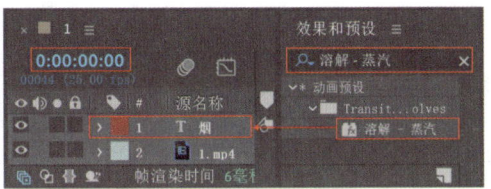

图10-128

图10-129

（6）此时滑动时间线查看画面效果，如图10-130所示。

（7）使用同样的方法制作文字并添加动画预设效果，此时滑动时间线查看画面效果，如图10-131所示。

图10-130

图10-131

（8）将【项目】面板中的【2.png】素材拖曳到【时间轴】面板中，如图10-132所示。

（9）此时画面效果如图10-133所示。

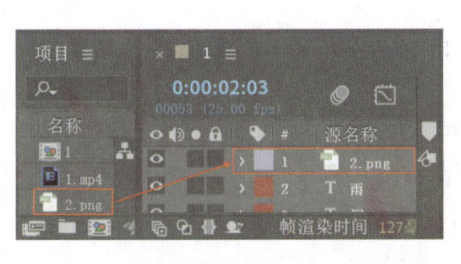

图10-132

图10-133

（10）在【时间轴】面板中打开【2.png】下方的【变换】，设置【位置】为【1252.2,923.2】，【缩放】为【59.0,59.0%】，如图10-134所示。

（11）在【效果和预设】面板中搜索【溶解-凝固】效果，并将该效果拖曳到【时间轴】面板的图层1上，如图10-135所示。

（12）此时本课后练习制作完成，滑动时间线查看画面效果，如图10-136所示。

图 10-134　　　　　　　　图 10-135

图 10-136

10.6　随堂测试

1. 知识考查

（1）使用形状图层制作背景。
（2）使用【文字工具】创建文字。

2. 实战演练

参考给定作品，制作文字广告。

参考效果	可用工具
	【矩形工具】【文字工具】

3. 项目实操

制作一个以文字为主的促销广告。
要求：
（1）使用任意视频、图片素材。
（2）广告以文字为主，色彩简洁。

Chapter 11

渲染不同格式的作品

📢 **学时安排**

　　总学时：2 学时。
　　理论学时：1 学时。
　　实践学时：1 学时。

📢 **教学内容概述**

　　在 After Effects 中制作作品时，大多数读者会认为当作品创作完成时就是操作结束了，其实并非如此，通常还要进行渲染操作，将【合成】面板中的画面渲染出来，便于影像的保留和传输。本章主要介绍如何渲染不同格式的文件，包括常用的视频格式、图片格式等。

📢 **教学目标**

- 掌握在 After Effects 中渲染多种格式的方法。
- 使用【渲染队列】进行渲染。
- 掌握在 Adobe Media Encoder 中进行渲染和导出的方法。

11.1 初识渲染

使用三维软件、后期制作软件等制作完成作品后，大都需要进行渲染，使最终的作品可以在更多的设备上播放。

11.1.1 什么是渲染

渲染是将作品转换成可在多种设备上打开或播放的格式，确保最终作品能够在更多的平台上展示和播放。它通常是指最终的输出过程。其实在【合成】面板中显示的预览过程也属于渲染，但并不是最终渲染，真正的渲染是最终输出一个我们需要的文件格式。在After Effects中主要有两种渲染方式，分别是在【渲染队列】中渲染和在【Adobe Media Encoder】中渲染。

11.1.2 为什么要渲染

在After Effects中制作完成动画效果后，可以直接按键盘空格键进行播放，以查看动画效果。但这不是真正的渲染，真正的渲染是需要将After Effects中生成的动画效果输出为一个视频、图片、音频、序列等需要的格式。常用的输出视频格式有.mov、.avi，这样就可以使渲染的文件在计算机、手机上播放，甚至上传到网络也可以播放。图11-1所示为After Effects创作作品的步骤：After Effects文件制作完成→进行渲染→渲染出文件。

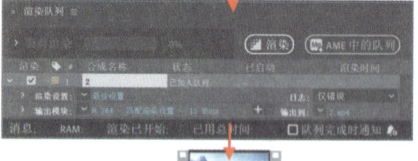

图 11-1

11.1.3 After Effects中可以渲染的格式

在After Effects中可以渲染很多格式，例如视频和动画格式、静止图像格式、仅音频格式、视频项目格式等。

1. 视频和动画格式

视频和动画格式有QuickTime（MOV）、Video for Windows（AVI；仅限 Windows）。

2. 静止图像格式

静止图像格式有Adobe Photoshop（PSD）、Cineon（CIN、DPX）、Maya IFF（IFF）、JPEG（JPG、JPE）、OpenEXR（EXR）、PNG（PNG）、Radiance（HDR、RGBE、XYZE）、SGI（SGI、BW、RGB）、Targa（TGA、VBA、ICB、VST）、TIFF（TIF）。

3. 仅音频格式

仅音频格式有音频交换文件格式(AIFF)、MP3、WAV。

4. 视频项目格式

视频项目格式有Adobe Premiere Pro 项目(PRPROJ)。

11.2 渲染队列

【渲染队列】中可以设置渲染的格式、品质、名称等参数。

11.2.1 添加到渲染队列

要想渲染当前的文件，首先要激活【时间轴】面板，然后在菜单栏中执行【文件】/【导出】/【添加到渲染队列】命令或执行【合成】/【添加到渲染队列】命令，如图11-2和图11-3所示。

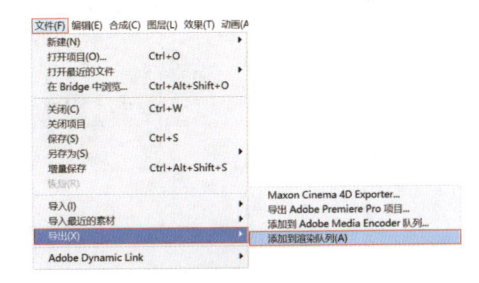

图 11-2

图 11-3

此时【渲染队列】面板被打开，如图11-4所示。

- 【当前渲染】：显示当前渲染的相关信息。
- 【AME中的队列】：将加入队列的渲染项目添加到Adobe Media Encoder队列中。
- 【渲染】：单击即可开始进行渲染。
- 【渲染设置】：单击 最佳设置 ，即可设置【渲染设置】的相关参数，如图11-5所示。

图 11-4

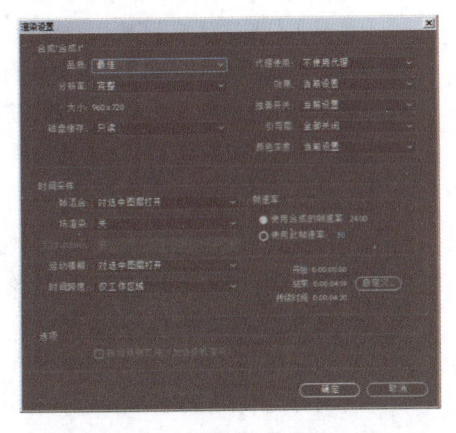

图 11-5

- 【输出模块】：单击 H.264 - 匹配渲染设置 - 15 Mbps，即可设置【输出模块】的相关参数，如图11-6所示。
- 【日志】：可设置【仅错误】【增加设置】【增加每帧信息】选项。
- 【输出到】：单击蓝色文字 1.mp4，即可设置作品要输出的位置和文件名，如图11-7所示。

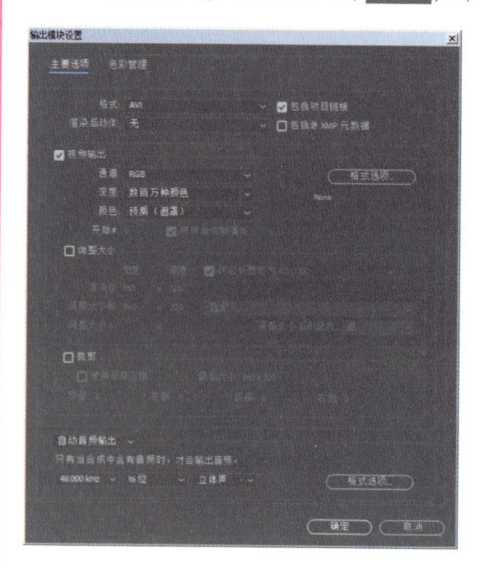

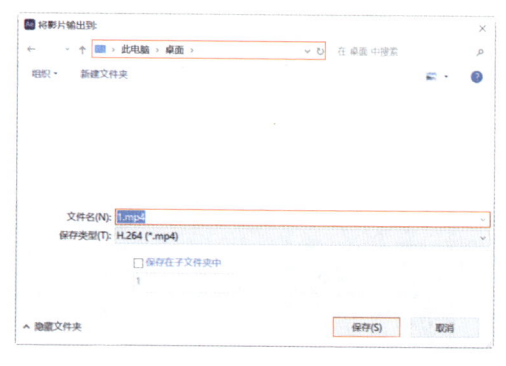

图11-6　　　　　　　　　　　　　　图11-7

11.2.2 渲染设置

【渲染设置】主要用于设置渲染的【品质】【分辨率】等，如图11-8所示。

1. 合成

- 【品质】：选择渲染的品质。
- 【分辨率】：设置渲染合成的分辨率。
- 【磁盘缓存】：确定渲染期间是否使用磁盘缓存，包括【只读】和【当前设置】两种方式。
- 【代理使用】：确定渲染时是否使用代理。
- 【效果】：【当前设置】（默认）使用【效果】开关的当前设置，【全部开启】渲染所有应用的效果，【全部关闭】不渲染任何效果。
- 【独奏开关】:【当前设置】（默认）使用每个图层的【独奏开关】的当前设置。
- 【引导层】:【当前设置】渲染最顶层合成中的引导层。
- 【颜色深度】:【当前设置】（默认）使用项目位深度。

2. 时间采样

- 【帧混合】：可设置【当前设置】【对选中图层打开】【对所有图层关闭】。
- 【场渲染】：确定用于渲染合成的场渲染技术。
- 【运动模糊】：打开或关闭图层中的运动模糊。
- 【时间跨度】：设置渲染合成时需要处理的时间范围。
- 【帧速率】：设置渲染影片时使用的采样帧速率。

- 【自定义】：设置自定义时间范围。

3. 选项

【跳过现有文件（允许多机渲染）】：允许渲染一系列文件的一部分，而不在已渲染的帧上浪费时间。

11.2.3 输出模块

【输出模块】包括【主要选项】和【色彩管理】选项卡。图11-9所示为【主要选项】选项卡，主要用于格式、调整大小、裁剪等参数设置。

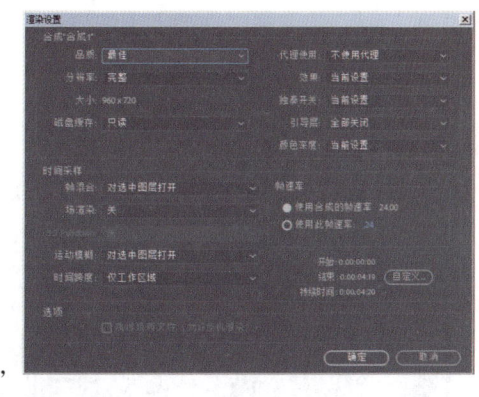

图11-8

- 【格式】：设置输出文件的格式。
- 【包括项目链接】：指定是否在输出文件中包括链接到源After Effects项目的信息。
- 【包括源XMP元数据】：指定是否在输出文件中包括用作渲染合成的源文件中的XMP元数据。
- 【渲染后动作】：指定After Effects在渲染合成之后要执行的动作。
- 【格式选项】：打开一个对话框，可在其中指定格式特定的选项。
- 【通道】：输出文件中包含的输出通道。
- 【深度】：指定输出文件的颜色深度。

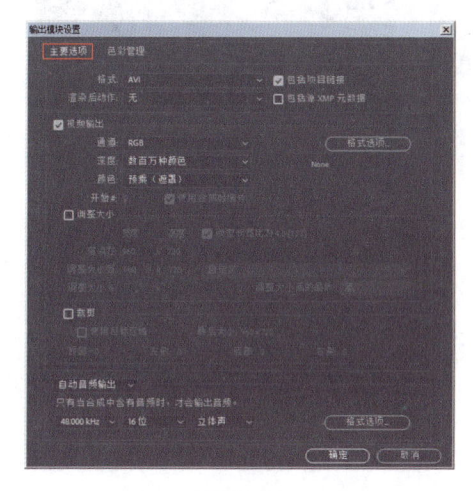

图11-9

- 【颜色】：指定使用Alpha通道创建颜色的方式。
- 【开始#】：指定序列起始帧的编号。
- 【调整大小】：勾选后，即可重新设置输出文件的大小。
- 【裁剪】：用于输出文件的边缘减去或增加像素行或列。
- 【自动音频输出】：指定采样率、采样深度和播放格式。

11.3 使用 Adobe Media Encoder 渲染和导出

11.3.1 什么是Adobe Media Encoder

Adobe Media Encoder是视频音频编码程序，可用于渲染输出不同格式的作品。用户需要安装与After Effects 2024版本一致的Adobe Media Encoder 2024，才可以打开并使用。

Adobe Media Encoder界面包括五大部分，分别是【媒体浏览器】、【预设浏览器】、

【队列】面板、【监视文件夹】、【编码】面板，如图11-10所示。

1. 媒体浏览器

使用【媒体浏览器】，可以在将媒体文件添加到队列之前预览这些文件，如图11-11所示。

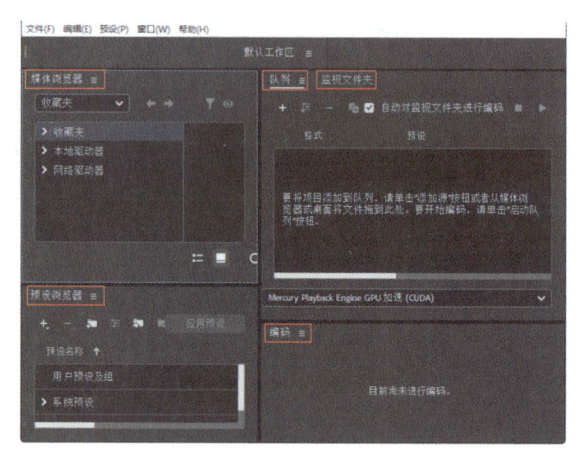

图11-10 　　　　　　　　　　　图11-11

2，预设浏览器

【预设浏览器】提供了各种选项，可简化Adobe Media Encoder中的工作流程，如图11-12所示。

3.【队列】面板

使用【队列】面板，可以将源视频或音频文件、Adobe Premiere Pro序列和Adobe After Effects合成添加到要编码的项目队列中，如图11-13所示。

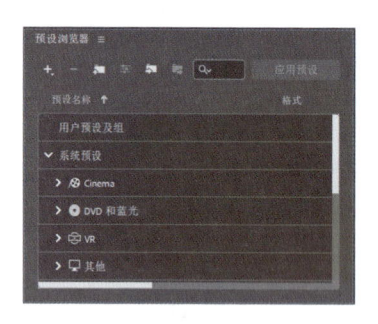

图11-12 　　　　　　　　　　　图11-13

4. 监视文件夹

硬盘驱动器中的任何文件夹都可以被指定为【监视文件夹】。当选择【监视文件夹】后，任何被添加到该文件夹的文件都将使用所选预设进行编码，如图11-14所示。

5.【编码】面板

【编码】面板提供了有关每个编码项目的状态信息，如图11-15所示。

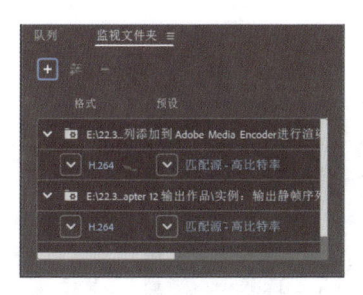

图 11-14 　　　　　　　　　　　　　　　图 11-15

11.3.2　直接将合成添加到 Adobe Media Encoder

（1）在 After Effects 中制作完成作品后，激活【时间轴】面板，然后在菜单栏中执行【合成】/【添加到 Adobe Media Encoder 队列】命令，或在菜单栏中执行【文件】/【导出】/【添加到 Adobe Media Encoder 队列】命令，如图 11-16 和图 11-17 所示。

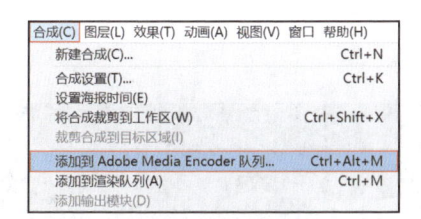

图 11-16 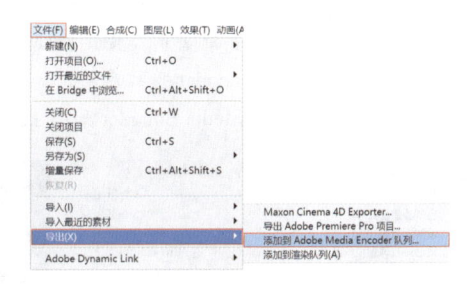　　　　　　　　　　　　　　　图 11-17

（2）Adobe Media Encoder 将被启动，如图 11-18 所示。

（3）打开的 Adobe Media Encoder 如图 11-19 所示。

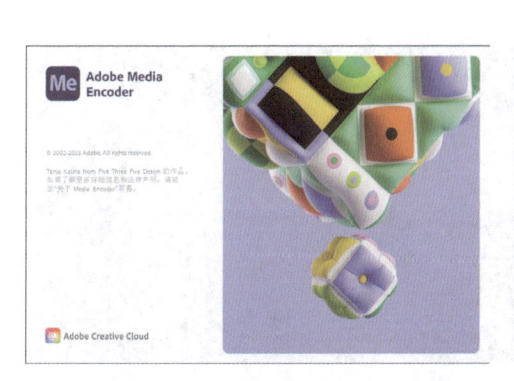

图 11-18 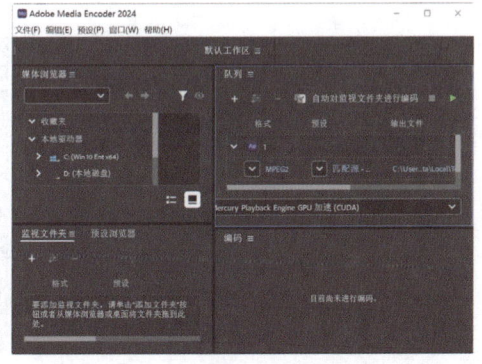　　　　　　　　　　　　　　　图 11-19

（4）单击进入【队列】面板，单击 按钮，先设置格式，然后设置保存文件的位置和名称。最后单击右上角的【启动队列】按钮 ，如图 11-20 所示。

（5）渲染过程如图 11-21 所示。

（6）等待一段时间渲染完成，就可以在设置的位置找到渲染完成的视频【1.avi】，如图 11-22 所示。

图 11-20 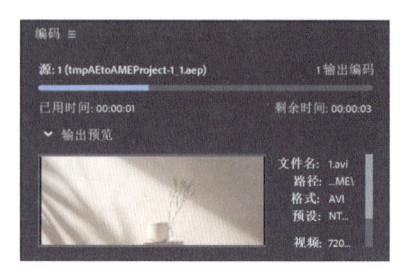　　　　　　　　图 11-21 　　　　　　　　图 11-22

11.3.3　从渲染队列将合成添加到 Adobe Media Encoder

（1）在 After Effects 中制作完成作品后，激活【时间轴】面板，然后在菜单栏中执行【合成】/【添加到渲染队列】命令，或者按快捷键 Ctrl+ M，如图 11-23 所示。

（2）在【渲染队列】面板中，单击【AME 中的队列】按钮，如图 11-24 所示。

（3）Adobe Media Encoder 将被启动，如图 11-25 所示。

（4）打开的 Adobe Media Encoder 如图 11-26 所示。

图 11-23 　　　　　　　　　　　　　　图 11-24

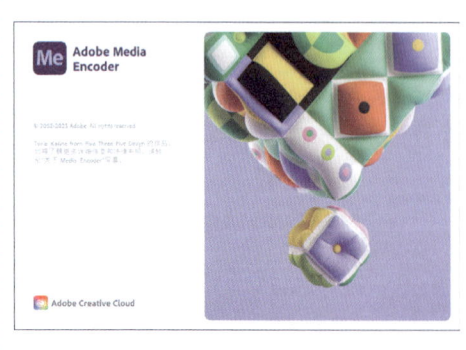

图 11-25 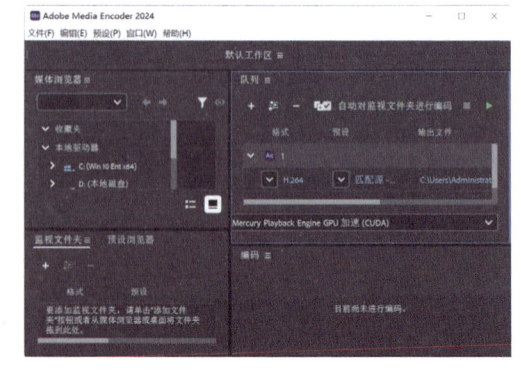　　　　　　　　　　　　　　图 11-26

（5）单击进入【队列】面板，单击 按钮，先设置格式，然后设置保存文件的位置和名称。最后单击右上角的【启动队列】按钮 ，如图 11-27 所示。

（6）渲染过程如图 11-28 所示。

（7）等待一段时间渲染完成，就可以在设置的位置找到渲染完成的视频【1.mpg】，如图 11-29 所示。

图11-27 　　　　　　　　　图11-28 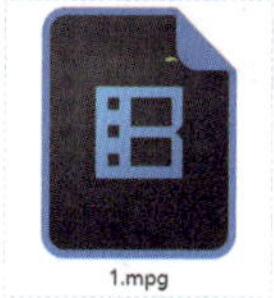　　　　　　　　　图11-29

实例1：渲染一张JPG格式的静帧图片

文件路径：Chapter 11　渲染不同格式的作品→实例1：渲染一张JPG格式的静帧图片

本实例学习渲染一张JPG格式的静帧图片。画面效果如图11-30所示。

（1）打开本书配套文件【02.aep】，如图11-31所示。将时间线拖到第6秒01帧位置，如图11-32所示。

扫一扫，看视频

图11-30 　　　　　　　　　　　　　　　图11-31

（2）在当前位置执行【合成】/【帧另存为】/【文件...】命令，如图11-33所示。此时界面下方自动跳转到【渲染队列】面板，如图11-34所示。

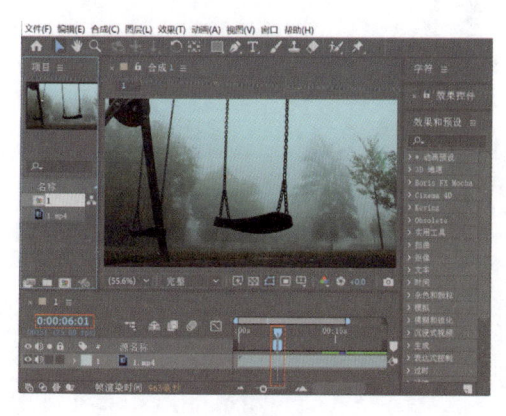

图11-32 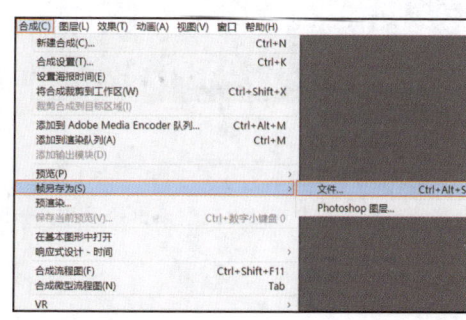　　　　　　　　　　　　　　　图11-33

249

（3）单击【输出模块】后的【H.264 - 匹配渲染设置 - 15 Mbps】，如图11-35所示。

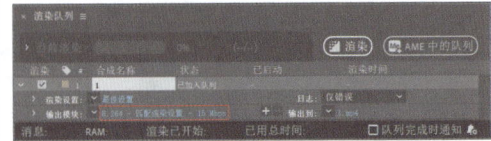

图11-34

图11-35

（4）在弹出的【输出模块设置】对话框中设置格式为【"JPEG"序列】，取消勾选【使用合成帧编号】，单击【格式选项】并在【JPEG选项】对话框中设置【品质】为【10】，单击【确定】按钮，如图11-36和图11-37所示。

（5）单击【输出到】后面的文字，如图11-38所示。在弹出的【将影片输出到：】对话框中修改保存位置和文件名称，并单击【保存】按钮完成修改，如图11-39所示。

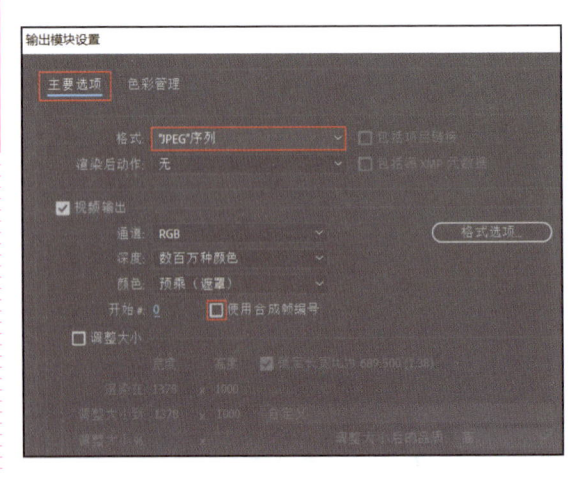

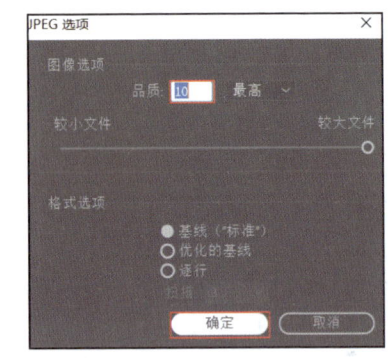

图11-36

图11-37

图11-38

图11-39

（6）在【渲染队列】面板中单击【渲染】按钮，如图11-40所示。渲染完成后，在刚刚保存路径的文件夹中可以看到渲染出的图片，如图11-41所示。

250

图 11-40

图 11-41

实例 2：渲染 AVI 格式的视频

文件路径：Chapter 11　渲染不同格式的作品→实例 2：渲染 AVI 格式的视频

本实例学习渲染AVI格式的视频。画面效果如图11-42所示。

（1）打开本书配套文件【03.aep】，如图 11-43 所示。

（2）在【时间轴】面板中，使用快捷键 Ctrl+M 打开【渲染队列】面板，如图 11-44 所示。

图 11-42

图 11-43

（3）单击【输出模块】后的 H.264 - 匹配渲染设置 - 15 Mbps ，如图 11-45 所示。此时会弹出一个【输出模块设置】对话框，在该对话框中设置【格式】为【AVI】，单击【确定】按钮，如图 11-46 所示。

图 11-44

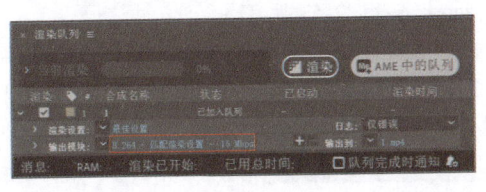

图 11-45

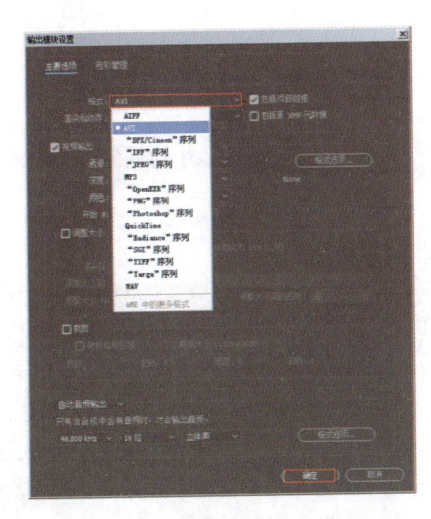

图 11-46

251

（4）单击【输出到】后面的【1.avi】，如图11-47所示。在弹出的【将影片输出到：】对话框中设置保存位置和文件名称，设置完成后单击【保存】按钮，如图11-48所示。

图11-47

图11-48

（5）在【渲染队列】面板中单击【渲染】按钮，如图11-49所示。此时出现渲染进度条，如图11-50所示。

图11-49

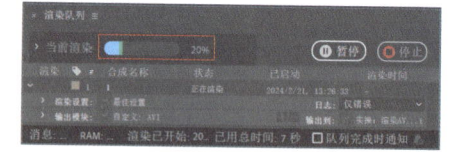

图11-50

（6）渲染完成后，在之前设置的路径文件夹下即可看到渲染的视频【实例：渲染AVI格式的视频.avi】，如图11-51所示。

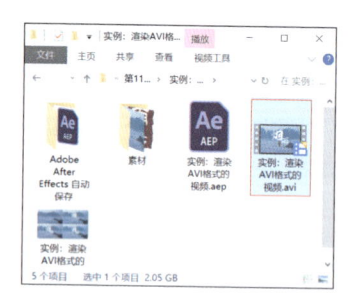

图11-51

实例3：渲染小尺寸的视频

文件路径：Chapter 11　渲染不同格式的作品→实例3：渲染小尺寸的视频

扫一扫，看视频

本实例学习渲染小尺寸的视频。画面效果如图11-52所示。

（1）打开本书配套文件【07.aep】，如图11-53所示。

（2）在【时间轴】面板中，使用快捷键Ctrl+M打开【渲染队列】面板，接着单击【渲染设置】后的【最佳设置】，如图11-54所示。在弹出的对话框中设置【分辨率】为【三分之一】，单击【确定】按钮，如图11-55所示。

（3）单击【输出模块】后方的 H.264 - 匹配渲染设置 - 15 Mbps ，如图11-56所示。在弹出的【输出模块设置】对话框中设置【格式】为【AVI】，单击【确定】按钮，如图11-57所示。

252

图 11-52

图 11-53

图 11-54

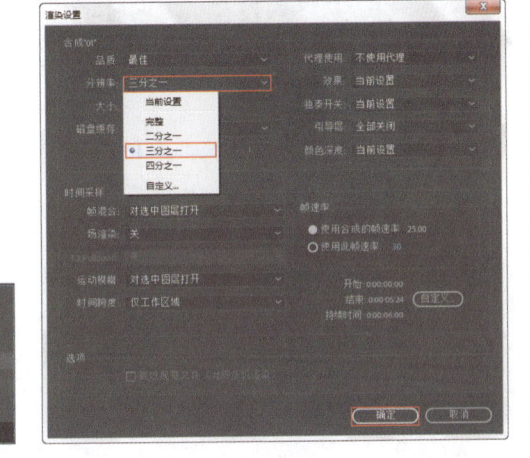

图 11-55

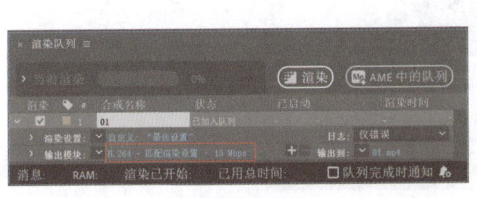

图 11-56

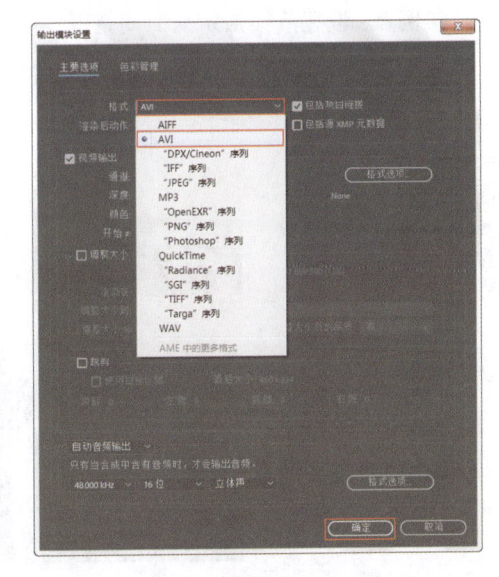

图 11-57

（4）单击【输出到】后面的【01.avi】，如图11-58所示。然后在弹出的【将影片输出到】对话框中修改保存路径和文件名称，并单击【保存】按钮完成修改，如图11-59所示。

（5）单击【渲染队列】面板右上方的【渲染】按钮，如图11-60所示。渲染完成后，在之前设置的路径下就能看到渲染出的视频【实例：渲染小尺寸的视频.avi】，会看到视频的尺寸变得非常小，如图11-61所示。

图11-58

图11-59

图11-60

图11-61

实例4：设置渲染自定义时间范围

文件路径：Chapter 11　渲染不同格式的作品→实例4：设置渲染自定义时间范围

本实例学习设置渲染自定义时间范围。画面效果如图11-62所示。

扫一扫，看视频

图11-62

254

（1）打开本书配套文件【09.aep】，如图11-63所示。在【时间轴】面板中，使用快捷键Ctrl+M打开【渲染队列】面板，在【渲染队列】面板中单击【渲染设置】后的【最佳设置】，如图11-64所示。

图11-63 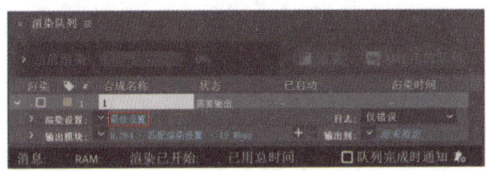　　　　　　　　　　　　　　图11-64

（2）在弹出的对话框中单击【自定义】按钮，如图11-65所示。接着设置【起始】时间为第0秒，【结束】时间为第2秒，单击【确定】按钮，如图11-66所示。

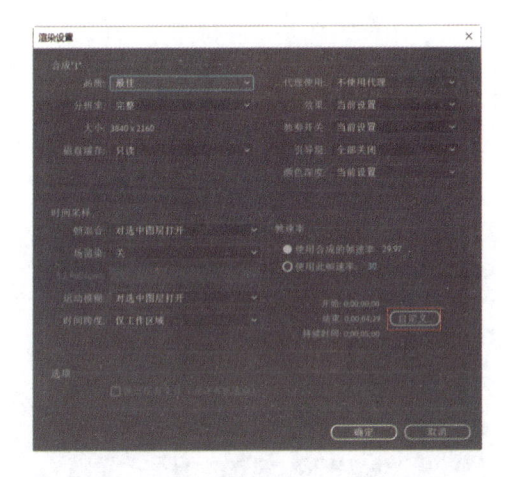

图11-65 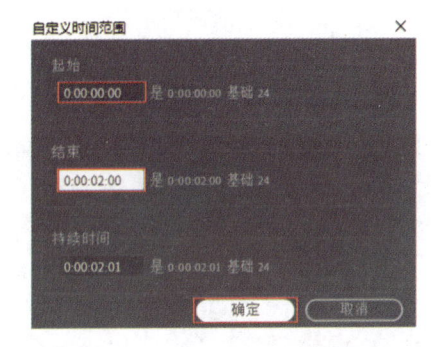　　　　　　　　　　　　　　图11-66

（3）单击【输出到】后面的【1.mp4】，如图11-67所示。在弹出的【将影片输出到：】对话框中设置合适的文件名称和保存路径，设置完成后单击【保存】按钮，如图11-68所示。

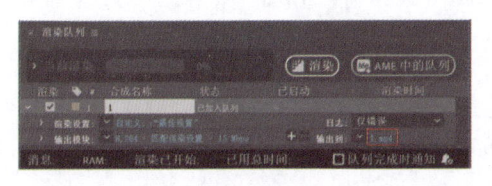

图11-67 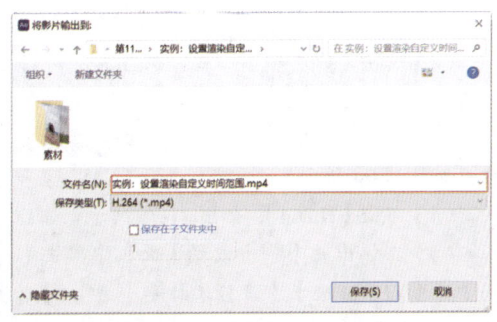　　　　　　　　　　　　　　图11-68

255

（4）此时单击【渲染队列】面板右上方的【渲染】按钮，如图11-69所示。

（5）渲染完成后，在之前设置的路径下就能看到渲染出的视频【实例：设置渲染自定义时间范围.avi】，如图11-70所示。

图11-69　　　　　　　　　　　　　　图11-70

综合实例1：在Adobe Media Encoder中渲染质量好、体积小的视频

文件路径：Chapter 11　渲染不同格式的作品→综合实例1：在Adobe Media Encoder中渲染质量好、体积小的视频

渲染一个质量好、体积小的视频是很多读者非常需要的，因为通常使用After Effects渲染出的视频体积都较大。本综合实例讲解一种既能保证视频质量比较好，又能保证文件体积较小的渲染方法。画面效果如图11-71所示。

（1）打开本书配套文件【10.aep】，如图11-72所示。

图11-71　　　　　　　　　　　　　　图11-72

（2）激活【时间轴】面板，执行【合成】/【添加到Adobe Media Encoder队列...】命令，如图11-73所示。

（3）单击进入【队列】面板，单击按钮，选择【H.264】，然后设置保存文件的位置和名称，如图11-74所示。

（4）单击【H.264】，如图11-75所示。

（5）在弹出的【导出设置】面板中单击【视频】，展开【比特率设置】，设置【比特率编码】为【VBR,2次】，【目标比特率】为【1】，【最大比特率】为【1】，单击【确定】按钮，如图11-76所示。

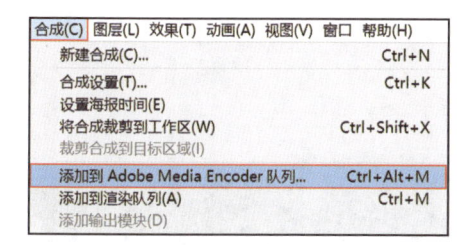

图 11-73

图 11-74

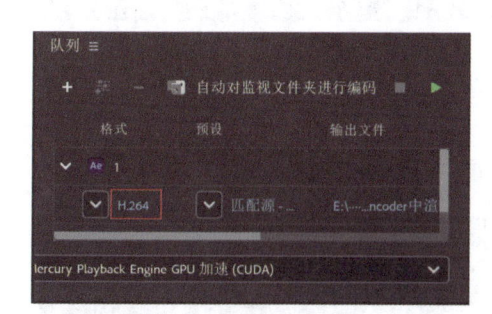

图 11-75

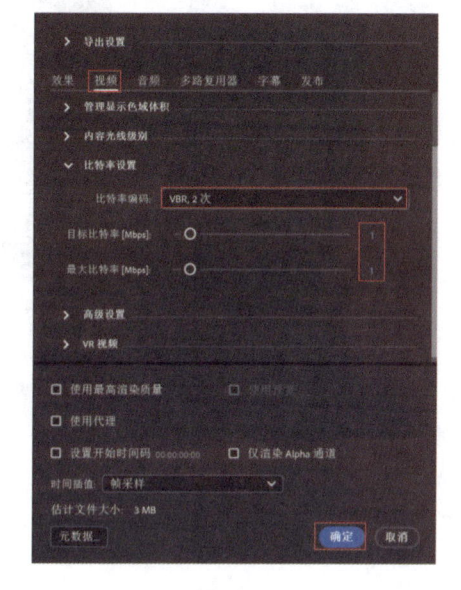

图 11-76

（6）单击【队列】面板右上角的【启动队列】按钮，如图 11-77 所示。

（7）等待渲染完成后，在之前设置的路径中可以找到渲染出的视频【实例：Adobe Media Encoder 中渲染质量好、体积小的视频 .mp4】，如图 11-78 所示。这个文件大小为 795KB，是非常小的，同时画面清晰度也还不错。

图 11-77

图 11-78

257

综合实例 2：在 Adobe Media Encoder 中渲染 MPG 格式的视频

文件路径：Chapter 11　渲染不同格式的作品→综合实例 2：在 Adobe Media Encoder 中渲染 MPG 格式的视频

本综合实例学习在 Adobe Media Encoder 中渲染 MPG 格式的视频。画面效果如图 11-79 所示。

（1）打开本书配套文件【12.aep】，如图 11-80 所示。

图 11-79 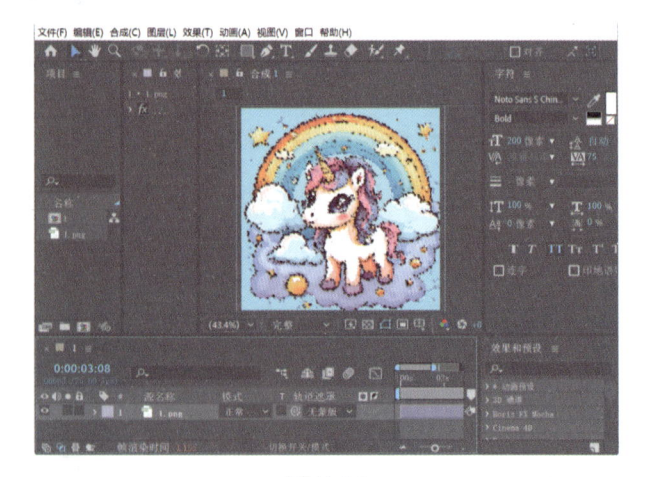　　　　　　　　　　　图 11-80

（2）在菜单栏中执行【合成】/【添加到 Adobe Media Encoder 队列 ...】命令，如图 11-81 所示。

（3）单击进入【队列】面板，单击 ⌄ 按钮，选择【MPEG2】，然后设置保存文件的位置和名称。最后单击右上角的【启动队列】按钮 ▶，如图 11-82 所示。

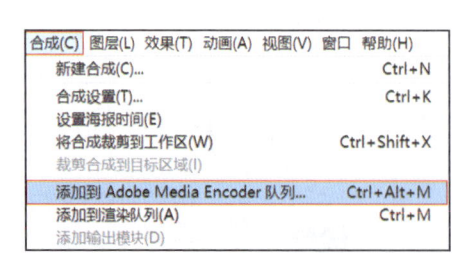

图 11-81 　　　　　　　　　　　图 11-82

（4）渲染过程如图 11-83 所示。

（5）等待一段时间，在之前设置的路径中可以看到渲染的 .mpg 格式的动画文件，如图 11-84 所示。

图 11-83　　　　　　　　　　　图 11-84

11.4　课后练习：输出抖音短视频

扫一扫，看视频

文件路径：Chapter 11　渲染不同格式的作品→课后练习：输出抖音短视频

抖音短视频画面比例通常为竖屏的16:9，这种满屏的画面通常给人更直观、更饱满的视觉感受。本课后练习学习输出抖音短视频。画面效果如图11-85所示。

（1）在【项目】面板中，右击并选择【新建合成】，在弹出的【合成设置】对话框中设置【合成名称】为【合成1】，【预设】为【社交媒体纵向HD·1080×1920·30fps】。执行【文件】/【导入】/【文件...】命令，导入1.mp4素材文件。在【项目】面板中将1.mp4素材文件拖曳到【时间轴】面板中，如图11-86所示。

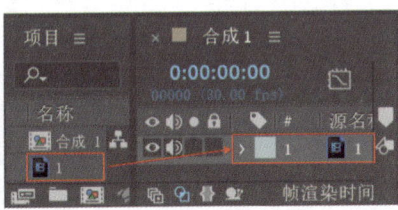

图 11-85　　　　　　　　　　　图 11-86

（2）下面调整画面大小，在【时间轴】面板中单击打开图层1下方的【变换】，设置【缩放】为【50.0,50.0%】，如图11-87所示。

（3）在【时间轴】面板中使用快捷键Ctrl+M打开【渲染队列】面板，如图11-88所示。单击【渲染设置】后方的【最佳设置】，在弹出的【渲染设置】对话框中设置【分辨率】为【三分之一】，单击【确定】按钮，将输出体积缩小，如图11-89所示。

（4）单击【输出模块】后方的【H.264 - 匹配渲染设置 - 15 Mbps】，此时会弹出一个【输出模块设置】对话框，在对话框中设置【格式】为【QuickTime】，设置完成后单击【确定】按钮，如图11-90所示。

259

图11-87

图11-88

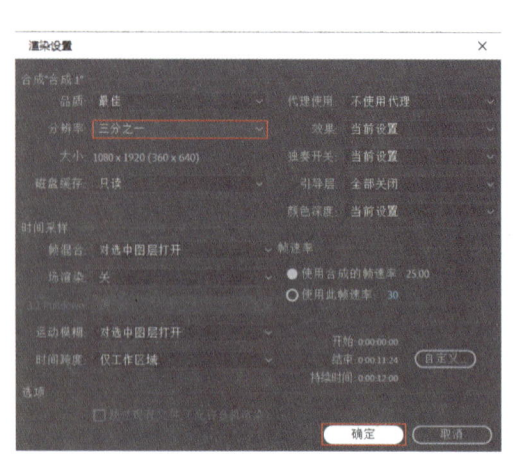

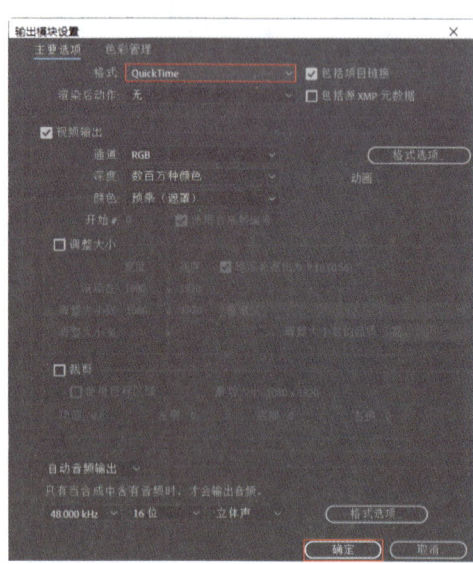

图11-89

图11-90

（5）单击【输出到】后面的【合成1.mov】，在弹出的【将影片输出到】对话框中修改保存路径和文件名称，如图11-91所示。在【渲染队列】面板中单击【渲染】按钮，如图11-92所示。

图11-91

图11-92

（6）此时出现蓝色进度条，开始进行渲染，如图11-93所示。等待几分钟，渲染完成，在之前设置的路径文件夹中即可看到渲染完成的视频【实例：输出抖音短视频.mov】，如图11-94所示。

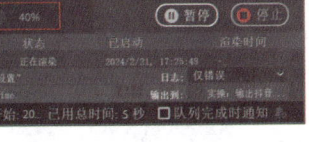

图 11-93 　　　　　　　　　　　　　图 11-94

11.5　随堂测试

1. 知识考查

（1）使用【导出】命令将作品导出不同格式。
（2）使用Adobe Media Encoder将作品导出。

2. 实战演练

将本书任意文件导出为.mp4格式的视频。

3. 项目实操

输出一个文件体积小且清晰的视频。
要求：
（1）使用本书任意的文件进行输出。
（2）使用Adobe Media Encoder 输出视频。
（3）修改【目标比特率】【最大比特率】，以达到文件体积小且清晰的目的。

跟踪与稳定

Chapter 12

📢 学时安排

总学时：4学时。
理论学时：1学时。
实践学时：3学时。

📢 教学内容概述

本章重点介绍了跟踪与稳定的概念【跟踪器】面板的使用。使用【跟踪器】面板，可对素材添加跟踪与稳定效果。学习本章内容后，我们可以制作较为复杂的视频跟踪合成、视频晃动变稳定等效果。

📢 教学目标

- 掌握跟踪与稳定参数的设置。
- 掌握跟踪与稳定效果的应用。

12.1　初识跟踪与稳定

【跟踪】和【稳定】是After Effects中比较复杂的功能，使用频率不太高，但是我们需要了解其基本操作。我们有时候在处理视频时会遇到需要进行【跟踪】或【稳定】的操作，但是需要注意【跟踪】和【稳定】也不是万能的，【跟踪】和【稳定】的完成效果与视频素材的拍摄精度和拍摄情况有紧密关联。

12.1.1　什么是跟踪

在After Effects中，【跟踪】即跟随，是一个对象跟随另一个运动的对象完成运动替换。

12.1.2　什么是稳定

在拍摄视频时，有时候设备的抖动会导致视频素材非常晃动，这种素材是无法直接使用的，需要进行【稳定】处理。After Effects可以对其进行自动分析处理，完成对画面晃动的反作用补偿，从而实现画面稳定。

12.2　跟踪器面板

【跟踪】和【稳定】操作都需要在【跟踪器】面板中进行操作。在菜单栏中执行【窗口】/【跟踪器】命令，如图12-1所示。图11-2所示为【跟踪器】面板。

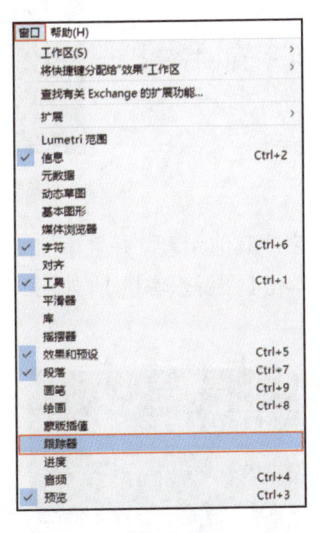

图 12-1 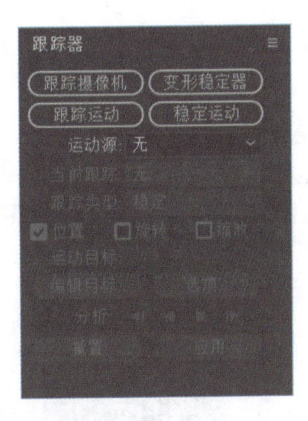　　　　　图 12-2

- 【跟踪摄像机】：单击该选项即可开始使用【跟踪摄像机】操作。
- 【变形稳定器】：单击该选项即可开始使用【变形稳定器】操作。
- 【跟踪运动】：单击该选项即可开始使用【跟踪运动】操作。
- 【稳定运动】：单击该选项即可开始使用【稳定运动】操作。

- 【运动源】：设置图层作为运动源。
- 【当前跟踪】：显示当前跟踪的图层。
- 【跟踪类型】：设置跟踪类型。
- 【位置/旋转/缩放】：控制在跟踪时是否启用位置/旋转/缩放属性。
- 【运动目标】：显示运动目标的图层名称。
- 【编辑目标】：单击该选项可用于设置【将运动应用于】参数。
- 【选项】：单击该选项可用于设置【动态跟踪器选项】相关参数。
- 【分析】：可单击 按钮，用于向后分析1帧、向后分析、向前分析、向前分析1帧。
- 【重置】：单击该按钮，可将已经计算的效果重置。
- 【应用】：计算完成后，单击该按钮即可完成应用。

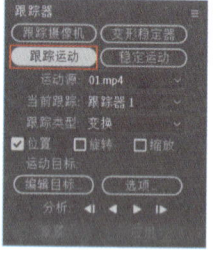

12.3 跟踪运动

【跟踪运动】可以将一个素材跟踪合成到另一个运动的素材中，从而进行替换。选择【时间轴】面板中的素材，单击【跟踪运动】，如图12-3所示，即可进行相关操作。

图12-3

12.4 稳定运动

【稳定运动】可以将原本晃动的素材变得稳定。选择【时间轴】面板中的素材，单击【稳定运动】，如图12-4所示，即可进行相关操作。

图12-4

12.5 跟踪摄像机

【跟踪摄像机】可以在拍摄的视频素材中添加文字或其他元素，并且添加的素材可以跟着视频的镜头运动。选择【时间轴】面板中的素材，单击【跟踪摄像机】，如图12-5所示，即可在【效果控件】面板中设置参数，如图12-6所示。

图12-5 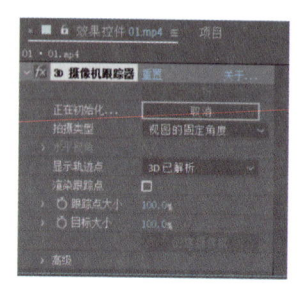   图12-6

综合实例：字幕跟着蜗牛走

文件路径：Chapter 12　跟踪与稳定→综合实例：字幕跟着蜗牛走

本综合实例主要使用【跟踪运动】，将文字放在蜗牛的顶部位置，从而制作出文字跟着蜗牛慢慢爬行的效果。最终效果如图12-7所示。

图12-7

（1）在【项目】面板中，右击并选择【新建合成】，在弹出的【合成设置】对话框中设置【合成名称】为【01】，【预设】为【HDV/HDTV 720 25】，【宽度】为1280px，【高度】为720px，【像素长宽比】为【方形像素】，【帧速率】为25帧/秒，【分辨率】为【完整】，【持续时间】为29秒07帧。执行【文件】/【导入】/【文件...】命令，在弹出的【效果控件】窗口中导入素材【01.mp4】，导入完成后如图12-8所示。

（2）将【项目】面板中的素材【01.mp4】拖动到【时间轴】面板中，如图12-9所示。

图12-8 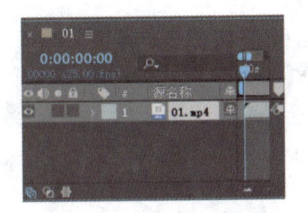　　　　图12-9

（3）单击工具栏中的【横排文字工具】按钮，在合成面板中输入文字【...WOW】，如图12-10所示。

（4）在【字符】面板中设置合适的字体，设置【字体大小】为【260像素】，【颜色】为白色，单击【仿粗体】按钮，在【段落】面板中选择【左对齐文本】按钮，如图12-11所示。

（5）选择【时间轴】面板中的【01.mp4】素材，然后在菜单栏中执行【窗口】/【跟踪器】命令，如图12-12所示。

图12-10 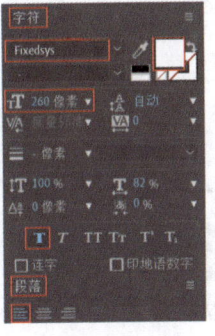　　　　图12-11 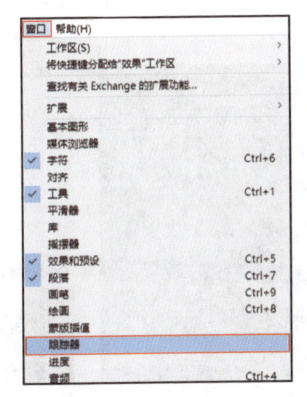　　　　图12-12

265

（6）此时在界面中出现了【跟踪器】面板，如图12-13所示。

（7）将时间线拖到第0帧，选中【时间轴】面板中的【01.mp4】素材，如图12-14所示。单击【跟踪运动】，如图12-15所示。

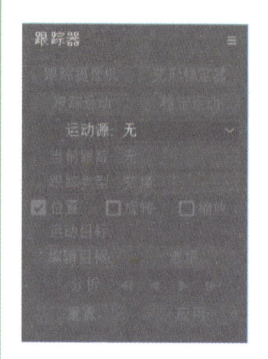

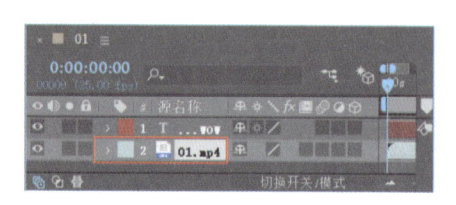

图12-13　　　　　　　　　图12-14　　　　　　　　　图12-15

（8）将跟踪点1的位置放置到蜗牛上方较为明显的位置，如图12-16所示。单击【向前分析】按钮，如图12-17所示。

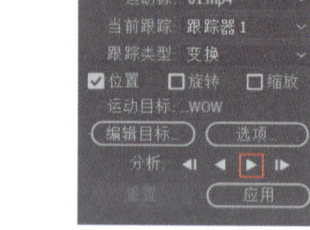

图12-16　　　　　　　　　　　　　　　图12-17

（9）单击【应用】按钮，如图12-18所示。在弹出的对话框中单击【确定】按钮，如图12-19所示。

（10）素材的属性产生了大量关键帧动画，如图12-20所示。

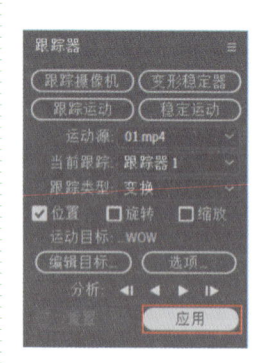

图12-18　　　　　　图12-19　　　　　　图12-20

266

（11）拖动时间线，可看到文字跟着蜗牛缓缓移动，如图12-21所示。

图12-21

12.6 课后练习：跟踪替换手机内容

扫一扫，看视频

文件路径：Chapter 12　跟踪与稳定→课后练习：跟踪替换手机内容

本课后练习主要使用【跟踪运动】将素材替换到画面上，并为素材添加【Keylight(1.2)】效果抠除背景，完成最终合成效果。最终效果如图12-22所示。

图12-22

（1）在【项目】面板中，右击并选择【新建合成】，在弹出的【合成设置】对话框中设置【合成名称】为【01】，【预设】为【HDTV 1080 24】，【宽度】为1920px，【高度】为1080px，【像素长宽比】为【方形像素】，【帧速率】为24帧/秒，【分辨率】为【完整】，【持续时间】为5秒。执行【文件】/【导入】/【文件...】命令，在弹出的【导入文件】窗口中导入素材【01.mpeg】和【02.mpeg】，导入完成后如图12-23所示。

（2）将【项目】面板中的素材【01.mpeg】和【02.mpeg】拖动到【时间轴】面板中，将【01.mpeg】放置在上层位置，如图12-24所示。

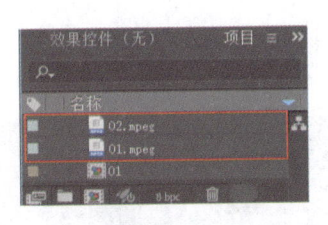

图12-23 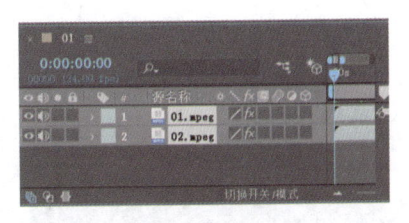　　　　　　图12-24

（3）在菜单栏中执行【窗口】/【跟踪器】命令，如图12-25所示。

（4）此时在界面中出现了【跟踪器】面板，如图12-26所示。

（5）选中【时间轴】面板中的【01.mpeg】，然后单击【跟踪运动】，如图12-27所示。

（6）此时设置【跟踪类型】为【透视边角定位】，界面中出现了四个跟踪点，如图12-28所示。

（7）将时间线拖动到第0帧，将跟踪点1、跟踪点2、跟踪点3、跟踪点4定位到手机屏幕的左上、右上、左下、右下位置。单击【向前分析】按钮，如图12-29所示，分析完成后单击【应用】按钮。

267

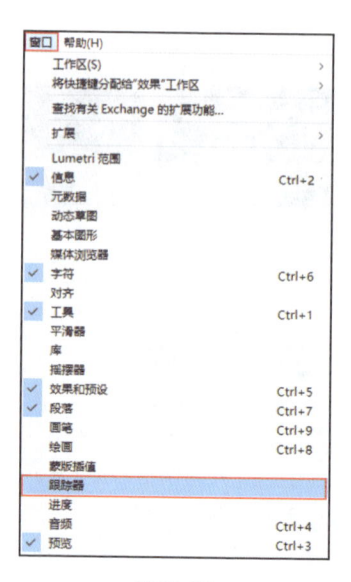

图12-25

图12-26

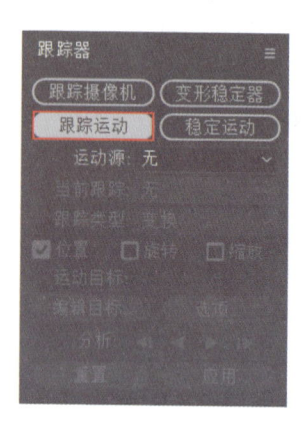

图12-27

图12-28

（8）运算完成后，此时素材【01.mpeg】和【02.mpeg】的属性上出现了大量的关键帧，如图12-30所示。

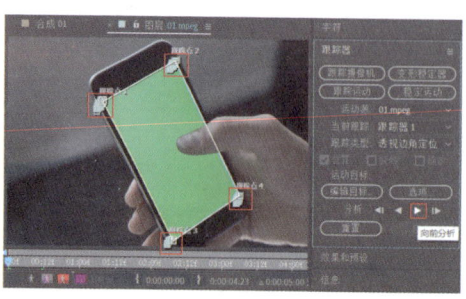

图12-29

图12-30

▶ 技巧提示：如何设置跟踪点的位置

需要注意，将画面中颜色对比越明显的位置作为跟踪点，在跟踪运动时跟踪得越准确。若跟踪点的位置附近的颜色对比较弱，就很容易在跟踪时出现跟踪错误、跟踪偏移等各种问题。

除此之外，在设置跟踪点位置时，需要将鼠标指针移动到每一个跟踪点的中间位置，按住鼠标左键并拖动即可将该点移动到需要的位置，如图12-31所示。

图12-31

若将鼠标指针移动到跟踪点的外框附近，按住鼠标左键并拖动，只能将跟踪点的外框变大，如图12-32所示。

图12-32

（9）为素材【01.mpeg】添加【Keylight(1.2)】效果，单击 按钮并在屏幕的绿色位置单击，如图12-33所示。

（10）此时绿色屏幕被抠除后，出现了被替换的效果，如图12-34所示。

图12-33　　　　图12-34

（11）若制作完成后，发现跟踪替换的素材有轻微的晃动，这说明我们拍摄的素材的清晰度有欠缺，若拍摄的素材质量很好，则晃动就不明显，如图12-35所示。

图 12-35

12.7 随堂测试

1. 知识考查

使用【跟踪器】面板中的【跟踪摄像机】工具跟踪画面。

2. 实战演练

参考给定作品，制作"文字跟踪画面"特效。

参考效果	可用工具
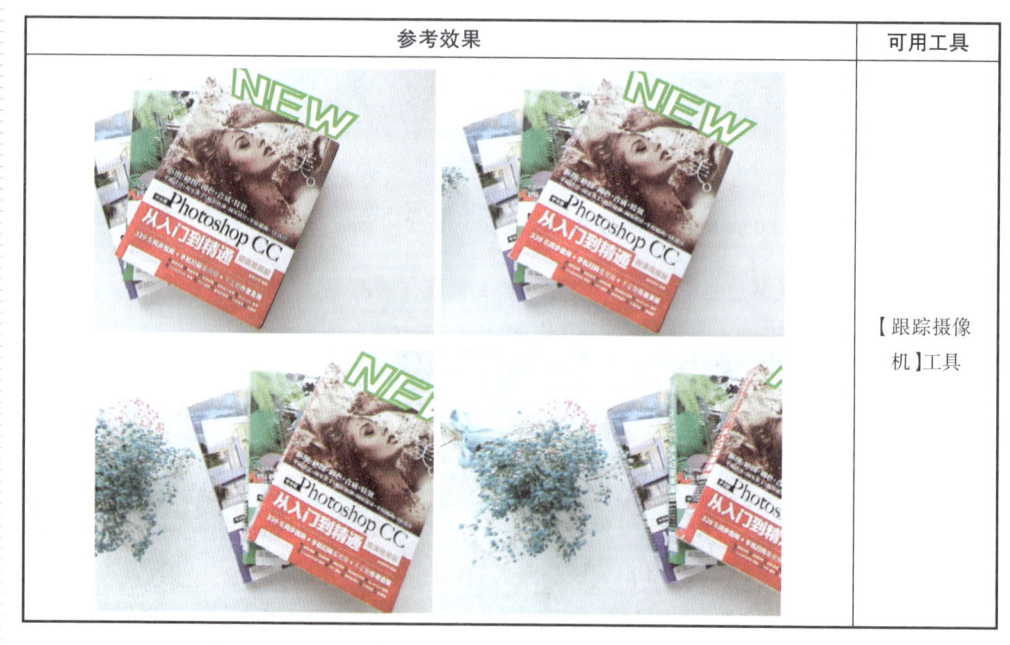	【跟踪摄像机】工具

3. 项目实操

制作一个文字跟踪画面的视频，确保文字与画面完美同步。

要求：

（1）使用任意视频素材，要求视频中的元素颜色对比较为明显。

（2）使用【跟踪器】面板中的【跟踪摄像机】工具跟踪画面。

（3）跟踪完毕，右击，选择【创建文本和摄像机】，创建和编辑需要的文字。